职业教育测绘类专业系列教材

控　制　测　量

主　编　贺英魁
副主编　李　玲
参　编　陈春红　崔书珍
　　　　周宏达　邓　军

机械工业出版社

本书共11个部分，包括绪论、控制网的布设、精密角度测量、精密距离测量、精密水准测量、大地测量坐标与大地测量基准、地球投影、观测数据的改化计算、观测质量的检核、精密导线测量、控制网技术设计。全书融理论教学和实践技能训练于一体，重在能力培养，应用性强。

为方便教学，本书配有电子课件，凡选用本书作为授课教材的老师均可登录www.cmpedu.com，以教师身份免费注册下载。编辑咨询电话：010-88379934。

本书可作为高职高专院校工程测量技术专业及相关专业教材，也可作为成人教育控制测量培训教材和从事控制测量工作的技术人员学习控制测量技术、提高控制测量工作能力的参考书。

图书在版编目（CIP）数据

控制测量/贺英魁主编. —北京：机械工业出版社，2014.8（2024.1重印）

职业教育测绘类专业系列教材

ISBN 978-7-111-47233-9

Ⅰ.①控… Ⅱ.①贺… Ⅲ.①控制测量-高等职业教育-教材 Ⅳ.①P221

中国版本图书馆CIP数据核字（2014）第147852号

机械工业出版社（北京市百万庄大街22号 邮政编码100037）

策划编辑：刘思海 责任编辑：刘思海 版式设计：赵颖喆

责任校对：张晓蓉 封面设计：鞠 杨 责任印制：单爱军

北京虎彩文化传播有限公司印刷

2024年1月第1版第10次印刷

184mm×260mm·14印张·339千字

标准书号：ISBN 978-7-111-47233-9

定价：45.00元

电话服务

客服电话：010-88361066

010-88379833

010-68326294

封底无防伪标均为盗版

网络服务

机 工 官 网：www.cmpbook.com

机 工 官 博：weibo.com/cmp1952

金 书 网：www.golden-book.com

机工教育服务网：www.cmpedu.com

前 言

“控制测量”课程，主要是培养学生在国家已确定的参考椭球面上，用传统的三角测量、导线测量和精密水准测量的技术方法，为工程建设建立工程控制网的能力。主要内容以三角测量为主线，包括精密经纬仪及角度测量、精密水准测量和精密导线测量、参考椭球、高斯投影、观测数据改化计算、控制网计算和控制网设计。

二十世纪六七十年代，出现了测距仪、全站仪和 GPS 测量方法，对传统的测量技术形成了严峻的挑战。目前，高等级控制网一般用 GPS 测量方法建立，低等级控制网一般用精密导线测量方法建立，因此三角测量方法被逐步淘汰。

GPS 卫星全球定位系统是由美国国防部建立的，于 20 世纪 80 年代提供民用。GPS 测量具有精度高、速度快、操作简单、相邻点无需通视、提供三维坐标、可全球建网等特点。在使用时，首先测得的是地面点在美国 WGS—84 坐标系中的坐标，而我国使用的是北京 54、西安 80 或地方坐标系。因此，无论测量工程规模多么小，都涉及美国 WGS—84 坐标系与当地坐标系的转换问题。所以，GPS 测量对测量人员在“大地测量学”方面的知识水平提出了更高的要求。

由于以上原因，各本科院校均取消了“控制测量”课程，代之以“大地测量学基础”课程。这样做的结果，虽然使学生 GPS 测量的基础知识得到了提高，但对于目前广泛应用的精密导线测量和精密水准测量的动手能力培养并未相应提高。鉴于此，编写一本既能为 GPS 测量技术打下坚实基础，又能培养学生精密导线测量和精密水准测量动手能力的高职课本，已是高职院校测量专业教学的迫切需要。本书就是在这样的形势下组织编写的。

本书在原“控制测量”的课程教学基础上，加强了大地测量坐标系、大地测量基准、地球投影、观测数据改化计算、全站仪使用操作、控制网平差软件使用操作等内容，删除了三角测量内容，是适应现代高职测量教学新形势，肩负精密导线测量、精密水准测量能力培养和为 GPS 测量技术打基础的双重任务的高职教材。为了方便教学，本书安排了适量的例题和习题，并附有习题参考答案。

本书由贺英魁任主编，李玲任副主编。全书编写分工如下：绪论由贺英魁编写，单元 1、单元 4 由李玲编写，单元 2、单元 3 由陈春红编写，单元 5、单元 6 由崔书珍编写，单元 7、单元 8、单元 9 由周宏达编写，附录和单元 10 由邓军编写。全书由贺英魁统稿。

由于编写时间仓促，不足之处在所难免，恳请读者批评指正。

编 者

目 录

绪 论

0.1.1 工程测量工作的任务

在进行建筑、道路施工等工程建设时，一般需经过如下几个阶段。

1）勘测阶段。在建筑、道路等工程项目设计施工之前，首先要测绘施工区域的地形图，作为工程设计的依据。

2）设计阶段。根据经济建设的需要和当地的自然地理条件，在地形图上设计工程的位置、形状及尺寸。

3）施工阶段。首先由测量人员根据设计图样将工程的几何要素标定在实地上，然后由施工人员根据测量人员标定的位置和尺寸进行施工。

4）测绘竣工图并进行工程验收。

由此可见，测量工作在工程建设当中起着非常重要的作用。而测量工作应遵循“先控制后碎部”的原则，在进行地形测量和施工测量之前，应首先进行控制测量，求得控制点的平面坐标和高程，然后才能在控制点的基础上进行地形测量和施工测量。所以，控制测量的质量好坏将影响后续测量工作的质量以及整个工程的质量。因此，从事控制测量工作的人员应有高度的责任感，以保证控制点成果正确无误并具有足够的精度。

0.1.2 控制测量的作用

1. 控制测量和控制网的概念

控制测量就是在测区范围内布设少数点（称为控制点），将其连成一定的几何图形（称为控制网），用高精度的测量仪器和方法测定控制点的平面坐标和高程。测定控制点平面坐标的工作称为平面控制测量，测定控制点高程的工作称为高程控制测量。

控制测量在工程建设当中主要起以下作用。

1）为地形测图和施工放样提供测量的起算数据。

2）限制碎部测量的误差积累。

3）将大量的碎部测量工作化整为零。

2. 控制网分类

为了解决地形测量和工程测量的起算数据问题，必须在地形测量和工程测量之前，建立控制网。按照控制网的控制范围和用途，可将控制网分为以下几种。

（1）国家控制网　国家控制网是在全国范围内布设的控制网，是为国家经济建设、国防建设和地球科学研究提供数据的。国家控制网的建网原理和方法是大地测量学的研究内容之一。它涉及国家大地坐标系的建立问题。

国家控制网的建立应遵照国家颁布的相关测量规程规范。

（2）城市控制网　为了满足城市建设的需要，我国大部分城市都建立了城市控制网，其控制范围是城市及周边地区。在建立城市控制网时，通常要建立城市坐标系。城市坐标系的建立是在国家大地测量坐标系的基础上进行的，如重庆市城建坐标系。

（3）工程控制网　工程控制网是为了满足某项工程建设的需要而建立的，其控制范围是工程施工区域及周边地区。工程控制网按其用途可分为工测网和专用网两种。工测网主要是为了满足工程建设之前测绘地形图的需要而建立的。专用网是根据建设工程的特殊需要而建立的，如建筑工程中的建筑控制网，供矿区沉陷研究使用的地表移动观测线等。

在建立工程控制网时，也常常需要建立坐标系，其建立方法与城市坐标系相同。

（4）图根控制网　图根控制网是直接为测图服务的控制网，其建立方法在地形测量学中已学过。

0.1.3　控制测量的作业程序

与地形测量相比较，控制测量主要有两个特点：其一是涉及范围大，必须考虑地球弯曲，因而计算工作复杂；其二是精度要求高，外业工作必须采用高精度的测量仪器和方法，内业计算一般采用严密平差方法。控制测量的作业程序如下。

1. 测前踏勘与技术设计

根据工程项目的初步方案，划定测区范围，收集测区内已有控制点资料和已有地形图，在图上拟定测量方案，制定作业计划。

2. 实地选点和造标埋石

按照图上设计的点位，到实地确定具体位置，然后竖立觇标，埋设标石，作为控制点的永久性标志。

3. 观测

在控制点上，根据设计的要求，观测角度和测量边长，在埋设的水准点之间观测高差。

4. 概算

将实地观测成果经过检查整理，化算到既定的平面坐标系统和高程系统中去，并且对化算后的观测值进行检查计算，评定外业观测精度。

5. 平差计算

对通过概算确认合格的观测数据，根据测量平差原理消除它们之间的不符值，求出观测数据及其函数的最或是值（最接近真值的值），评定观测值或其函数值的精度。

6. 检查总结和验收成果

对于测区的全部控制测量资料，统一整理编目，写出技术总结报告，最后经过验收手续，将可靠的资料交付有关部门，作为国家的测绘成果。

0.1.4　我国控制测量的发展状况

控制测量始于两千多年以前，是一门具有悠久历史的科学，在封建社会里，受生产力和科技水平的限制，测量仪器和测量方法都带有原始性，测量结果的精度也很低，直到17～18世纪，由于大工业的出现，使精密光学仪器的研制有了可能，才建立起了经典测量学理论。然而在我国，由于封建主义和官僚资本主义的长期统治，国家没有专门的测量机构，我国的测绘科学基本上是个空白。

直到20世纪中叶新中国诞生之后，才开始全国范围内大规模的控制测量（大地测量）作业。在短短的十几年内，基本上建立起了国家平面控制网和国家高程控制网，为我国的地形测图和工程测量奠定了基础。

从20世纪70年代，随着计算机技术、电子技术、激光技术和空间技术（卫星）的迅猛发展，新的测量仪器和测量方法如雨后春笋，层出不穷，如电磁波测距仪、电子经纬仪、全站仪和GPS在控制测量中得到了普遍的应用，并与计算机技术紧密联系。在经典测量学理论基础上，这些新的测量使控制测量外业和内业的作业效率得到了极大的提高，使测量人员的劳动强度大大降低，同时，也对测量人员的知识结构和业务水平提出了更高的要求。

0.1.5　控制测量的方法

1. 三角测量

三角测量是指在地面上选择并标志出相互通视的点，组成三角形，这些三角形可彼此连成网形或锁形，如图0-1所示。观测出各三角形的内角，如果已知*AB*边的边长和方位角，用正弦公式计算出其他各边的边长，并计算出各边的方位角，然后便可按照导线计算方法求得各点的坐标。这种方法外业观测工作简单，因多余观测数较多，有较好的检核条件，固有较高的可靠性，适用于山地建网，但对通视条件要求较高，当边长较长时造标费用较高，目前已被逐步淘汰。

2. 三边测量

三边测量是指将控制点组成三角形，将这些三角形彼此连成网形或锁形，观测各三角形的三条边长，用余弦公式计算出各内角，并推算出各边的坐标方位角，再计算出各点的坐标。此法多余观测数较少，检核条件较差，因测边时要在各目标点上安置反射镜，外业工作量较大，工程中较少使用。

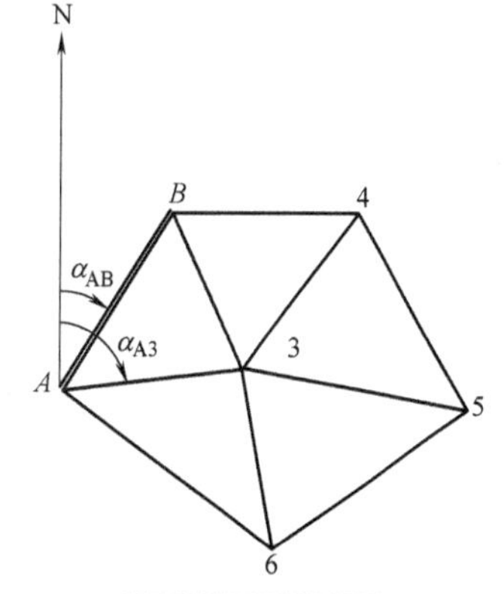

图0-1　三角测量

3. 边角同测

边角同测既要观测三角形的内角，又要观测边长。与前两种方法比较，可靠性高，但工作量大。

4. 导线测量

导线测量是指在地面上选择控制点，组成折线，用经纬仪观测转折角，用测距仪观测边长，推算各边的方位角并计算各点的坐标。此法与三角测量比较，测边工作量较大，多余观测数较少，检核条件较差，但对通视条件要求不高，布网灵活，通常不必造高标，适用于各种条件，尤其适用于城市街道。

5. 高程测量

（1）几何水准测量　几何水准测量是指在平坦地区（如沿公路、铁路、河流）布设水准路线，组成水准网，传递点的高程。这种方法组成的高程控制网精度较高。从我国近海的水准原点向我国内陆边远地区施测水准，高程传递的累积误差可以控制在1m以内。

（2）三角高程测量　三角高程测量是布设高程控制网的一种辅助方法。对于一些用几何水准测量不易到达的三角点和导线点，采用这种方法比较有利。

6. 卫星大地测量

目前采用的卫星大地测量方法是由美国国防部研制的GPS，称为全球定位系统，由空间部分、地面监控部分和用户部分等三部分组成。空间部分由30颗卫星组成星座（另有两颗为备用卫星），这些卫星分布在六个轨道面上，各轨道面之间经差为60°，每一轨道面内均匀分布5颗卫星。在地面上任何一点可同时观测到4～12颗卫星。这30颗卫星同时发播信号，并带有卫星的位置信息。地面监控部分的作用主要是通过跟踪定轨，确定出任一时刻的卫星位置。用户部分的主要设备是一台接收机，可接收卫星发播的信号，从而推算出卫星到接收机的距离。

GPS的测量原理，就是同时测出接收机至4颗以上卫星的距离，从而解算出接收机所在点的地心坐标，再将地心坐标换算为平面坐标和高程。

GPS测量有以下特点。

1）控制点可以互不通视。

2）采用地心坐标系。

3）控制网的观测成果是坐标增量ΔX、ΔY、ΔZ。

4）需换算为参心坐标系。

5）独立定点的精度不高，而点位的相对精度很高。

6）平面精度高，高程精度低。

7）可连续观测接收机的移动轨迹。

8）可全天候作业。

9）可实时定位。

7. 天文测量方法

天文测量是根据天体运行规律，在测点上通过观测某天体（如北极星、太阳等）的高度和方位，并记录观测瞬间的时刻，从而确定该地面点的地理位置。这种方法是在各点上独立进行的，彼此之间没有任何依赖关系。因此，它具有组织工作简单和观测误差不积累等优点，但由于天文测量方法测定点位的精度不高，一般不用它来直接测定点位。

8. 工区控制测量的起算数据

（1）边长的起算数据　当测区已有国家三角网时，若其精度能满足工区控制测量的要求，则可用国家三角网的边长作为起算边长。当已有成果精度不能满足要求时，应直接或间接测定一条边长，作为起算边长。

（2）方位角的起算数据　当测区有已知边时，则可利用已知边传递方位角。如没有已知边，则可用天文测量方法测定一条边的方位角作为起算方位角。个别情况下也可用磁方位角定向。

（3）坐标的起算数据　当测区附近或测区内已有国家三角点或其他单位施测的三角点时，则可由已知的三角点传递坐标。如测区没有已知点可利用，这时可在一个三角点上测定经纬度，再换算成平面直角坐标，作为起算坐标。有些偏僻地区，测区范围又小，或者是保密工程，也可以假定一点的坐标作为起算坐标。

（4）高程的起算数据　当测区附近或者测区内已有水准点时，应尽量利用它作为高程控制的起始点。只有在特殊困难的情况下，才允许假定一个点的高程作为起算高程。但假定起点的高程时，不要使测区内出现负的高程。

0.1.6　控制测量的特点

与地形测量相比较，控制测量主要有以下特点。

1. 涉及范围广

地形测量一般涉及的范围较小，可将测区内的地球表面看作是平面。而控制测量涉及的范围要大得多，在布网和计算时必须考虑到地球的弯曲。这就要求读者既要有平面三角的基础知识，也要有球面三角的知识，还要对大地测量学有一定的了解。另外，为了使整个控制网的图形满足工程建设要求，就不能像地形测量点那样边选点边观测，而应进行控制网整体设计之后，再根据设计进行选点工作。

2. 测量精度高

测量精度高主要体现在两个方面：一是控制测量使用的测量仪器精度高，地形测量一般使用普通仪器即可，而控制测量一般要使用精密仪器观测；二是测量数据的误差小，在地形测量中，由于精度要求比较低，很多仪器误差和外界因素引起的误差均可忽略不计，而控制测量精度要求很高，为了保证测量精度，必须对测量误差的来源及其影响规律进行深入研究。

0.1.7　学习本课程的目的

通过对本课程的学习，应具有如下能力和知识：

1）具有控制网的建网能力，主要是建立三、四等导线网和三、四等水准网的能力。包括合理的设计、选点、埋点，高精度的观测操作，正确无误的外业记录计算、观测数据改化计算、质量检核计算、平差计算，平差软件的使用以及提交有说服力的报告。

2）具有建立地方坐标系的能力。

3）懂得控制测量和大地测量学的基础知识，为高精度控制测量工作和GPS及工程测量课程学习打下理论基础。内容包括：大地测量坐标系、大地测量基准、高斯投影和横轴墨卡托投影、高斯投影坐标正反算、换带计算、观测数据改化计算、地方坐标系的建立、误差来源及其减弱措施、精度分析与精度估算和规范要求等。

单元 1

控制网的布设

单元概述

控制网的布设是整个控制测量项目的前期工作，其质量的好坏直接影响到后期作业质量，应该得到特别重视。本单元主要介绍了我国国家控制网的基本情况、工测控制网的布设和控制网选点与造标埋石工作，重点掌握各种工测控制网的布设、选点和埋石方法。

学习目标

1. 了解国家三角网、国家水准网、国家 GPS 网的基本情况。
2. 掌握工测平面控制网和高程控制网的布设规格和方法，能根据工程实际情况选择合适的控制方法并制定合理的控制网布设方案。
3. 掌握控制网选点和埋石基本要求和方法，能独立进行选点和埋石工作。

1.1 国家控制网的布设

1.1.1 国家三角网

1. 国家平面控制网的布网原则

我国领域辽阔，地形复杂，不可能用高精度、大密度的控制网一次覆盖全国，否则这样建网规模巨大、任务繁重、作业分散。为了满足科研和生产的需要，必须遵循以下建网原则。

（1）分级布网、逐级控制　建立国家平面控制网的目的，除提供科学研究的数据外，主要是为在全国范围内的地形测图和工程测量提供统一的控制基础。这样各地区的地形图才能相互拼接。为此，我国采用了由高级到低级，由整体到局部的“分级布网，逐级控制，依次加密”的原则。即先以高精度而稀疏的一等三角锁，沿经纬线方向纵横交叉地布满全国，构成坐标统一的骨干大地控制网，然后，在一等锁环内逐级加密二、三、四等平面控制网。

（2）要有足够的精度和密度　国家控制网是测图和一切工程测量的基础，所以控制点的精度和密度必须满足测图和其他工程测量的需要。为此，在建网过程中，必须严格执行全国统一的测量方式和测量规范，以确保控制网的精度和密度。

（3）应有统一的规格　由于我国三角锁（网）的规模巨大，必须有大量的测量单位和作业人员分区同时进行作业。因此，由国家测绘局测绘标准化研究所起草，国家测绘局主管，国家质量技术监督局发布了《国家三角测量规范》（GB/T 17942—2000），对各级控制网的起始数据、观测数据的精度和网中的图形结构等，均提出了明确的要求。我国平面控制网的主要布设规格见表 1-1。

表 1-1　我国平面控制网的主要布设规格

等级	平均边长/km	测角中误差（按三角形闭合差计算）（″）	三角形最大闭合差（″）	起算元素精度		最弱边相对中误差
				起算边长	天文观测（″）	
一等锁、网	山区:25 平原:20	±0.7	±2.5	1:350000	天文经度:0.02 天文纬度:0.3 天文方位角:0.5	1:200000
二等网	城市、工农业经济发达地区:9 其他地区:13	±1.0	±3.5	1:350000	同一等	1:120000
三等网	4～10	±1.8	±7.0	—	—	1:70000
四等网	1～6	±2.5	±9.0	—	—	1:40000

2. 一等三角锁的布设方案

由三角形或大地四边形连接起来构成向一个方向推进的锁形，称为三角锁。我国一等控制网就是采用这种形式布设的。

一等三角锁是我国控制网的骨干，一般沿经纬线布成纵横交叉的锁系，如图 1-1 所示。锁系两交叉处之间的一段称为锁段，其长度大约为 200km。一等三角锁的主要作用是作为二等及其以下各级三角测量的基础和为科学研究提供资料，一般不直接服务于工程或地形测量。所以，一等锁着重考虑的问题是精度而不是密度。

一等三角锁由近似于等边的三角形构成，锁段中三角形的边长约为 20～25km，三角形的任一角不得小于 40°，三角形的个数约为 16～20 个。在地形比较复杂的地区，可在单锁中插入一些大地四边形和中点多边形，其求距角应不小于 30°。一等锁各锁段中，由三角形闭合差所算得的测角中误差不应大于 0.7″。

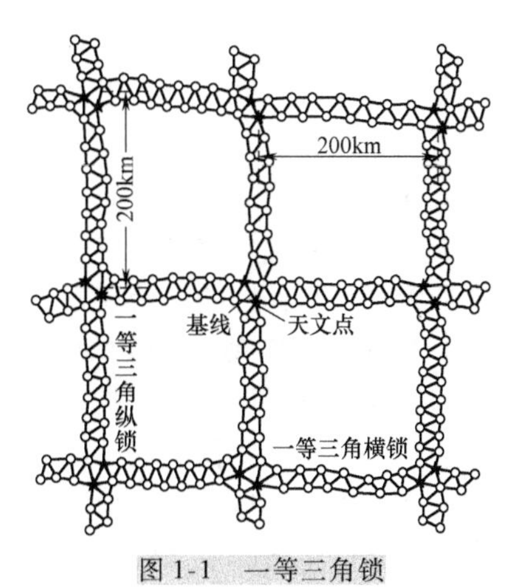

图 1-1　一等三角锁

一等三角锁的起算元素，应在锁段交叉处精密地测定，即测定锁段交叉处的边长，作为起始边，在起始边两端测定天文经纬度和大地方位角。

3. 二等三角网的布设方案

二等三角网是在一等三角锁的控制下布设的，它是国家三角网的全面基础。因此必须兼顾精度和密度两个方面的要求。

二等三角网是以连续三角形的形式，布设在一等锁环围成的地区内，作为进一步加密

三、四等控制点的坚强基础。它的四周与一等锁接边，一等锁两侧的二等网也应连接成为连续的三角网，如图 1-2 所示。

二等三角网的平均边长为 9～13km，这样的边长所对应的点位密度基本上能满足 1:5 万比例尺地形图的要求。为了保证和提高精度，控制误差的传播，一般要在二等网的中央测定起始边及其两端点的天文经纬度和方位角。当二等网面积过大时，还要在适当位置加测几条起始边，使任一条二等边至最远起始边的距离不超过 12 个三角形，或距最近的一等边不超过 7 个三角形。此外，网中三角形的角度要在 30°以上，最好在 60°左右。由三角形闭合差计算的测角中误差不得超过 ±1.0″。

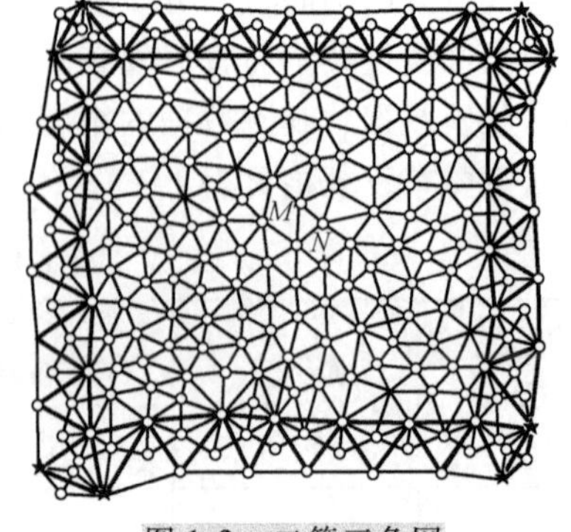

图 1-2　二等三角网

1.1.2　国家水准网

1. 高程基准面与水准原点

高程基准面就是地面点高程的统一起算面。由于大地水准面所形成的形体——大地体是与整个地球最为接近的形体，因此通常采用大地水准面作为高程基准面。

大地水准面是假想海洋处于静平衡状态，并延伸到大陆地面所形成的封闭曲面。事实上，海洋受着潮汐和风力等外力影响，永远不会达到静平衡状态。因此，在海洋的任何一点上，总是存在着升降运动，人们只能在海洋近岸处设立验潮站（观测点），利用固定的标尺，经过长期观测求出海水面的平均位置。大地水准面就是通过该点的平均海水面。

对于一个国家来说，只能根据一个验潮站所求得的平均海水面作为全国高程的统一起算面——高程基准面。我国曾采用的高程基准面是黄海地区的平均海水面，这个平均海水面是根据青岛验潮站自 1950 年至 1956 年间观测的结果求得的。根据这个高程基准面推算出各点的高程，称为1956 年黄海高程系高程。以 1950 年至 1980 年测定的黄海平均海水面作为高程基准而推算出各点的高程，称为1985 年国家高程基准。地面上的点与黄海平均海水面的比高，通常称为绝对高程或海拔高程，简称为标高或高程。

为了长期且牢固地确定出高程基准面的具体位置，以作为高程的起算点，必须建立一个与平均海平面相联系的水准点，这个水准点叫做水准原点。

我国的水准原点设在青岛附近，由一个原点和五个附点构成一个水准原点网。用精密水准测量对它们与验潮站的水位标尺进行联测，求得水准原点高出黄海平均海水面的高度，此高度即为国家高程网的起始高程。

2. 国家高程控制网布设的概念

国家高程控制网的任务是在全国范围内建立统一的高程控制系统，精确地测定一系列地面点的高程。其主要作用一方面作为全国性的地形测图和工程测量的高程控制基础，另一方面为研究地壳垂直运动，平均海水面变化等科学技术问题提供精确的高程资料。国家高程控制网一般都使用精度较高的几何水准测量的方法来建立，所以国家高程控制网也称为国家水准网。

与布设国家平面控制网一样，若要在全国范围内用高精度的水准测量一次布设相当稠密的高程控制网，是很难办到的。所以，国家水准网的布设原则，也是采用由高级到低级，从整体到局部的办法分为四个等级，逐级控制，逐级加密。同时各级水准测量都要采用相同的高程系统，做到精度一致，密度均匀。

国家一、二等水准测量路线组成高程控制网的骨干，然后再用三、四等水准测量路线进行加密。国家一等水准网主要用来解决与高程有关的科学研究问题，二等水准网是国家高程控制的全面基础，三、四等水准测量则是直接为地形测图和各种工程建设提供高程控制资料。

3. 国家水准网的布设方案及其精度

一等水准路线应沿着地质构造稳定，路面坡度平缓，交通不太繁忙的交通路线布设，并构成网状。环线周长在东部地区应不大于 1600km，西部地区应不大于 2000km，山区和困难地区可适当放宽。

二等水准网应布设在一等水准环内，主要沿公路、铁路及河流布设，以保证较好的观测条件。二等水准网的环线周长，在平原和丘陵地区应不大于 750km，山区和困难地区可适当放宽。

三等水准路线一般可根据需要在高等级水准网内加密，布设成附合路线，并尽可能互相交叉，构成闭合环。单独的附合路线，长度应不超过 150km，环线周长应不超过 200km。

四等水准路线，一般以附合路线布设于高等水准点之间，单独的附合路线，长度应不超过 80km，环线周长不应超过 100km。

各个等级的水准路线上，每隔一定距离应埋设稳固的水准标石，以便于长久保存和使用，国家水准点标石，分为基岩水准标石、基本水准标石和普通水准标石三种类型。一般来说，基岩水准标石埋设在一等水准路线上，每隔 400km 左右埋设一座，基本水准标石埋设在一、二等水准路线上，每隔 40km 左右埋设一座，普通水准标石埋设在各等水准路线上，每隔 4～8km 埋设一座。各等水准测量的精度要求见表 1-2。

表 1-2　各等水准测量的精度要求

水准测量等级	一等/mm	二等/mm	三等/mm	四等/mm
偶然中误差 M_Δ 的限值	≤0.45	≤1.0	≤3.0	≤5.0
全中误差 M_W 的限值	≤1.0	≤2.0	≤6.0	≤10.0

国家水准网的布设除了具有必要的密度外，还必须有足够的精度。每条水准路线必须用测段往返测高差不符值计算每千米水准测量高差中数的高差偶然中误差 M_Δ，如构成水准网的水准环数超过 20 个时，还需按闭合差计算每千米水准高差中数的高差全中误差 M_W（即偶然误差和系统误差的综合影响）。

M_Δ 与 M_W 的计算公式如下

$$M_\Delta = \pm\sqrt{\frac{1}{4n}\left[\frac{\Delta\Delta}{L}\right]} \tag{1-1}$$

$$M_W = \pm\sqrt{\frac{1}{N}\left[\frac{WW}{L}\right]} \tag{1-2}$$

式中　Δ——测段往返测高差不符值（mm）；

L——测段长（km）；

n——测段数；

W——经过各项改正后的水准环闭合差（mm）；

L——计算各 W 时，相应的路线长度（km）；

N——附合路线和闭合环的总个数。

在式（1-1）和式（1-2）中，Δ 和 W 都以 mm 为单位，而 L 以 km 为单位，这点需要注意。

1.1.3 国家 GPS 网

《全球定位系统（GPS）测量规范》（GB/T 18314—2009）将 GPS 控制网按精度等级的不同分为 A、B、C、D、E 五级，见表 1-3 和表 1-4。其中 A、B 两级一般是用于全球性或全国性的高精度 GPS 控制网，C、D、E 三级则主要是针对某工程项目建立局部性 GPS 网而规定的。下面介绍我国利用 GPS 技术已经建立的几个全国性 GPS 控制网。

表 1-3 GPS A 级网精度要求

级别	固定误差/mm	比例误差/10^{-6}	坐标年变化率中误差		相对精度/$\times10^{-8}$	地心坐标各分量年平均中误差/mm
			水平分量/(mm/a)	垂直分量/(mm/a)		
A	5	0.1	2	3	1	0.5

表 1-4 GPS B ~ E 网的精度要求

级别	固定误差/mm	比例误差/10^{-6}	相邻点基线分量中误差		相邻点间平均距离/km
			水平分量/mm	垂直分量/mm	
B	8	1	5	10	50
C	10	5	10	20	20
D	10	10	20	40	5
E	10	20	20	40	3

1. 国家 GPS A、B 级网

1992 年，在中国卫星资源中心和中国测绘规划设计中心的组织协调下，由国家测绘局、国家地震局等单位，利用国际全球定位系统地球动力学服务 IGS92 会战的机会，实施完成了一次全国性的精密 GPS 定位，建立了国家 GPS A 级网。目的是在全国范围内确定精确地地心坐标，建立起我国新一代的地心参考框架及其与国家坐标系的转换参数，以优于 10^{-7} 量级的相对精度确定站间基线分量，布设成国家 A 级网。全网由 27 个点组成，平均边长为 800km，平差后在 ITRF91 地心参考框架中的定位精度优于 0.1m，边长相对精度一般优于 10^{-8}。之后，我国又对 1992 年建立的 GPS A 级网进行了改造，在西部等地区增加了新的点位，经数据精处理后的基线分量重复性水平方向优于 $4\text{mm}+3\times10^{-6}D$（$D$ 为基线长度），垂直方向优于 $8\text{mm}+4\times10^{-6}D$，地心坐标分量重复性优于 2cm。全网整体平差后，在 ITRF93 参考框架中的地心坐标精度优于 10cm，基线边长相对精度优于 10^{-8}。

在国家 GPS A 级网的控制下，我国又建立了国家 GPS B 级网。全网由 818 个点组成，分布全国各地（台湾地区除外）。东部点位较密，平均站间距离为 50 ~ 70km，中部地区平均站间距离为100km，西部地区平均站间距离为150km。经数据精处理后，点位中误差相对于已知点在水平方向优于0.07m，高程方向优于0.16m，平均点位中误差水平方向为0.02m，垂直方向为0.04m，基线边长相对精度达到10^{-7}。

2. 全国GPS一、二级网

1992~1997年，总参测绘局和相关组织建立了全国GPS一、二级网。一级网由40余个点组成，大部分点与国家三角点（或导线点）重合，水准高程进行了联测。一级网相邻点间距离最大为1667km，最小为86km，平均距离为683km。网平差后基线分量相对误差平均在0.01×10^{-6}左右，最大为0.024×10^{-6}，绝大多数点的点位中误差在2cm以内。

二级网由500多个点组成，二级网是一级网的加密。二级网与地面网联系密切，有200多个二级点与国家三角点（或导线点）重合，所有点都进行了水准联测，全网平均距离为164.7km，网平差后基线分量相对误差平均在0.02×10^{-6}左右，最大为0.245×10^{-6}，网平差后大地纬度、大地经度和大地高的中误差平均值分别为0.18cm、0.21cm和0.81cm。

3. 2000国家GPS大地控制网

2000国家GPS大地控制网由国家测绘局布设的高精度GPS A、B级网，总参测绘局布设的GPS一、二级网和国家地震局、总参测绘局、中国科学院、国家测绘局共建的中国地壳运动观测网组成。该控制网整合了三大GPS观测网的成果，共2609个点，通过联合平差将其归于一个坐标参考框架（ITRF97），经联合平差处理后的网点相对精度优于10^{-7}，提供的地心坐标精度平均优于±3cm，可满足现代测量技术对地心坐标的需求，同时为建立我国新一代的地心坐标系统打下了坚实的基础。

1.2　工程控制网的布设

1.2.1　工程控制网的分类

工程控制网按其用途可分为两种：工测网和专用网。

1. 工测网

在各种工程建设的规划设计阶段，为测绘大比例尺地形图而建立的控制网，叫做**工测控制网**，简称工测网。工测网又分为工测平面控制网和工测高程控制网。

2. 专用网

为工程建筑物的施工放样或变形观测等专门用途而建立的控制网，叫做**专用控制网**，简称专用网。专用控制网将在工程测量课程中进一步介绍，本书作省略处理。

1.2.2　工测平面控制网

1. 导线网

随着电磁波测距技术的发展，导线测量作为工区平面控制的一种形式正在得到广泛的应用，特别是在城镇、已经建成的矿区、村镇稠密的平原地区，用导线测量方法加密平面控制和建立贯通等工程测量控制，往往比三角测量更为有利。

（1）工区导线的布设形式

1）复测支导线。在支导线中，由于仅一端有起算数据，通常多采用重复观测（角度、边长）的方法建立导线，因此该类导线称为复测支导线。复测支导线的长度不宜过长，边数也不宜过多。

2）附合导线。在距离较长的工程测量中，单一导线的两端均应有已知点和已知方位角控制，形成附合导线，以减少导线点的横向和纵向误差的积累。

3）单结点或多结点导线网。在工区已有高级点控制的情况下，在建立局部范围内的加密控制时，可布设单结点导线网。在建筑物比较密集的区域，布设这种导线网往往比布设三角网更为方便。在较大的工区范围内，高级点损失较多或精度较低时，可以有选择地利用部分高级点布设多结点导线网，这种形式灵活，可以弥补高级控制点的不足。单结点导线网与多结点导线网如图1-3所示。

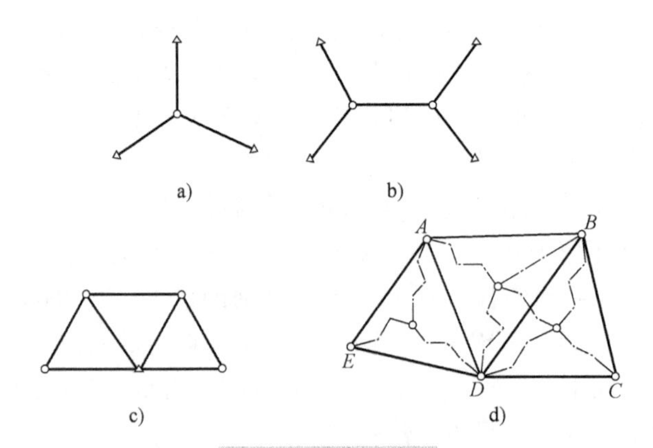

图1-3　附合导线网

a）单结点导线网　b）、c）多结点导线网　d）附合导线网

4）附合导线网。工区附合导线网是以工区首级控制点为起始点，由多条附合导线构成的导线网，如图1-3所示。这种布设形式主要用于加密工区首级控制网，以建立工区的全面控制网。

导线网用作测区的首级控制时，应布设成环形网，且宜联测2个已知方向。加密网可采用单一附合导线或结点导线网形式。值得说明的是，根据导线理论分析，上述各类导线应尽量布设成等边直伸形，这样既可以减少误差的积累，又能缩短导线的总长度，同时也有利于减少边角测量的数目，使工作量达到最少。同时，相邻边长不宜相差过大，网内不同环节上的点也不宜相距过近。

（2）工区导线的布设规格　工区的平面控制可以采用国家三、四等导线测量的方法来建立。对于四等以下的导线，《城市测量规范》（CJJ/T 8—2011）中又分为一、二、三级。采用电磁波测距导线测量方法布设平面控制网的主要技术指标见表1-5。

表1-5　采用电磁波测距导线测量方法布设平面控制网的主要技术指标

等级	闭合环或附合导线长度/km	平均边长/m	测距中误差/mm	测角中误差(″)	导线全长相对闭合差
三等	≤15	3000	≤18	≤1.5	≤1/60000
四等	≤10	1600	≤18	≤2.5	≤1/40000
一级	≤3.6	300	≤15	≤5	≤1/14000
二级	≤2.4	200	≤15	≤8	≤1/10000
三级	≤1.5	120	≤15	≤12	≤1/6000

电磁波测距导线除了满足表1-5的技术指标之外，还要符合下述规定。

1）一、二、三级导线的布设可根据高级控制点的密度、道路的曲折、地物的疏密等具体条件，选用两个级别。

2）导线网中结点与高级点之间或结点与结点之间的导线长度不应大于表1-5中附合导线规定长度的0.7倍。

3）当附合导线的总长度小于表1-5中规定的导线长度的1/3时，导线的全长闭合差不应大于0.13m。

4）特殊情况下，导线总长度和平均边长可根据表1-5的规定放长至1.5倍，但其全长闭合差不应大于0.26m。

2. 三角形网

按照《工程测量规范》（GB 50026—2007）的规定，三角形网测量的主要技术指标见表1-6。

表1-6　三角形网测量的主要技术指标

等级	平均边长/km	测角中误差(″)	测边相对中误差	最弱边边长相对中误差	测回数			三角形最大闭合差(″)
					1″仪器	2″仪器	6″仪器	
二等	9	1	≤1/250000	≤1/120000	12	—	—	3.5
三等	4.5	1.8	≤1/15000	≤1/70000	6	9	—	7
四等	2	2.5	≤1/100000	≤1/100000	4	6	—	9
一级	1	5	≤1/40000	≤1/40000	—	2	4	15
二级	0.5	10	≤1/10000	≤1/20000	—	1	2	30

注：当测区测图的最大比例尺为1:1000时，一、二级网的平均边长可适当放长，但不应大于表中规定长度的2倍。

三角形网中的角度宜全部观测，边长可根据需要选择观测或全部观测；观测的角度和边长均应作为三角形网中的观测量参与平差计算。首级控制网定向时，方位角传递宜联测2个已知方向。

目前，由于GPS和光电导线的广泛运用，三角形网在建立大面积控制网或加密控制网方面已经很少使用。

1.2.3　工测高程控制网

1. 水准网

（1）水准网的布设形式　水准测量是建立工测高程控制网的主要方法。根据测区内已知高级高程点的分布、测区情况及精度要求等，可将水准网布设成如下形式。

1）单一附合水准路线。在距离较长的高程控制测量中，单一水准路线的两端均附合到已知高级高程点，形成附合水准路线。

2）闭合水准路线。从某高级高程点出发，经过若干待定水准点，最后又回到该点，形成一个闭合环，称为闭合水准路线。

3）支水准路线。从某高级高程点出发，经过若干待定水准点，没有附合到另外一个已知点，也没有回到原点，缺乏检核条件，称为支水准路线。

4）结点水准网。如图1-4所示，在若干个已知高程控制点之间的节点之间相互连接或者交叉，组成结点水准网，多用于加密水准网。

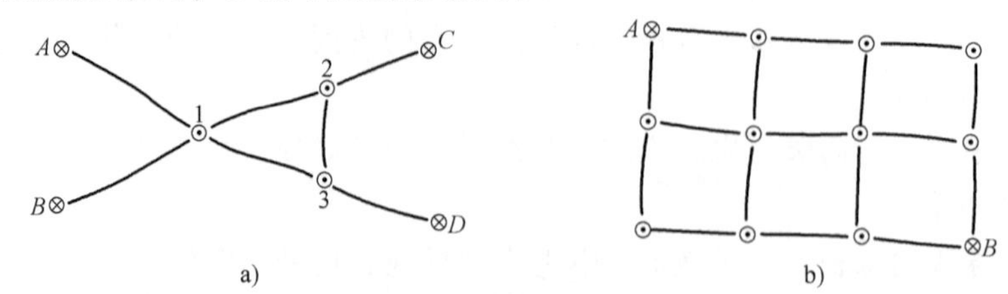

图 1-4 结点水准网

（2）水准网的布设规格 工区高程控制测量的精度等级的划分，依次为二、三、四、五等，各等级高程控制宜采用水准测量，四等及以下等级可采用电磁波测距三角高程测量，五等也可采用 GPS 拟合高程测量。

首级高程控制网的等级，应根据工程规模、控制网的用途和精度要求合理选择。首级网应布设成环形网，加密网宜布设成附合路线或结点网，具体方案可根据测区的实际情况决定。为了与国家高程系统一致，便于利用成果，工区水准点应尽量能与国家水准点联测。

根据工程测量工作的特点，高程控制点应有较大的密度。高程控制点间的距离，一般地区应为 1 ~ 3km，工业厂区、城镇建筑区宜小于 1km。但一个测区及周围至少应有 3 个高程控制点，有时也可用三角点和导线点兼作水准点。

水准测量的主要技术指标见表 1-7。

表 1-7 水准测量的主要技术指标

等级	每千米高差全中误差/mm	路线长度/km	水准仪型号	水准尺	观测次数		往返较差、附合或环线闭合差	
					与已知点联测	附合或环线	平地/mm	山地/mm
二等	2	—	DS_1	因瓦	往返各一次	往返各一次	$4\sqrt{L}$	—
三等	6	50	DS_1	因瓦	往返各一次	往一次	$12\sqrt{L}$	$4\sqrt{n}$
			DS_3	双面		往返各一次		
四等	10	16	DS_3	双面	往返各一次	往一次	$20\sqrt{L}$	$6\sqrt{n}$
五等	15	—	DS_3	单面	往返各一次	往一次	$30\sqrt{L}$	—

注：1. 结点之间或结点与高级点之间，其路线的长度不应大于表中规定的 0.7 倍。

2. L 为往返测段、附合或环线的水准路线长度（km）；n 为测站数。

2. 光电测距三角高程测量

光电测距三角高程测量主要用于山区的高程控制和平面控制点的高程测定，宜在平面控制点的基础上布设成三角高程网或高程导线。起讫点的精度等级要求为：四等应起讫于不低于三等水准的高程点上，五等应起讫于不低于四等的高程点上。路线长度不应超过相应等级水准路线的长度限值。光电测距三角高程测量的主要技术指标，应符合表 1-8 的规定。

表 1-8 光电测距三角高程测量的主要技术指标

等级	每千米高差全中误差/mm	边长/km	观测方式	对向观测高差较差/mm	附合或环形闭合差/mm
四等	10	≤1	对向观测	$40\sqrt{D}$	$20\sqrt{\Sigma D}$
五等	15	≤1	对向观测	$40\sqrt{D}$	$30\sqrt{\Sigma D}$

注：D 为测距边的长度（km）。

1.2.4　工程 GPS 网

城市工程全球定位系统控制网可分为 CORS 网和 GNSS 网（包括 GPS 网）。GNSS 网按相邻点间平均距离可划分为二、三、四等及一、二级网。CORS 网应单独布设，GNSS 网可以逐级布网、越级布网或布设同级全面网。按照《卫星定位城市测量技术规范》（CJJ/T 73—2010）规定，GNSS 控制网主要技术指标见表 1-9。

表 1-9　GNSS 控制网主要技术指标

等级	平均边长 /km	固定误差 /mm	比例误差 /10^{-6}	最弱边相对中误差
二等	9	≤5	≤2	1/120000
三等	5	≤5	≤2	1/80000
四等	2	≤10	≤5	1/45000
一级	1	≤10	≤5	1/20000
二级	<1	≤10	≤5	1/10000

注：当边长 <200m 时，边长中误差应≤2cm。

GNSS 高程测量精度等级划分为四等、图根和碎部。四等 GNSS 高程测量最弱点相对于起算点的高程中误差不得大于 2cm。GNSS 高程测量的主要技术指标见表 1-10。

表 1-10　GNSS 高程测量的主要技术指标

地形 等级	平地、丘陵			山地		
	高程异常模型内附合中误差 /cm	高程测量中误差 /cm	检测较差 /cm	高程异常模型内附合中误差 /cm	高程测量中误差 /cm	检测较差 /cm
四等	2.0	3.0	6.0	—	—	—
图根	3.0	5.0	10.0	4.5	7.5	15.0
碎部	10.0	15.0	30.0	15.0	22.5	45.0

1.3　控制网的实地选点和造标、埋石

1.3.1　对导线点点位的基本要求

点位的选择，在建网过程中意义重大，因此应结合测区的实际情况兼顾图形结构、造标费用、观测难易等条件，统筹考虑，做好选点工作。不同控制测量方法，对控制点的点位选择要求有所不同。对于导线网来说，点位的选择要求如下：

1）图形结构良好，边长适中，避免长短边超过 3:1 的情况出现。

2）导线点应选在通视良好的制高点及开阔地区，要尽量避免建造高标。

3）为保证观测质量，减少大气折光的影响，视线应高出地面或障碍物 1～2m 以上，离山坡、树林或建筑物 3m 以上。

4）对矿山而言，井田范围内应尽量选设点位，但不得设在采空区上方。点位距铁路、公路和其他建筑物一般不少于50m，距高压线不少于100m。

5）新选点位应尽量与原有控制点重合，避免在旧点附近另埋标石。

1.3.2 踏勘

踏勘是对测区作详细的调查，以收集和了解各种与建立控制网有关的自然、社会情况和原有的测量资料。踏勘时要收集和了解下列各项资料。

1）测区行政归属和居民情况。包括测区行政区划，县、乡政府的所在地，以及居民的民族风俗习惯，并与当地领导机关取得联系。

2）测区的气象、气候情况。包括风、雨、雾、气温、气压、冻土深度等，以便据此安排外业作业计划。

3）测区已有测绘资料及测量标志的情况。包括成图情况、资料类别、范围、等级、作业依据、坐标系统、投影带与投影面、平差方法及精度、已有标石及其完好情况等，以便合理利用，避免浪费。

4）交通运输情况。包括铁路、公路及其他道路的分布和通行情况，以及各种交通工具使用的可能性。

5）地貌、地物情况。包括测区内主要地物类型、高度和分布情况，以及山顶、斜坡、山谷等地貌特征，以便为造标埋石工作提供依据。

6）劳动力及各种材料的情况。包括测区内劳动力和各种材料（如钢材、木材、沙、石、水泥等）的供应和价格情况，以便为经费预算准备资料。

总之，要全面了解测区各方面情况，为圆满完成测量任务准备可靠资料。

踏勘工作程序一般分为。

1）准备阶段。深入了解工程任务和要求，收集和分析有关资料，拟订踏勘工作计划。

2）实地踏勘阶段。深入测区，通过看、问、查、购等方法，了解和收集所需要的各种资料。

3）整理阶段。对收集到的资料进行分析和研究，总结出可靠且实用的资料，作为编写踏勘报告、技术设计、拟订施测方案以及进行经费预算的依据和参考。

1.3.3 实地选点

在地形图上设计好导线网以后，即可到实地去落实点位，并对设计进行检查和纠正，这项工作称为实地选点。实地选点的任务是：根据布网方案和测区情况，在实地选定导线点最佳位置。

实地选点时，需要配备下列仪器和工具：小平板、罗盘仪、望远镜、卷尺、花杆和步话机等。

实地选点之前，必须对整个测区的地形情况有较全面的了解。在山区和丘陵地区，点位一般都设在制高点上，选点工作比较容易。如果图上设计考虑得周密细致，此时只需到点上直接检查通视情况即可，通常不会有太大的变化。但在平原地区，由于地势平坦，往往视线受阻，选点工作比较困难，因此为了既保证网形结构好，又尽可能避免建造高标，需要详细地观察和分析地形，登高瞭望，检查通视情况。在此种情况下，所选定的点位就有可能改变。在建筑物密集区，可将点位选在稳固的永久性建筑物上。

选点的作业步骤如下。

1）先到已知点上，查明该点与相邻已知点在图上和实地上的相对位置关系，然后检查该点标石、觇标的完好情况。

2）按已知方向标定测板的方位，用罗盘仪测出磁北方向，并按设计图检查各方向的通视情况，对不通视的方向，应及时进行调整。

3）依照设计图到实地上去选定其他点的点位，在每点上同样进行前两项的工作，并在小平板上画出方向线，用交会法确定预选点的点位。这样逐点推进，直到全部点位在实地上都选定为止。

控制点选定后，需打木桩予以标记。控制点一般以村名、山名、地名作为点名，新旧点重合时，一般采用旧名，不宜随便更改。点位选定以后，应及时写出点的位置说明（点之记），见表1-11。

表1-11　导线点点之记

<table>
<tr><td>点名</td><td>1D08a</td><td>等级</td><td>四等</td><td>所在图幅</td><td></td></tr>
<tr><td>地别</td><td>单位用地</td><td>觇标</td><td></td><td>标石标志</td><td>普通标石</td></tr>
<tr><td>所在地</td><td colspan="5">东台市梁垛镇安洋村二组</td></tr>
<tr><td>通视情况</td><td colspan="2">与1D08b通视</td><td rowspan="2">点位说明</td><td colspan="2" rowspan="2">该点位于东台市梁垛镇安洋村二组</td></tr>
<tr><td>向导单位及姓名</td><td colspan="2">×××</td></tr>
<tr><td colspan="3">点位略图</td><td colspan="3">实埋标石断面图</td></tr>
<tr><td colspan="3">30m
20.5m
9.2m
1013
张塘河
比例尺:1000</td><td colspan="3">450
150
250
300
200
450
300
100
单位:mm</td></tr>
<tr><td>点位详细说明</td><td colspan="5">1)该点至北面的发射塔30m
2)该点至东北面的张塘河分叉处20.5m
3)该点至东边的张塘河9.2m</td></tr>
<tr><td>接管单位</td><td>××省交通规划设计院</td><td>作业单位</td><td colspan="3">××省工程勘测研究院有限责任公司</td></tr>
<tr><td>接管者</td><td>×××</td><td>选点者</td><td>×××</td><td>日期</td><td>××.××</td></tr>
<tr><td>接管日期</td><td>××.××</td><td>埋石者</td><td>×××</td><td>日期</td><td>××.××</td></tr>
<tr><td>备注</td><td colspan="5"></td></tr>
</table>

选点工作结束后，应提交下述资料。

1）选点图。选点图的比例尺视测区范围而定。图上应注明点名和点号，描绘出交通干线、主要河流和居民地点等。

2）导线点位置说明。填写点的位置说明，是为了日后寻找点位方便，同时也便于其他单位使用导线点资料，了解造标埋石情况。

3）文字说明。内容包括：任务要求，工区概况，已有测量成果及精度情况，设计的技术依据，旧点的利用情况，最长和最短边长，平均边长及最小角的情况，精度估算的结果，对造标、埋石、观测工作的建议等。

踏勘、设计和选点是建立工区控制网的一道重要程序，其质量如何，对整个导线网的精度和经济效益影响很大。因此深入测区进行全面系统的调查研究，反复进行方案比较，使布网方案尽量优化，是极为重要的。

1.3.4 觇标的建造

觇标是三角点等地面控制点的地面标志，也是观测时的照准目标。觇标建造的质量直接影响观测成果的精度。每座觇标必须保存一定的年限，以便在布设低等级控制点时使用。因此，测量觇标要在造价低廉的前提下，努力做到牢固、稳定、端正、安全和便于观测的基本要求。

三等及以上的三角点和导线点一般需要建造觇标，四等可视情况而定，而一、二级小三角点、导线点和 GPS 点，则一般不建标。由于现代全球卫星定位技术、电磁波测距等技术的广泛应用和现代测绘仪器的进步，三、四等工程控制网的测量已经被 GPS、光电导线等现代测绘手段所取代，因此工测网中一般不需建大型高标。下面仅将觇标的基本类型略作介绍。

1. 寻常标

寻常标是没有内架的三脚或四脚觇标。按其所用材料不同，分为木质寻常标（图 1-5）、钢质寻常标（图 1-6）和混凝土寻常标。

图 1-5　木质寻常标

图 1-6　钢质寻常标

2. 双锥标

双锥标是内外架不接触的三脚或四脚觇标。这种觇标较为稳定，扭转量小，适用于高精度水平角观测。内架用来升高仪器，外架用来支撑照准目标和升高观测台。它可用木材（图1-7a或钢材（图1-7b）制作。

3. 墩标

在用混凝土、天然石、砖等筑成的仪器墩上，加设照准圆筒，这种测量标志称为墩标，用于无法建造外架的峻峭山顶上或建筑物上，如图1-8所示。

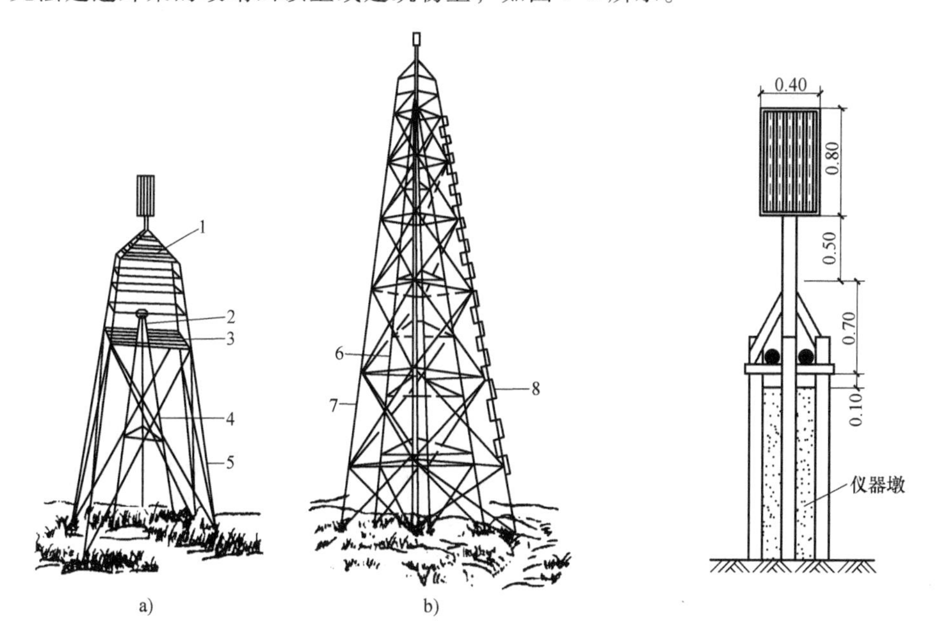

图1-7　木质双锥标

1—复板　2—仪器台　3—楼板

4、6—内架　5、7—外架　8—爬梯

图1-8　钢质双锥标（单位：m）

1.3.5　中心标石的埋设

中心标石是控制点点位的永久标志。无论是野外观测，还是内业计算成果，均以中心标石的标志中心为准。如果标石被破坏或发生位移，测量成果就会失去作用，使点报废。因此，中心标石的埋设，一定要十分牢固、稳定。

1. 控制点标志

二、三、四等平面和高程控制点标志均可采用瓷质或金属等材料制作，其规格如图1-9和图1-10所示。一、二级小三角点和一级及以下导线点、埋石图根点等平面控制点标志可采用Φ14～20、长度为30～40cm的钢筋制作，钢筋顶端应锯“+”形标志，距底端5cm处应弯成钩状。三、四等水准点及四等以下高程点可直接采用平面控制点标志。

2. 控制点标石

为了把控制点的位置在地面上长期保存下来，就必须埋设稳定、牢固和耐久的中心标石。标石一般由混凝土灌制而成，也可用花岗岩、青石或其他坚硬石料凿成。标石分盘石和柱石两个独立体。柱石和盘石的顶部中央就是标石的中心。在控制测量过程中要尽量使用旧

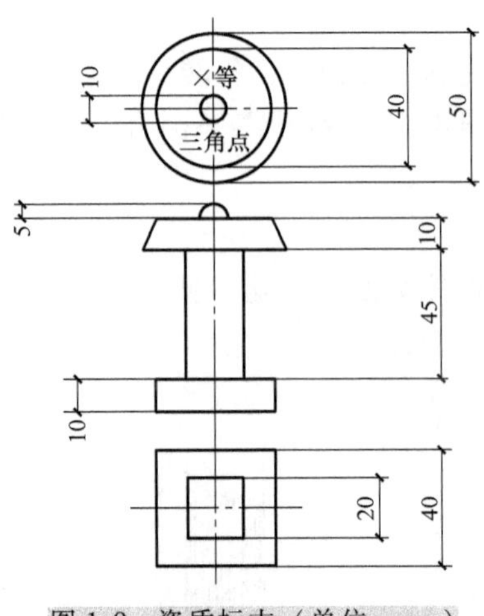

图 1-9 瓷质标志（单位：mm）

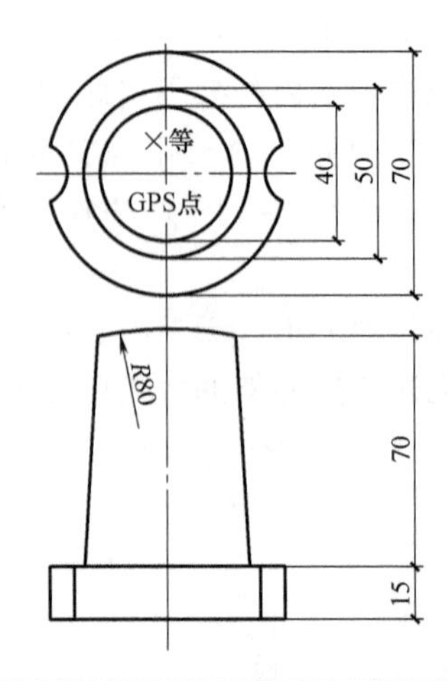

图 1-10 金属瓷质标志（单位：mm）

控制点，若旧点的标石不符合要求的规格或柱石被破坏，则需要重新埋设标石，此时可利用盘石恢复中心标石。

按网等级及测区地质条件将中心标石分成八种规格。这里仅介绍三、四等工区控制点的常见标石。

（1）一般地区的标石　在非流沙、非岩石地区，三、四等三角点的标石由盘石和柱石组成，如图 1-11 所示。这样做主要是为了保证点位能长期保存，一旦柱石遭到破坏，用盘石可以恢复柱石。

一、二级小三角点，一般只埋设柱石。

（2）岩石地区的标石　岩石地区埋设三角点标石，是在岩石上凿坑，然后在坑中浇灌混凝土并嵌入标志。当岩石面距地面的深度在 0.4m 以内时，三、四等三角点埋一块岩石标志，如图 1-12 所示。

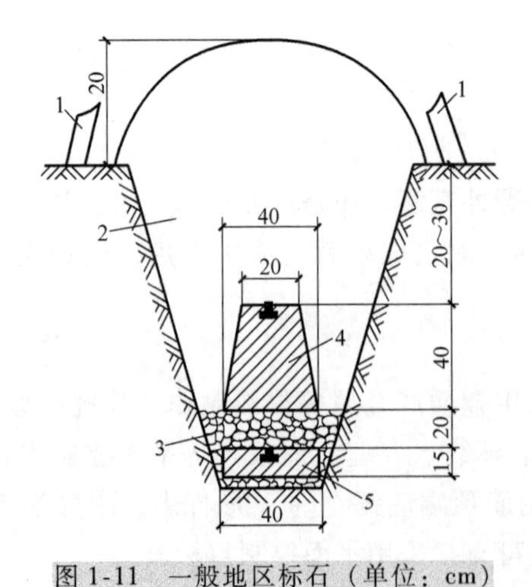

图 1-11 一般地区标石（单位：cm）

1—橹柱　2—新土　3—捣固的土石层　4—柱石　5—盘石

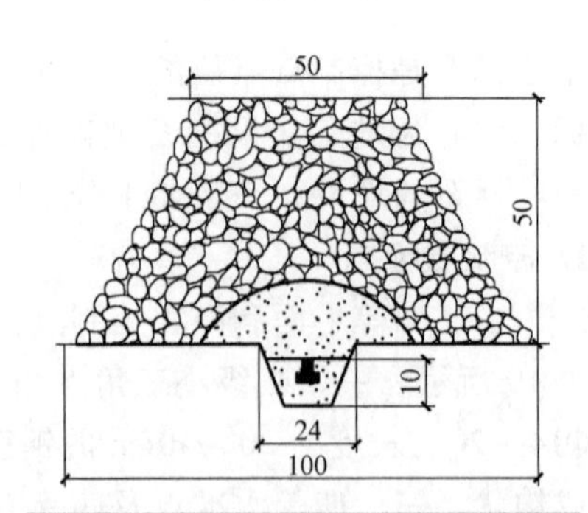

图 1-12 岩石地区标石（单位：cm）

岩石地区埋设标石时，标志、盘石和柱石的块数，视岩石面距地表面土层的厚度而定，具体规定见表 1-12。

表 1-12　三、四等控制点标志埋设的规定

序号	岩石距离地表的深度/m	岩石标志	盘石	柱石
1	0.0～0.4	1	—	—
2	0.5～0.7	1	1	—
3	0.8～0.9	1	—	1
4	1.0 以上	—	1	1

3. 埋石的基本要求

1）坑底要填砂石，并夯实、整平。然后埋下盘石和柱石，将周围的新土夯实，以防标石倾斜和位移。

2）各层标石（包括盘石和柱石）的标志中心，应在同一铅垂线上，最大偏差不应超过 3mm。

3）在泥土松软地区埋设标石时，应在盘石下边浇灌混凝土底层。

4）标石埋好后应整饰外围。

一个点上的造标、埋石工作结束后，应将标石断面尺寸等信息，填写到控制点位置说明中，并向当地政府办理委托保管手续。

【单元小结】

本单元主要介绍了国家控制网的基本情况、工测控制网的布设和控制网选点与造标埋石工作。通过本单元的学习，要重点掌握各种工测控制网的布设、选点和埋石方法，并具备独立布设工测控制网、进行选点埋石的实践能力。由于控制网布设质量直接关系后期作业步骤的质量，因此应注意熟悉本单元出现的测量规范要求，培养严格的质量意识，并能结合项目实际情况灵活运用本单元知识设计出最优的控制网方案。

【复习题】

1. 国家三角网、水准网各有哪些主要技术指标？
2. 工程三角网、导线网各有哪些主要技术指标？
3. 三角点与导线点的点位要求有何异同？
4. 测前踏勘要了解哪些情况？收集哪些资料？各有何用途？
5. 控制网实地选点的主要任务是什么？选点后应上交哪些资料？

单元 2

精密角度测量

单元概述

在工程控制测量和精密工程测量中，角度测量主要使用精密光学经纬仪。本单元主要介绍一个测站上的水平角观测方法和测站平差、水平角观测误差及注意事项、偏心观测及其改正。对于仪器构造、使用方法及其检验的学习，可在课程安排的实训课上或相关视频中进行学习，本单元不再介绍。

学习目标

1. 掌握水平角和垂直角的精密观测方法。
2. 掌握角度观测的误差来源和减弱或消除误差的方法。

2.1 经纬仪的三轴误差

为了保证测得正确的水平角，经纬仪的三轴（视准轴、水平轴、垂直轴）应满足一定的几何关系，即：视准轴与水平轴正交，水平轴与垂直轴正交，垂直轴应处于铅垂位置。这些关系不能满足时，将分别产生视准轴误差、水平轴倾斜误差和垂直轴倾斜误差，它们统称为经纬仪的三轴误差。

研究三轴误差，主要是了解各种误差对观测成果的影响，并找出消除或减少这些影响的方法。

2.1.1 视准轴误差

当仪器已整平（垂直轴处于铅垂位置）且水平轴与垂直轴正交，仅由于视准与水平轴不正交所产生的误差称为视准轴误差，即实际的视准轴与正确的视准轴存在夹角 C，如图2-1所示。当实际的视准轴偏向垂直度盘一侧时，C 为正值，反之，C 为负值。

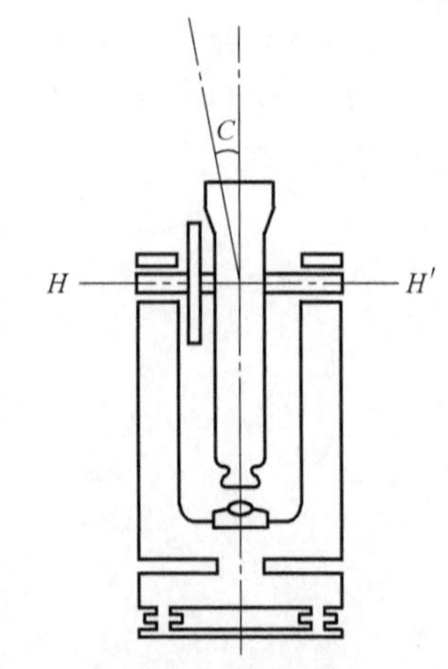

图 2-1 视准轴误差

产生视准轴误差的主要原因有：望远镜的十字丝分划板安置不正确；望远镜调焦镜运行时晃动；气温变化引起仪器部件的胀缩，特别是仪器受热不均匀使视准轴位置变化。

1. 视准轴误差对水平方向观测值的影响

视准轴误差 C 对水平方向观测值的影响 ΔC 为

$$\Delta C = \frac{C}{\cos\alpha} \tag{2-1}$$

式中　α——观测时照准目标的垂直角（°）。

2. ΔC 的性质及其消除方法

由式（2-1）可以看出，ΔC 的大小与 C 成正比，并随着垂直角 α 的增大而增大。当$\alpha = 0$ 时，$\Delta C = C$。

盘左观测时，视准轴偏向垂直度盘一侧，正确的水平度盘读数 L_0 比有视准轴误差影响 ΔC 时的实际读数 L 小，故

$$L_0 = L - \Delta C \tag{2-2}$$

盘右观测时，视准轴则偏向盘左时的另一侧，这时正确的水平度盘读数 R_0 显然大于有视准轴误差影响 ΔC 的实际读数 R，故

$$R_0 = R + \Delta C \tag{2-3}$$

取盘左盘右的平均值，得

$$\frac{1}{2}(L_0 + R_0) = \frac{1}{2}(L + R) \tag{2-4}$$

由式（2-4）可知，当 C 值在盘左、盘右观测时间段内不变时，视准轴误差 C 对盘左、盘右水平方向观测值的影响大小相等，正负号相反，因此，取盘左、盘右实际读数的中数，就可以消除视准轴误差的影响。

由于调焦透镜运行不正确会引起视准轴位置的变化，所以《城市测量规范》（CJJ/T 8—2011）中规定在一测回观测期间内不得重新调焦。

当用方向法进行水平方向观测时，除计算盘左、盘右读数的中数以取得一测回的方向观测值外，还必须计算盘左、盘右读数的差数。

由式（2-2）和式（2-3）可得

$$L - R \pm 180° = 2\Delta C \tag{2-5}$$

由式（2-1）可知，当观测目标的垂直角 α 较小时，$\cos\alpha \approx 1$；$\Delta C \approx C$，则式（2-5）可改写成

$$L - R \pm 180° = 2C \tag{2-6}$$

3. 计算 2C 的作用

计算 $2C$ 并规定其变化范围可以作为判断观测质量的标准之一；$2C$ 误差对于水平方向观测值的影响，虽然可以采用取盘左和盘右的读数平均值的办法得到抵消，但 $2C$ 值过大也会给计算带来不便。所以《城市测量规范》（CJJ/T 8—2011）中规定：一测回中各方向 $2C$ 值的较差，J_1 型仪器不得超过 9″，J_2 型仪器不得超过 13″；$2C$ 绝对值，J_1 型仪器应小于 20″，J_2 型仪器应小于 30″，否则应进行校正。

2.1.2　水平轴倾斜误差

1. 水平轴倾斜误差及产生原因

当视准轴与水平轴正交，且垂直轴处于铅垂位置时，仅由于水平轴与垂直轴不正交使水

平轴倾斜一个小角 i，称为水平轴倾斜误差，如图 2-2 所示。规定水平轴在垂直度盘一端下，i 角为正值，反之 i 角为负值。

产生视准轴误差的主要原因有：仪器左、右两端的支架不等高或水平轴两端轴径不相等。

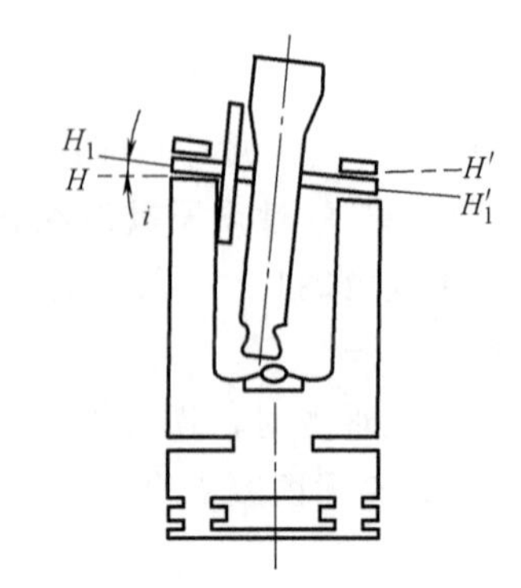

图 2-2　水平轴倾斜误差

2. 水平轴倾斜误差对水平方向观测值的影响及消除方法

水平轴倾斜了 i 角，对水平方向观测值的影响 Δi 为

$$\Delta i = i\tan\alpha \tag{2-7}$$

式中　α——观测时照准目标的垂直角（°）。

由式（2-7）可知，Δi 与 i 角值有关，随 α 角增大而增大，当 $\alpha=0$ 时，则 $\Delta i=0$。

盘左观测时，由于水平轴倾斜，正确的水平度盘读数 L_0 比有误差影响 Δi 时的实测读数 L 小，故

$$L_0 = L - \Delta i \tag{2-8}$$

盘右观测时，正确的水平度盘读数 R_0 显然大于有误差影响 Δi 的实测读数 R，故

$$R_0 = R + \Delta i \tag{2-9}$$

取盘左盘右的平均值，得

$$\frac{1}{2}(L_0 + R_0) = \frac{1}{2}(L + R) \tag{2-10}$$

这就是说，水平轴倾斜误差对水平方向观测值的影响，在盘左、盘右读数的平均值中可以得到抵消。

在实际观测时，仪器的视准轴误差和水平轴倾斜误差是同时存在的，它们的影响将同时反映在盘左和盘右的读数差中，因此，可以写成

$$L - R = 2\Delta C + 2\Delta i \tag{2-11}$$

顾及式（2-1）和式（2-7），则式（2-11）为

$$L - R = 2\frac{C}{\cos\alpha} + 2i\tan\alpha \tag{2-12}$$

由式（2-12）可知：当 $\alpha=0$ 时，$L-R\pm180°=2C$。一般情况下，随着 α 的增大，式（2-12）等号右端第一项变化较慢，而第二项则变化较为显著。现设 $C=15''$，$i=15''$，由表 2-1 可以看出，当 α 增大时，式（2-12）等号右端第二项对于第一项来说，有较为显著的变化。

可见，在比较各方向的 $2C$ 互差时不可忽略水平轴倾斜误差的影响，如果个别方向的垂直角 α 较大，则受水平轴倾斜误差的影响也较大，若将垂直角较大的方向的 $2C$ 值与其他垂直角较小的方向的 $2C$ 值相比较，就显得不合理了。所以当照准目标的垂直角超过 ±3°时，该方向的 $2C$ 值不与其他方向的 $2C$ 值作比较，而与该方向在相邻测回的 $2C$ 值进行比较，从同一时间段内同一方向相邻测回间 $2C$ 值的稳定程度来判断观测质量的好坏。

视准轴误差、水平轴倾斜误差和垂直角的关系见表 2-1。

表 2-1　视准轴误差、水平轴倾斜误差和垂直角的关系

α(°)	0	3	6	9	12
$2C\frac{1}{\cos\alpha}('')$	30.00	30.04	30.17	30.37	30.67
$2i\tan\alpha('')$	0.00	1.57	3.15	4.75	6.38

2.1.3 垂直轴倾斜误差

1. 垂直轴倾斜误差及产生原因

当视准轴与水平轴正交，水平轴垂直于垂直轴，仅由于仪器未严格整平，而使垂直轴偏离测站铅垂线一微小角度 v，这就是垂直轴倾斜误差。它是由于仪器整置不正确或因外界条件变化引起的。

2. 垂直轴倾斜误差对水平方向观测值的影响

如果垂直轴位于与铅垂线一致的位置，则旋转仪器的照准部，水平轴所形成的平面呈水平状态，如图2-3中的 $HN_1H''N$，即画有斜线的平面。如果垂直轴倾斜了一个小角，则旋转仪器的照准部，水平轴所形成的平面相对于水平面也倾斜了一个小角 v，如图2-3中的 $H_1N_1H_1''N$。这两个旋转平面相交，图中 N_1N 就是它们的交线。

垂直轴倾斜将引起水平度盘倾斜，但当 v 角很小时（一般 $v<1'$），因水平度盘倾斜对水平度盘的读数影响很小，可不予顾及。所以主要讨论由于垂直轴倾斜而引起水平轴倾斜对水平方向观测值的影响。

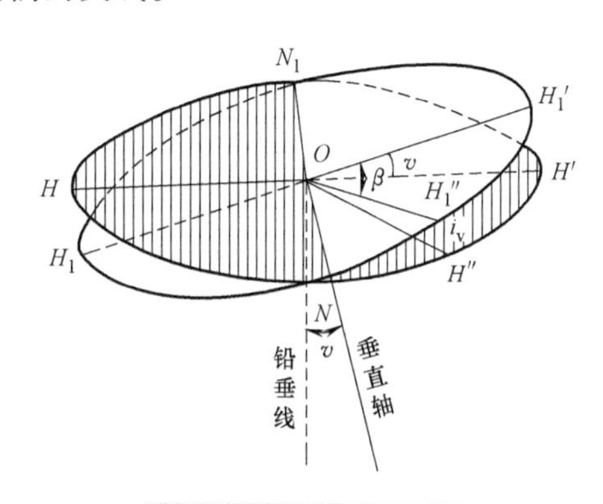

图2-3 垂直轴倾斜误差

由图2-3可知，当水平轴随照准部转动时，水平轴的倾斜在不断变化。当水平轴旋转到垂直轴倾斜面内时，如图2-3中的 N_1ON_1 位置，水平轴有最大的倾斜角 $i_v=v$；当照准部再旋转90°时，则水平轴在图2-3中 $H_1O\ H_1'$ 位置，重合于两个面的交线，此时水平轴呈水平状态，即 $i_v=0$。

下面将讨论当照准部旋转至某一任意位置时，水平轴倾斜角 i 的大小及其对水平方向观测值的影响。

在直角球面三角形 $NH_1''H''$ 中，$NH''=90°-\beta$，$\angle H_1'OH'=\angle H_1'NH'=v$，$H_1''H''=i_v$，$\angle NH''H_1''=90°$，由直角球面三角形公式可得

$$\sin i_v=\sin(90°-\beta)\sin v$$

由于 v 及 i 都是很小的角，所以上式可写成

$$i_v=v\cos\beta \tag{2-13}$$

若已知水平轴倾斜角 i，则可按式（2-7）得出由于垂直轴倾斜 v 角而引起水平轴倾斜 i_v 对水平方向观测值影响的 Δv 的公式。

$$\Delta v=i_v\tan\alpha \tag{2-14}$$

顾及式（2-13），得

$$\Delta v=v\cos\beta\tan\alpha \tag{2-15}$$

由式（2-13）可知，垂直轴倾斜误差对水平方向观测值的影响，不仅与垂直轴倾斜角 v 有关，还随着照准目标的垂直角和照准目标的方位不同而不同。

3. Δv 的性质及将其减弱的措施

1）垂直轴倾斜的方向和大小不随照准部的转动而变化，所引起的水平轴倾斜误差的方向在盘左和盘右时均相同。因此，对任一观测方向均不能用取盘左、盘右平均值的方法来消

除垂直轴倾斜误差对水平方向观测值的影响。所以在观测过程中应特别注意使垂直轴位于铅垂位置。为此，《城市测量规范》（CJJ/T 8—2011）规定：在观测过程中，照准部水准管气泡中心位置偏离不得超过1格。气泡位置偏离接近1格时，应在测回间重新整置仪器。

2）垂直轴倾斜误差对观测方向值的影响 Δv，不仅与垂直轴倾斜量、观测目标的垂直角有关，而且随着观测方向方位的不同而不同，组成角度时这种影响也不能得到消除。所以《城市测量规范》（CJJ/T 8—2011）规定：对于三、四等三角测量，当垂直角超过 $\pm 3°$时，每测回间应重新整置仪器，使气泡居中，或者在观测过程中，读取水准器气泡读数，加入垂直轴倾斜改正数。

2.2 水平角观测误差的来源及其影响

理想的水平角观测条件是：来自观测目标中心的光线应是一条直线，望远镜中目标的成像应该清晰、稳定，仪器各部件结构和仪器中心位置在观测过程中应稳定不变。事实上，上述条件很难保证，因而给观测带来误差。误差来源可归纳为三个方面：外界因素的影响、仪器误差的影响以及照准和读数误差的影响。

2.2.1 外界因素的影响

外界因素主要是指观测时的大气温度、湿度、密度、太阳照射方位及地形、地物等因素。它对测角精度的影响，主要表现在观测目标成像的质量、视线的弯曲、觇标或脚架的扭转等方面。

1. 大气密度和透明度的变化对目标成像质量的影响

（1）大气层密度的变化对目标成像稳定性的影响　目标成像是否稳定主要取决于视线通过近地大气层（简称大气层）密度的变化情况，如果大气密度是均匀的、不变的，则大气层就保持平衡，目标成像就很稳定；如果大气密度剧烈变化，则目标成像就会产生上下左右跳动的现象。实际上大气密度始终存在着不同程度的变化，它的变化程度主要取决于太阳造成地面热辐射的强烈程度以及地形、地物和地类等的分布特征。

（2）大气透明度对目标成像清晰的影响　目标成像是否清晰主要取决于大气的透明程度，也就是取决于大气中对光线散射作用的物质（如尘埃、水蒸气等）的多少。尘埃上升到一定高度后，除部分浮悬在大气中，经雨后才消失外，一般均逐渐返回地面。水蒸气升到高空后可能形成云层，也可能逐渐稀释在大气中，因此尘埃和水蒸气对近地大气的透明度起着决定性作用。

地面的尘埃之所以上升，主要是由于风的作用，即强烈的空气水平气流和上升对流的结果，大量水蒸气也是水域和植被地段强烈升温产生的，所以大气透明度从本质上说也主要决定于太阳辐射的强烈程度。因此一般来说，上午接近中午时大气透明度较差，午后随着辐射减弱，水蒸气越来越少，尘埃也不断陆续返回地面，所以一般在下午3小时以后又有一段大气透明度良好的有利观测时间。

由上可知，目标成像清晰和稳定的程度，在一天内随着时间的不同而变化。晴天时，最有利的观测时间段是下午三四点钟以后和夜间。日出、日落及中午前后不宜观测。阴天时，一般成像的情况比晴天好，可观测的时间较晴天长得多。观测误差最小的天气是有微风的阴天。

当然，有利观测时间还与测区的自然地理条件有关。随着山区和平原、内陆和沿海等情况的不同，其成像清晰和稳定的时间也不同。通常在山区有利观测时间较长，在人口密集的平原地区，有利观测时间较短。

此外，视线越接近地面，大气层受地面辐射而不稳定的影响越大，尘埃和水蒸气也越多，成像质量就越差，反之，视线越高，成像质量就越好。因此，《城市测量规范》（CJJ/T 8—2011）中规定，视线应离开地面一定的高度。

2. 水平折光的影响

光线通过不同密度的介质时，会产生折射，使光线的行程不是一条直线，而是曲线。由于越接近地面，大气的密度越大，因此垂直方向上大气密度呈上疏下密的垂直密度梯度，使光线产生垂直方向的折光，称为垂直折光。此时视线不是直线，而是弯向地面的曲线，因此垂直折光会影响水准测量和三角高程测量的精度。但就局部来看，大气的密度不仅垂直方向不同，水平方向也不同，因而就会使视线产生水平折光。水平折光使视线左右弯曲，它对水平方向观测的影响呈现系统性，严重地影响精密角度测量的精度。

如图 2-4 所示，理想的视线应是 AB 直线，但由于水平折光的影响，视线向大气密度较大的一侧弯曲，成为一条曲线，当来自目标的光线进入望远镜时，望远镜所照准的实际方向为这条曲线在望远镜处的切线方向，即 AB' 方向，方向 AB' 与 AB 间有一个微小的夹角，称为微分折光。微分折光可以分解为垂直方向和水平方向两个分量：在铅垂面上的分量，称为垂直折光差，将影响垂直角的观测精度；在水平面上的分量，称为水平折光差，将影响水平角的观测精度。由于大气温度的梯度主要发生在垂直面内，所以垂直折光差是比较大的。水平折光差在数值上远小于垂直折光差，但它对水平方向观测值的影响是系统性的，是影响水平方向观测精度的主要因素之一。特别是当视线靠近某物体时（图 2-5），水平折光差的影响尤为显著。

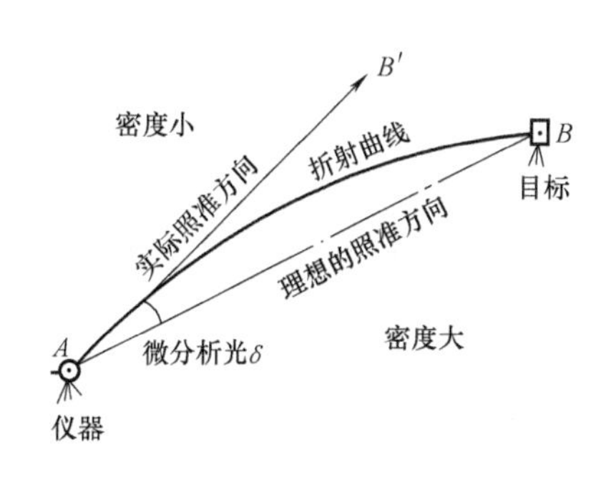

图 2-4　水平折光

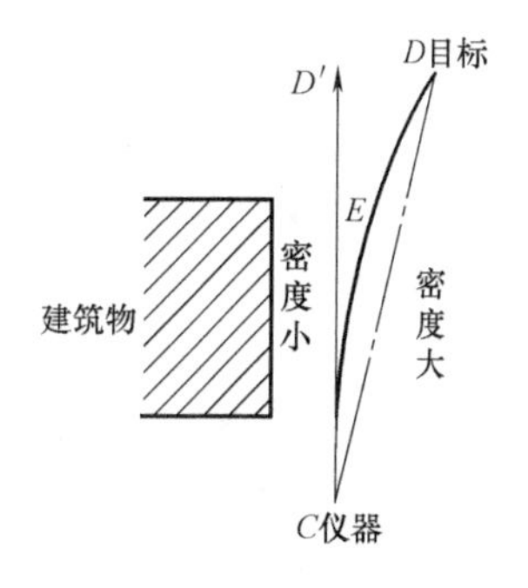

图 2-5　水平折光的影响

在实际观测时，由于视线很长，它所通过的大气层情况十分复杂，所以很难用一个数学公式来准确地计算水平折光差的大小，只能根据水平折光产生的原因、条件及光线传播的物理特性和实践经验，找出水平折光对水平角观测影响的一般规律，来采取一定的措施减弱它的影响。

（1）水平折光影响的规律

1）由于白天和夜间大气温度变化的情况相反，因而水平折光对方向值的影响，白天与夜间的数值大小趋近相等，符号相反。

2）视线越靠近对热量吸收和辐射快的地形、地物，水平折光的影响就越大。

3）视线通过形成水平折光的地形、地物的距离越长，水平折光的影响就越大。

4）引起空气密度分布不均匀的地形、地物越靠近测站，水平折光的影响就越大。

5）视线两侧空气密度悬殊越大，水平折光的影响就越大。

6）视线方向与水平密度梯度方向越垂直，水平折光的影响就越大。

（2）减弱水平折光影响的措施

1）选点时，要保证视线超越或旁离障碍物一定的距离。如应高出地面或障碍物1～2m，离山坡、树林、建筑物等3m以上。

2）造标时，应该注意使视线离开橹柱和横梁10cm以上。

3）视线通过河流、山坡、沙漠、森林、城市等区域的边缘时，视线越长其影响越大。所以在视线无法避开上述区域时，应适当缩短边长或抬高视线。

3. 照准目标相位差的影响

在三、四等三角测量中，照准目标一般为标心柱和照准圆筒，两者均为实体表面。因此，在阳光照射下会分为明亮和阴暗的两部分，这时照准目标就很容易随着觇标背景的不同而偏向一侧。例如，背景是天空，就容易偏向暗的一侧，背景是阴暗的地物，就容易偏向明亮的一侧。所以照准实体目标时，往往不能正确地照准目标的真正中心，由此给观测结果带来的误差称为相位差，如图2-6所示。

相位差对水平方向观测的影响，随太阳方位和视线方位的不同而变化。而目标成像阴暗面的大小，又随目标的大小和观测距离的远近而变化。相位差对观测成果的影响，在某一时间内（如上午或下午）是近似于系统性的。但在上午、下午随着太阳方位不同，它对观测成果的影响可能出现符号相反的系统差异。

为了减弱相位差的影响，造标时应根据三角网的边长正确地选取照准标志的直径，根据背景情况将目标涂成红白相间的区格，有条件时可在上午、下午各观测半数测回。

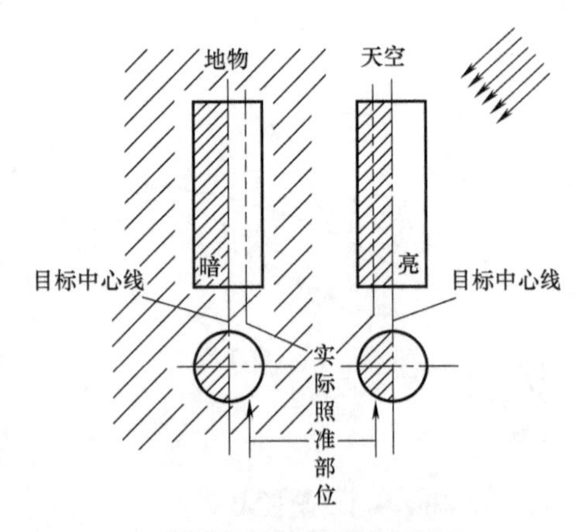

图2-6 照准目标相位差

4. 温度变化的影响

在观测过程中，当仪器一侧受热或周围气温不断变化时，必然引起构成视准轴的一些玻璃和金属部件发生变形，从而使视准轴位置发生微小变化。所以观测时不要让仪器和三脚架直接受阳光曝晒，否则仪器温度剧烈上升，就可能造成有害的影响，这可在$2C$值中明显地反映出来。

如果在一个测回的短时间观测过程中，空气温度的变化是与时间成比例的，那么可以采用按时间对称排列的观测程序来削弱这种误差对观测成果的影响。所谓按时间对称排列的观测程序，就是假定在一测回的较短时间内，气温对仪器的影响是均匀变化的。上半测回依顺时针的次序观测各目标，下半测回依逆时针的次序观测各目标，并尽量做到观测各目标的时间间隔相近。这样做，就可以认为同一方向上、下半测回观测值的平均值受到这种误差的影响是相同的，从而由方向值求出的角度，因仪器受气温变化的影响就可以大大削弱。

此外，当采用双锥标时，由于仪器是安置在觇标的内架上，觇标内架和仪器脚架因温度、湿度、风力和观测员的走动等外界条件的影响而发生扭转，带动仪器基座和水平度盘扭转，也会直接影响测角的精度。

2.2.2　仪器误差的影响

仪器误差有很多种，概括起来有：仪器的几何结构误差、制造误差、校准误差和操作中的误差（转动误差）。2.1 已讨论了经纬仪三轴误差及其对方向观测值的影响规律和减弱或消除的办法，这里重点讨论经纬仪操作中的误差及其对测角的影响。

1. 基座弹性扭转的影响

转动照准部时，在垂直轴与轴套之间会产生摩擦力，使仪器的基座发生弹性扭曲，与基座相连的水平度盘也随着发生微小的方位变动，并且在开始转动照准部的瞬间，弹性扭曲最为显著。当照准部停止转动之后，轴面间没有了摩擦力，基座失去了扭转的外力，便由于弹性后效的作用而逐渐反向扭转，以恢复原来的平衡状态。若望远镜已精确地照准目标，弹性扭转就会使视准轴偏离目标。如果是顺时针方向转动照准部，读数就会变小，反之就会变大，因而使测得的方向值带有系统误差。

根据上述产生这种误差的原因和规律的分析，如果在半测回中始终按同一方向旋转照准部，那么各方向读数受基座弹性扭曲的影响基本上可以认为是相同的，因而由方向值求角度时这种影响就可消除或减弱。

2. 照准部弹性扭转的影响

当照准部垂直轴与轴套之间的间隙过小，则照准部转动时会过紧，如果间隙过大，则照准部转动时垂直轴在轴套中会发生歪斜或平移，这种现象称为照准部旋转不正确。照准部旋转不正确会引起照准部的偏心和测微器行差的变化，为了消除这些误差的影响，采用重合法读数，可在读数中消除照准部偏心影响。在测定测微器行差时应转动照准部位置而不应转动水平度盘位置，这样测定的行差数值将受到照准部旋转不正确的影响，根据这个行差值来改正测微器读数较为合理。

3. 基座脚螺旋孔内空隙的影响

如果脚螺旋和旋孔之间有空隙，当转动照准部时，就会使脚螺旋在旋孔内移动，因而带动度盘产生微小的方位变动。如果只向一个方向转动照准部，脚螺旋也只紧靠旋孔的一侧，以后度盘就不会再发生变动了。因此，《城市测量规范》（CJJ/T 8—2011）规定，在半个测回的观测过程中，照准部只向一个方向旋转，并在照准零方向之前先将照准部旋转 1 ~2 周，以消除或减弱这种误差的影响。

4. 照准部微动螺旋隙动差的影响

由于照准部微动螺旋弹簧的弹力减弱或受油污的影响，在“旋退”微动螺旋以精确照准目标时，弹簧就不能完全发挥作用，因而在微动螺旋的螺杆顶端出现微小空隙。而在读数过程中，弹簧逐渐伸张消除空隙而螺杆顶住微动架，致使照准轴偏离原来的照准目标，从而给读数带来误差，这种误差称为微动螺旋的隙动差。

为了减弱或消除隙动差的影响，《城市测量规范》（CJJ/T 8—2011）规定，使用照准部微动螺旋最后照准目标时，应采用“旋进”方向（也就是压紧弹簧的方向）。

2.2.3 照准和读数误差的影响

在影响测角精度的因素中，还有观测本身的误差。在照准和读数过程中，由于观测者视觉功能的限制，对仪器中的影像的符合程度判断不够准确，因而引起了这类误差，该类误差为偶然误差。

1. 照准误差

照准误差受外界因素的影响较大，例如目标影像的跳动会使照准误差增大好几倍，又如目标的背景不好，也会增大照准误差，甚至照准错误。当然，照准误差也与人眼的分辨力有关。因此，为了提高观测精度，除了选择有利的观测时间外，观测员还应努力提高技术水平，并认真负责地进行观测。

2. 读数误差

光学测微器读数误差的来源有二：一是判断对径分划线是否重合的误差，二是在测微尺上读取不足1″的估读小数误差。不难看出，两者中前者是主要的。实验表明：水平度盘对径分划线重合一次中误差 $m_{重}$，对于 J_1 型经纬仪 $-0.3'' \leqslant m_{重} \leqslant 0.3''$，对于 J_2 型经纬仪 $-1'' \leqslant m_{重} \leqslant 1''$。观测时为了减少此项误差的影响，通常进行两次重合读数。

最后尚需指出，影响水平角观测精度的误差是错综复杂的。前面为了讨论的方便，我们把各种误差进行了分类。实际上，许多误差是交织在一起的，不能截然分开。无论怎样，只要我们正确地掌握各项误差的来源和规律，并采取必要的措施，这些误差的绝大部分是可以减弱，甚至是可以消除的。

2.2.4 精密测角的基本原则

根据前面讨论的各种因素对测角精度的影响规律，为最大限度地减弱或消除各种误差的影响，总结出精密测角时应遵循的一些原则如下：

1）观测应在目标成像清晰和稳定的时间内进行，以提高照准精度和减少大气水平折光的影响，日出前后不宜观测。

2）观测开始前，应认真调整好焦距，消除视差。在一测回的观测过程中不得重新调焦，以免引起视准轴的变动。

3）在上、下半测回间倒转望远镜，以消除视准轴误差和水平轴倾斜误差的影响，并通过计算两倍视准轴误差（$2C$），以检核观测质量。

4）上、下半测回照准目标的次序应相反，并使观测每一目标的操作时间大致相等，即在一测回的观测过程中，应采用与时间对称排列的观测程序，以减少和消除与时间成比例地均匀变化的误差的影响。

5）为了克服或减弱在操作仪器过程中带动水平度盘的误差，照准目标时，应按规定的方向旋转照准部，且在每半测回观测前，先按规定方向转动1~2周。

6）使用照准部微动螺旋和测微螺旋时，最后旋转方向均应为"旋进"，以消除和减弱螺旋隙动差或测微器隙动差的影响。

7）观测前，应整置水准气泡，使之处于居中位置。在观测过程中，气泡偏离中心位置，对 J_2 型仪器来说，不得超过一格。气泡位置接近以上限度时，应在测回间重新整置仪器，以减小垂直轴误差的影响。

8）观测前，须事先编制观测度盘表，使水平角观测的各测回均匀地分配在度盘和测微器的不同位置上，以克服或减弱度盘和测微尺刻划不均的影响。各测回之度盘位置见表 2-2。

表 2-2　度盘变换位置

等级	三等		四等		一级小三角	
仪器	J_1	J_2	J_1	J_2	J_2	J_6
测回数	9	12	6	9	2	6
单位	(° ′ ″)	(° ′ ″)	(° ′ ″)	(° ′ ″)	(° ′)	(° ′)
	0 00 03	0 00 25	0 00 05	0 00 33	0 00	0 00
	20 04 10	15 11 15	30 04 15	20 11 40	90 30	30 15
	40 08 17	30 22 05	60 08 25	40 22 47		60 25
	60 12 23	45 32 55	90 12 35	60 33 53		90 35
	80 16 30	60 43 45	150 20 55	80 45 00		120 45
	100 20 37	75 54 35		100 56 07		150 55
	120 24 43	90 05 25		120 07 13		
	140 28 50	105 16 15		140 18 20		
	160 32 57	120 27 05		160 29 27		
		135 37 55				
		150 48 45				
		165 59 35				

表 2-2 中各测回间度盘位置，是按式（2-16）计算出来的。

$$各测回间度盘位置 = \frac{180^\circ}{m}(j-1) + i(j-1) + \frac{\omega}{m}\left(j-\frac{1}{2}\right) \qquad (2\text{-}16)$$

式中　m——测回数；

j——测回序号（$j=1, 2\cdots, m$）；

i——度盘的最小格值（′），J_1 型经纬仪 $\tau'=4'$，J_2 型经纬仪 $\tau'=10'$；

ω——测微器（测微尺或测微盘）以秒计的总分格值（″），J_1 型经纬仪 $\omega=60''$，J_2 经纬仪 $\omega=600''$。

2.3　测角方法与测站平差

根据水平角观测的基本原则，可制定出不同的观测方法，不论哪种观测方法均应能有效地减弱各种误差影响，保证观测结果的必要精度。操作程序要尽可能简单、有规律，以适应野外观测。不同等级的水平角观测的精度要求不同，其观测方法也不同。目前主要采用的观测方法有测回法和方向观测法，下面将一一介绍。

在水平角观测进行之前，应先准备好仪器和照准标志、记录手簿、铅笔、橡皮、计算器等物品。

2.3.1　测回法

进行水平角观测时，如果在一个测站上观测的方向数超过三个，用方向观测法更方便，当观测方向数不超过三个时，采用测回法观测更方便。一般来说，当进行导线测角时宜采用测回法。下面以图 2-7 为例，说明测回法测角的方法。

1）在 A、B 两点上竖立觇标或安置反射棱镜，在 O 点上安置经纬仪或全站仪并对中整平。

2）置望远镜于盘左位置，瞄准 A 方向，水平盘读数置零。顺时针旋转照准部瞄准 B 方向并读数，为上半测回。

3）置望远镜于盘右位置，瞄准 B、A 方向并读数，为下半测回。

以上观测为一个测回，如果要观测多个测回，只需重复上述方法的2）、3）即可，但水平盘置数应均匀分布在水平度盘和测微器上。测回法记录手簿见表2-3。

图2-7 测回法

表2-3 测回法记录手簿

仪器：010B №035421　　点名：D　　等级四　　日期：2007.2.4

天气：晴　观测者：　　开始时间：9：02

成像：清晰　记录者：　　结束时间：9：24

测站	目标	度盘位置	水平盘读数				半测回角值			一测回角值			平均角值			备注
			(°)	(′)	(″)	(″)	(°)	(′)	(″)	(°)	(′)	(″)	(°)	(′)	(″)	
D	A	左	0	00	22	22	78	05	07	78	05	05	78	05	06.8	第一测回
					21											
	B		78	05	29	29										
					29											
	A	右	180	00	11	12	78	05	03							
					13											
	B		258	05	14	15										
					16											
D	A	左	90	10	33	32	78	05	08	78	05	08.5				第二测回
					32											
	B		168	15	40	40										
					41											
	A	右	270	10	34	34	78	05	09							
					34											
	B		348	15	42	43										
					44											

2.3.2 方向观测

1. 观测程序

如图2-8所示，如测站上有5个观测方向 A、B、C、D、E，选择其中的一个方向（如 A）作为起始方向（亦称零方向），在盘左位置，从起始方向 A 开始，按顺时针方向依次照准 A、B、C、D、E，并读取水平度盘读数，称为上半测回；然后纵转望远镜，在盘右位置按逆时针方向从最后一个方向 E 开始，依次照准 E、D、C、B、A 并读数，称为下半测回。上、下半测回合为一测回。这种观测方法就叫做**方向观测法**。

方向观测法一测回的观测程序如下。

上半测回用盘左位置观测：

1）首先将仪器照准零方向 A，按规定的度盘

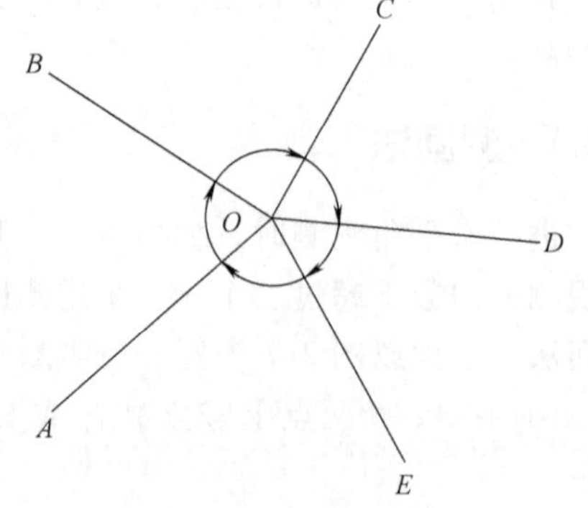

图2-8 方向观测法

位置调好度盘和测微器。

2）顺时针方向旋转照准部 1～2 周后精确照准零方向 A，进行水平度盘测微器读数（重合对径分划线两次）。

3）顺时针方向旋转照准部，精确照准方向 B，进行读数，继续顺时针方向旋转照准部，依次照谁 C、D、E 各方向并读数，最后归至零方向 A，并读数（当观测的方向数 $n \leqslant 3$ 时，可不必归至零方向）。

下半测回用盘右位置观测：

1）纵转望远镜，逆时针方向旋转照准部 1～2 周后，精确照准零方向 A，进行读数。

2）逆时针方向旋转照准部，按上半测回观测的相反次序依次进行照准 E、D、C、B 各方向并读数，最后归至零方向 A 并读数。

2. 观测手簿的记录和计算

现结合方向观测法实例，说明三、四等水平方向观测手簿的记录和计算方法，见表 2-4。例中的三角点是四等三角点，用 010B 型经纬仪 9 个测回观测。根据式（2-15），对好零方向所在的度盘位置和测微器位置，依次进行各方向的观测。根据各方向的照准顺序，读数栏中的记录顺序是：上半测回自上而下，下半测回自下而上。每半测回结束后，立即检查“归零差”（四个以上方向时作此项检查）。在下半测回观测过程中，及时算出每一方向的“左－右”（即 $2C$ 值），并对它们的互差进行检查。同时算出（左＋右）/2。当一测回观测完毕后，取两次零方向观测值的中数作为零方向的最终方向值。如零方向云山的最终方向值为：(37.5＋34.0)/2＝35.8，记入同栏的最上方。最后将每一方向的观测值中数减去零方向的最终值，即得该测回归零后的各方向观测值，并记入方向值一栏。当全部测回进行完毕后，应对同一方向各测回的观测值进行检查。表 2-4 为一测回的记录与计算，其余类同。

表 2-4　方向观测法观测手簿

第 Ⅰ 测回　仪器 010 B　№ 035421　　点名：宋家庄　等级 四　日期：6 月 5 日

天气：晴　观测者：　　开始：8 时 10 分

成像：清晰　记录者：　　结束：8 时 20 分

方向号数、名称及照准目标	读数						左－右 (2C) (″)	(左＋右)/2 (″)	方向值 (° ′ ″)	附注
	盘左			盘右						
	(° ′)	(″)	(″)	(° ′)	(″)	(″)				
1 云山/T	0 00	33 35	34	180 00	42 40	41	−7	(35.8) 37.5	0 00 00.0	
2 刘家沟/T	78 58	30 31	30	258 58	39 40	40	−10	35.0	78 57 59.2	
3 青龙矿/T	126 14	50 48	49	306 14	57 59	58	−9	53.5	126 14 17.7	
4 南山/T	180 41	24 26	25	0 41	30 32	31	−6	28.0	180 40 62.2	
5 西洼/T	220 36	42 40	41	40 36	50 48	49	−8	45.0	220 36 09.2	
1 云山/T	0 00	30 30	30	180 00	38 37	38	−8	34.0		

归零差：Δ左＝＋4″　Δ右＝＋3″

外业观测成果是计算三角点位置的原始数据，是需要长期保存和使用的重要资料，必须做到记录真实、注记明确、字迹工整、纸面整洁和格式统一。凡更正错误，均应将错字整齐划去，在其上方填写正确的文字或数字，禁止涂擦。观测记录和计算中应注意以下事项：

1）记录与计算的取位，对三、四等三角测量而言，读数取至整秒，计算取至 0.1″。

2）原始记录必须在现场用铅笔在规定的观测手簿上进行。严禁凭记忆补记，更不允许转抄。手簿的计算和检查必须在离开测点前做完，发现错误或超限时应立即纠正或重测。

3）原始记录的秒值不得进行任何涂改，度分值确属读错或记错时，可在现场更正，但同一方向的盘左、盘右值不得都进行更改。对超限划去的成果，应注明原因和重测结果的页数。

4）外业手簿中，在每一点的首页，应记载测站名称、等级。每测回观测的首末时间，应在每页上端记载。

此外，方向号数、名称及照准目标一栏，每点第一测回应记录所观测的方向号数、点名和照准目标，其余测回仅记方向号数。每一测回记录不准跨页。照准目标采用符号 T 表示照准圆筒或标心柱。

2.3.3 测站观测成果的限差和超限处理

1. 观测成果的限差

测站限差是根据不同的仪器类型规定的，各项限差的规定见表 2-5。

表 2-5 观测限差 单位：（″）

限差项目	J_1	J_2	J_6	备注
两次重合读数差	1	3	—	当照准点的垂直角超过 3°时，该方向的 $2C$ 值应与同一观测时间段内的相邻测回同方向比较，并在手簿中注明
半测回归零差	6	8	18	
一测回 $2C$ 互差	9	13	—	
测回较差	6	9	24	
半测回角值差	9	13	36	

2. 重测和观测成果的取舍

为了保证观测成果质量，凡是超限成果必须重测。但超限的具体情况比较复杂，究竟应该重测哪个，要根据观测的实际情况，仔细分析，合理地确定其取舍。

重测和取舍观测成果应遵循的原则是：

1）重测一般应在基本测回（即规定的全部测回）完成以后，对全部成果进行综合分析，作出正确的取舍，并尽可能分析出影响质量的原因，切忌不加分析，片面、盲目地追求观测成果的表面合格，以致最后得不到良好的结果。

2）因对错度盘、测错方向、读错记错、碰动仪器、气泡偏离过大、上半测回归零差超限以及其他原因未测完的测回都可以立即重测，并不计重测数。

3）一测回中 $2C$ 互差超限或化归同一起始方向后，同一方向值各测回互差超限时，应重测超限方向并联测零方向（起始方向的度盘位置与原测回相同）。因测回互差超限重测时，除明显值外，原则上应重测观测结果中最大值和最小值的测回。

4）一测回中超限的方向数大于测站上方向总数的 1/3 时（包括观测 3 个方向时，有一个方向重测），应重测整个测回。

5）若零方向的 $2C$ 互差超限或下半测回的归零差超限，应重测整个测回。

6）在一个测站上重测的方向测回数超过测站上方向测回总数的 1/3 时，需要重测全部测回。

测站上方向测回总数 = $(n-1)m$，m 为基本测回数，n 为测站上的观测方向总数。

重测方向测回数的计算方法是：在基本测回观测结果中，重测一方向，算作一个重测方向测回；一个测回中有 2 个方向重测，算作 2 个重测方向测回；因零方向超限而全测回重测，算作 $(n-1)$ 个重测方向测回。

设测站上的方向数 $n=6$，基本测回数 $m=9$，则测站上的方向测回总数 $=(n-1)m=45$，该测站重测方向测回数应小于 15。

在表 2-6 中各测回的重测方向数均小于按上述规定计算得到的测站重测方向测回数为 12，故不需重测全部测回，只需重测第Ⅲ、第Ⅳ测回，并联测和零方向有关的超限方向。

表 2-6　观测的基本测回结果和重测结果

n \ m	Ⅰ	Ⅱ	Ⅲ	Ⅳ	Ⅴ	Ⅵ	Ⅶ	Ⅷ	Ⅸ
0			×						
1									
2						×			
3	×	×				×		×	
4									
5		×				×			
重测方向测回数	1	2	5	0	0	3	0	1	0

观测的基本测回结果和重测结果，一律抄入水平方向观测记簿，记簿格式见表 2-6。重测结果与基本测回结果不取中数，每一测回只采用一个符合限差的结果。

水平方向观测记簿必须由两人独立编算两份，以确保无误。应该指出重测只是获得合格成果的辅助手段，不能过分依赖重测，若重测成果与原测成果接近，说明在该观测条件下原测成果并无大错，这时应该考虑误差可能在其他方向或其他测回中，而不宜多次重测原超限方向，因为这样测得的成果虽然有时可以通过测站上的限差检查，但往往偏离客观真值，会在以后的计算中产生不良影响。

2.3.4　测站平差

测站平差的目的是根据测站上的观测成果求出各方向的测站平差值。同时还要计算出一测回方向值的中误差 μ 和 m 个测回方向值中数的中误差 M（M 实际上就是测站平差值的中误差），以评定测站上的观测质量。

1. 各方向测站平差值的计算

设在一测站上，应观测的方向有 n 个，用方向观测法对全部方向观测了 m 个测回，其中第 i 个测回（$i=1, 2, \cdots, m$）各方向相应的观测值为 a_i，b_i，$\cdots$，n_i（起始方向归零后 a_i 永为零）。经测站平差后的方向值用 A，$B\cdots$，N 表示。

由于同一方向各测回的观测结果都是相互独立的直接观测值，根据测量平差理论，各方向的平差值就是该方向各测回观测值的算术平均值，即

$$
\begin{cases}
A = \dfrac{[a]}{m} \\
B = \dfrac{[b]}{m} \\
\cdots \\
N = \dfrac{[n]}{m}
\end{cases}
\tag{2-17}
$$

2. 精度评定

各观测值的改正数为

$$
\begin{cases}
V_{a_i} = A - a_i \\
V_{b_i} = B - b_i \\
\cdots \\
V_{n_i} = N - n_i
\end{cases}
\tag{2-18}
$$

一测回方向值的中误差为

$$
\mu = \pm K \frac{[\,|v|\,]}{n} \tag{2-19}
$$

$$
K = \frac{1.25}{\sqrt{m(m-1)}}
$$

式中 K——系数；

n——观测方向数；

m——测回数；

$[\,|v|\,]$——改正数 v 绝对值之和。

M 个测回方向值中数的中误差为

$$
M = \pm \frac{\mu}{\sqrt{m}} \tag{2-20}
$$

还可以根据 M 计算出测站上的测角中误差。

$$
m_{\beta} = \sqrt{2} M \tag{2-21}
$$

表 2-7 为锡西三等点测站平差的示例。表中下面划一横线的数字为超限而不采用的数字。

表 2-7 方向法测站平差

点名：锡西三等点　　　　　　仪器：T_1 NO. 69102

观测日期	测回号	1. 小山 T		2. 乌兰敖包 T		3. 大镇 T		4. 厢黄旗 T		5. 岭西村 T		6.		7.	
		(°′) 0 00	v	(°′) 59 15	v	(°′) 141 44	v	(°′) 228 37	v	(°′) 297 07	v	(°′)	v	(°′)	v
		(″)	(″)	(″)	(″)	(″)	(″)	(″)	(″)	(″)	(″)	(″)	(″)	(″)	(″)
7. 3.	Ⅰ	00.0		14.0	−0.8	48.5		25.1	−0.2	06.9	−1.2				
	Ⅱ	00.0		12.5	+0.7	46.0	−1.1	25.0	−0.1	05.9	−0.2				
	Ⅲ	00.0		11.6	+1.6	45.0	−0.1	23.4	+1.5	04.7	+1.0				
	Ⅳ	00.0		11.4	+1.8	46.3	−1.4	26.0	−1.1	05.3	+0.4				
	Ⅴ	00.0		09.2		41.8		23.0		00.8					
	Ⅵ	00.0		15.0	−1.8	43.1	+1.8	24.1	+0.8	04.7	+1.0				

（续）

观测日期	测回号	1. 小山T (°′) 0 00	v	2. 乌兰敖包T (°′) 59 15	v	3. 大镇T (°′) 141 44	v	4. 厢黄旗T (°′) 228 37	v	5. 岭西村T (°′) 297 07	v	6. (°′)	v	7. (°′)	v
7.3.	Ⅶ	00.0		17.1		44.0	+0.9	26.2	-1.3	06.6	-0.9				
	Ⅷ	00.0		13.0	+0.2	44.5	+0.4	—		06.7	-1.0				
	Ⅸ	00.0		14.8	-1.6	45.2	-0.3	24.8	+0.1	05.5	+0.2				
	重Ⅴ	00.0		13.2	0.0	44.7	+0.2	24.4	+0.5	04.9	+0.8				
	重Ⅰ	00.0				45.6	-0.7								
	重Ⅶ	00.0		12.9	+0.3										
	重Ⅷ	00.0						25.3	-0.4						
中数				13.2		44.9		24.9		05.7					
$\Sigma(+v)$					4.6		3.3		2.9		3.4				
$\Sigma(-v)$					4.2		3.6		3.1		3.3				

$\Sigma|v| = 28.4''$

一测回方向值中误差 $\mu = K\dfrac{\Sigma|v|}{n} = \pm 0.83''$

m 测回方向值中数的中误差 $M = \dfrac{\mu}{\sqrt{m}} = \pm 0.28''$

$K = \dfrac{1.25}{\sqrt{m(m-1)}}$　　$m=4$　$K=0.364$　　$m=9$　$K=0.147$

　　　　　　　　　$m=6$　$K=0.228$　　$m=12$　$K=0.109$

2.4　归心改正及归心元素的测定

三角点的点位是以标石的标志中心为准的，也就是说，三角点的坐标与三角点之间的方向和边长都是以三角点的标石中心为依据的。因此，在观测时要求仪器中心、照准圆筒中心与标石中心位于同一铅垂线上，即“三心”一致。

在实际观测时，经过对中可以使仪器中心和标石中心位于同一铅垂线上，但在使用三角点进行观测时，有可能因为橹柱、地物等遮挡视线，不得不将仪器中心偏离标石中心进行观测，这种偏离称为测站偏心。为了将偏心观测的成果归算到测站的标石中心，必须加测站点归心改正数。

造标埋石时，虽然要求尽量将照准圆筒中心和标石中心安置在同一铅垂线上。但是，由于风、雨、阳光等外界因素的影响，以及觇标橹柱的不均匀下沉等，致使照准圆筒中心偏离了标石中心，这种偏离称为照准点偏心。欲将偏心观测成果归算到照准点的标石中心，必须加照准点归心改正数。

2.4.1　归心改正与归心元素

1. 测站点归心改正

如图 2-9 所示，B 为测站点标石中心，Y 为仪器中心，T 为照准点标志中心。

若不考虑照准点偏心的影响，正确的观测方向应为 BT，而实际观测方向却为 YT。实际观测方向值 M_{BT} 与正确的观测方向值 M_{YT} 之间相差了一个小角值 c，c 即为测站点归心改正

数。以标石中心为准的正确的方向值应为

$$M_{BT}=M_{YT}+c \tag{2-22}$$

图中 e_Y 与 θ_Y 分别为测站偏心距和测站偏心角，统称为测站归心元素。测站偏心角 θ_Y 定义为：以仪器中心 Y 为顶点，由测站偏心距顺时针方向量至零方向线的角度值。

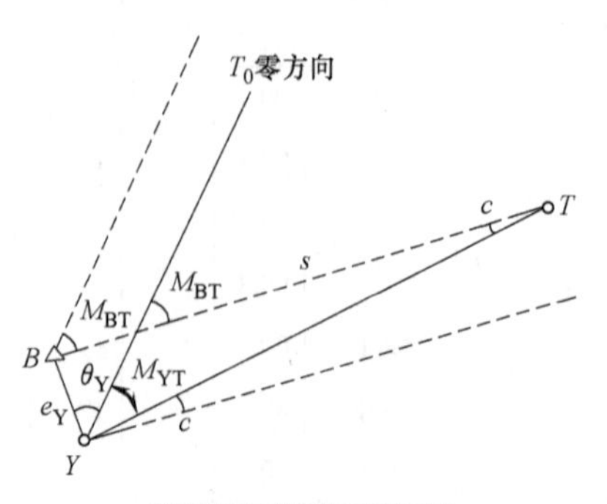

图 2-9 测站点偏心

由三角形 BYT 按正弦公式可以写出

$$\sin c=\frac{e_Y}{s}\sin(\theta_Y+M_{YT}) \tag{2-23}$$

式中 s——测站点至照准点间的距离（mm）。

由于 c 一般很小，可取 $\sin c=c/\rho''$，故上式可改写为

$$c''=\frac{e_Y}{s}\sin(\theta_Y+M_{YT})\rho'' \tag{2-24}$$

必须指出，若测站有偏心，则测站上所有观测方向值都要加测站归心改正数。显然，各方向与零方向之间的夹角 M 是不一样的（对于零方向而言 $M=0°00'$），各方向的距离也不一样，如图 2-10 所示。所以，虽然测站元素 e_Y 与 θ_Y 相同，但各方向的测站归心改正数是不相等的，若（θ_Y+M）所在的象限不同，则改正数的正负号也不同。

测站归心改正数的计算公式可写成一般形式

$$c''=\frac{e_Y}{s}\sin(\theta_Y+M)\ \rho'' \tag{2-25}$$

2. 照准点归心改正

如图 2-11 所示，B 为测站点的标石中心，照准目标中心 T_1 偏离标石中心 B_1，显然，由此而引起的照准点归心改正数为 r_1。

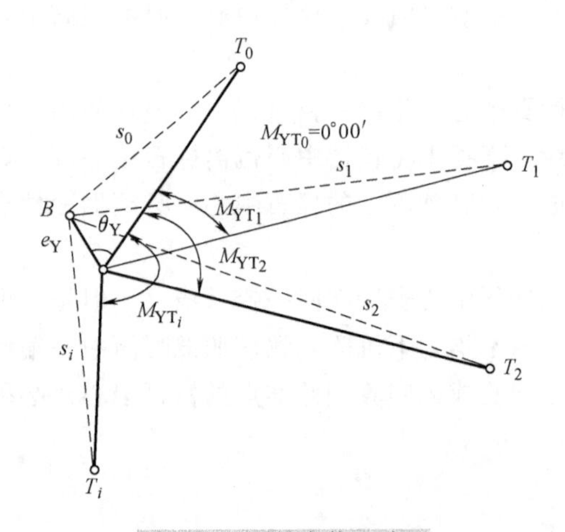

图 2-10 测站点偏心改正

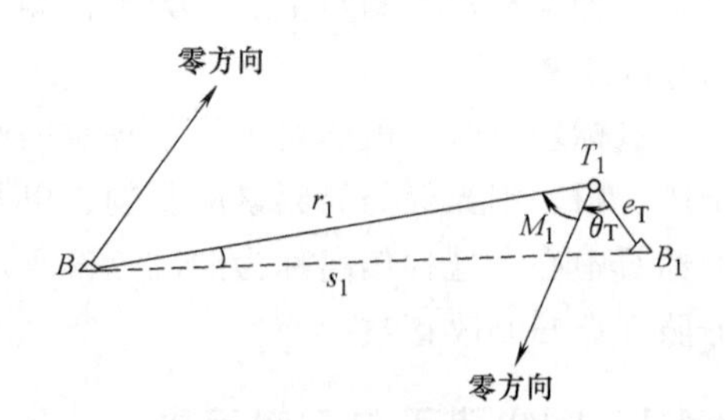

图 2-11 照准点偏心

照准点归心改正数 r_1 可由三角形 $B\ T_1\ B_1$ 按正弦定理解得

$$\sin r_1=\frac{e_{T_1}}{s_1}\sin(\theta_{T_1}+M_1) \tag{2-26}$$

e_{T_1}、θ_{T_1}分别为照准点的偏心距和偏心角，统称为照准点归心元素，偏心角 θ_{T_1}定义为：以照准圆筒中心 T_1 为顶点，由偏心距 e_{T_1}起始顺时针旋转到照准点的零方向的夹角，M_1 为照准点的零方向顺转至改正方向间的夹角。

由于 r_1 为小角，所以上式可写为

$$r''_1=\frac{e_{T_1}}{s_1}\sin(\theta_{T_1}+M_1)\rho'' \qquad (2\text{-}27)$$

应根据不同照准点上的 e_T、θ_T、M 和 s 计算不同方向的照准点归心改正数，如图 2-12 所示。

照准点归心改正数的计算公式可写成下列一般形式

$$r''=\frac{e_T}{s}\sin(\theta_T+M)\rho'' \qquad (2\text{-}28)$$

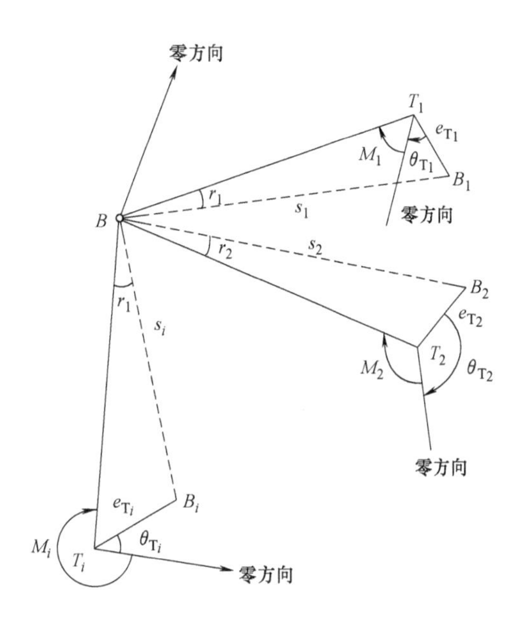

图 2-12　照准点偏心改正

如测站点有测站点偏心，照准点有照准点偏心，则观测方向 YT_1 应加的总改正数为（$c''+r''$）。如图 2-13 所示，即观测方向 YT_1 加了测站归心改正数 c''后，成 BT_1 方向，再加照准点归心改正数 r'' 后，就将 BT_1 方向化归为应有的正确方向 BB_1，即通过测站点标石中心 B 和照准点标石中心 B_1 的正确方向。

计算归心改正数时，c''和 r''的正负号取决于 $\sin(\theta_Y+M)$ 和 $\sin(\theta_T+M)$ 的正负号，当（$\theta+M$）$>180°$时，c''和 r''为负值；反之，为正值。

2.4.2　归心元素的测定方法

由归心改正公式可知，要计算归心改正数，需要知道方向观测值 M，近似边长 s 和归心元素 e_Y、θ_Y、e_T、θ_T，其中 M 可以在观测成果中取得，s 由未经归心改正的观测方向值以正弦公式推算，而 e_Y、θ_Y、e_T、θ_T则需要专门测定。下面我们就讨论归心元素的测定方法。

测定归心元素的方法有图解法和解析法两种。

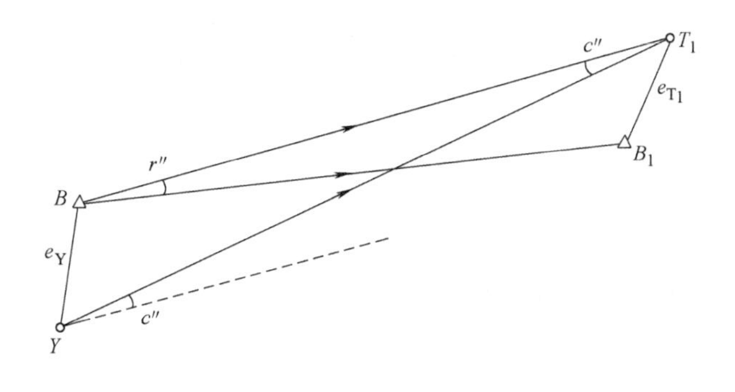

图 2-13　测站点照准点偏心均有偏心

1. 图解法

当偏心距 e 较小时，采用此法。如图 2-14 所示，首先在标石上方安置一块平板，板上固定归心投影用纸，并在投影用纸上标出指北方向。然后在距标石约一倍半觇标高的地上，选择Ⅰ、Ⅱ、Ⅲ三点并先后安置经纬仪。在这三个点上，都必须能看到标石中心 B、仪器中心 Y 和照准标志中心 T，以便照准投影。这三点与标石中心的连线应大致互成120°或 60°，以提高投影交会的精度。

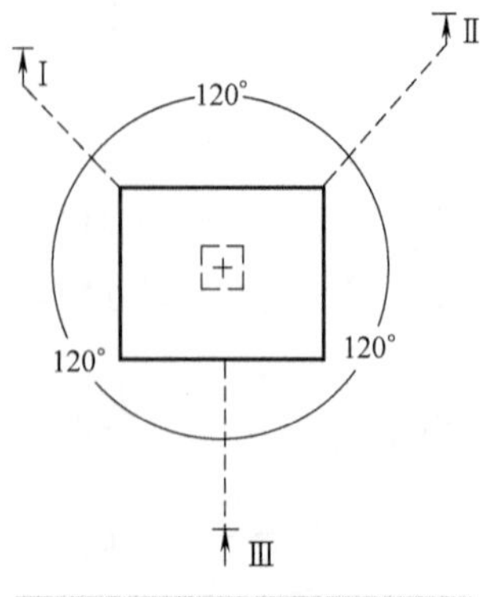

图 2-14　安置投影仪的位置

投影前，要检校仪器视准轴和水平轴误差，并使之极小。在每一点投影时，先将仪器精确整平，然后投影。

下面以标石中心的投影为例说明其投影方法。仪器中心和照准圆筒中心的投影方法与标石中心的投影方法相同。

在点Ⅰ上安置好经纬仪，以盘左位置照准标石中心后，固定照准部，上仰望远镜对准平板，依照准方向指挥作业员在投影用纸的边缘标出前后两点，再以盘右位置照准标石中心，用同样方法在投影用纸的边缘也标出前后两点。然后连接前面两点的中点和后面两点的中点，这条线就是在点 I 上照准标石中心而得到的投影方向线，以 B_1B_1 表示，如图 2-15 所示。在作照准标志中心的投影时，应盘左、盘右分别照准标心柱的左右两边缘进行投影。

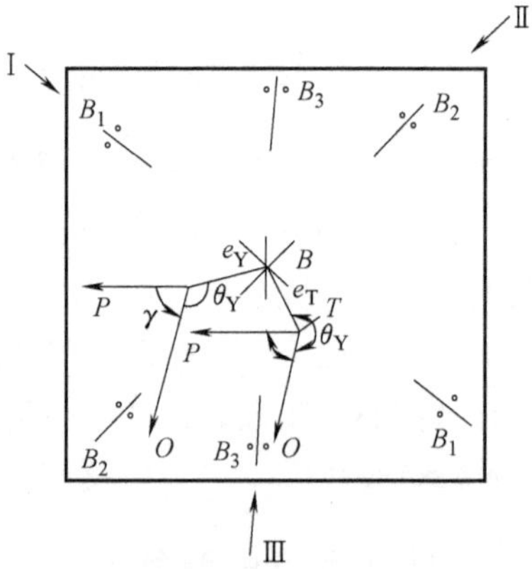

在点Ⅱ、点Ⅲ安置经纬仪，并分别用盘左、盘右位置照准标石中心，按上述同样的方法将照准方向线描绘在投影用纸上，如图 2-15 中的 B_2B_2 和 B_3B_3。三条投影方向线的交点就是标石中心在投影用纸上的投影点 B。

图 2-15　投影标石中心

理论上讲，三条投影方向线应相交于一点，但由于仪器误差和操作误差的影响，三条投影方向线往往不相交于一点，而形成一个示误三角形，示误三角形的大小反映了投影的质量。《城市测量规范》（CJJ/T 8—2011）规定，示误三角形最长边的长度，对于标石中心的投影和仪器中心的投影应小于 5mm，对于照准标志中心的投影应小于 10mm。若在限差以内，取示误三角形的中心作为投影点的位置。

用同样的方法，将仪器中心 Y 和照准标志中心 T 投影在投影用纸上，如图 2-15 所示。为了避免线条和注记太多，在这个图上投影方向线没有全部画出来。实际作业时的全部方向线和注记见图 2-16 中归心投影用纸示例。

在投影用纸上，用直尺量取偏心距 e_Y 和 e_T。量至 mm；用量角器量出 θ_Y 和 θ_T，量至 15′。

按图解法测定归心元素时，如果限于地形，选择三个点安置经纬仪有困难时，可只定两个点，使这两点与标石中心的投影点连线所夹角度接近于 90°。在每一个点上安置经纬仪作了一次投影后，稍微改变一下经纬仪的位置，再作一次投影，这两个投影点可作出四条投影方向线，组成示误四边形。《城市测量规范》（CJJ/T 8—2011）规定：示误四边形的对角线长度，对标石中心和仪器中心的投影应小于 5mm，对照准标志中心的投影应小于 10mm。

锁（网）名：白云区

测前第 1 次　投影 投影时间:1991 年 11 月 13 日	觇标类型:　三脚寻常标 投影仪器:　T:103548	投影者:张杰 描绘者:李力	检查者:沈光
测站点归心零方向:东风岗		照准点归心零方向,东风岗	
检查角:东风岗—跃进村	观测值 46°21′ 描绘值 46°30′	检查角:东风岗—跃进村	观测值 46°21′ 描绘值 46°30′
$e_Y=0.041$m　$\theta_Y=247°00'$		$e_T=0.035$m　$\theta_T=320°45'$	
应改正的方向名称	东风岗,跃进村,金星里	应改正的方向名称	东风岗,跃进村,金星里

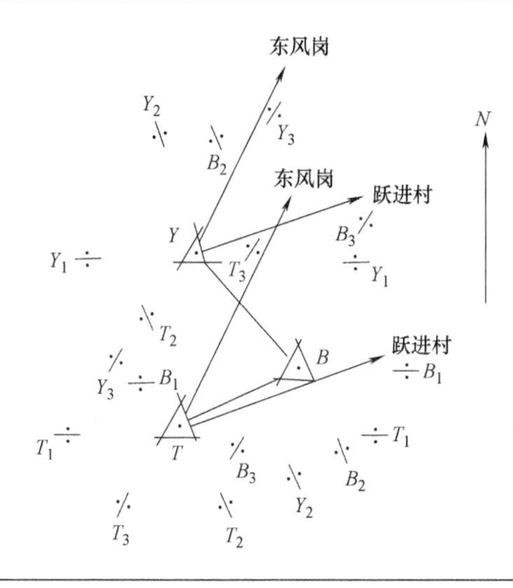

图 2-16　三角点归心投影

2. 直接法

当偏心距较大，投影用纸无法容纳时，可采用直接法测定归心元素。

测定的方法是：首先将仪器中心和照准标志中心分别投影到地面设置的木桩上，用钢尺直接量出偏心距 e_Y 和 e_T。为了检查丈量的正确性，用钢尺在不同部位丈量两次 e_Y 和 e_T，两次丈量结果之差应小于 10mm。偏心角 θ_Y 和 θ_T 用经纬仪直接观测两个测回，取至 10″。

若偏心距小于投影仪器的最短视距（一般在 2m 左右）时，地面点在望远镜内不能成像，可用细线把该方向延长，以供照准。

直接测定的归心元素 e_Y、e_T、θ_Y 和 θ_T 均应记录在手簿上，还应按一定比例尺缩绘在归心投影用纸上，并注明测定方法和手簿编号。

2.5　垂直角观测

所谓垂直角，就是照准目标的方向线和相应的水平线之间的夹角，它是用经纬仪垂直度盘的读数装置测定的。下面分别介绍垂直度盘和读数指标的构造，垂直角与指标差的计算方法以及垂直角的观测方法。

2.5.1　垂直度盘

垂直度盘在经纬仪水平轴的一端，它的刻划中心与水平轴中心一致。垂直度盘的刻划随经纬仪类型不同而不同，刻划方法大致可分为两类。第一类，在度盘的全周上沿逆时针方向有0°～360°，且使90°～270°分划线的连线与视准轴平行，如图2-17所示。当视准轴水平时，指标线的正确位置应对着垂直度盘上读数为90°（盘左）或270°（盘右）。第二类，度盘不是从0°～360°，而是从55°～125°，对径刻划（即相差180°的刻划）注记相同。望远镜视准轴与对径读数均为90°的刻划线平行。即不论盘左或盘右，视准轴水平时，指标线的正确位置对着垂直度盘上读数永为90°，如图2-18所示。

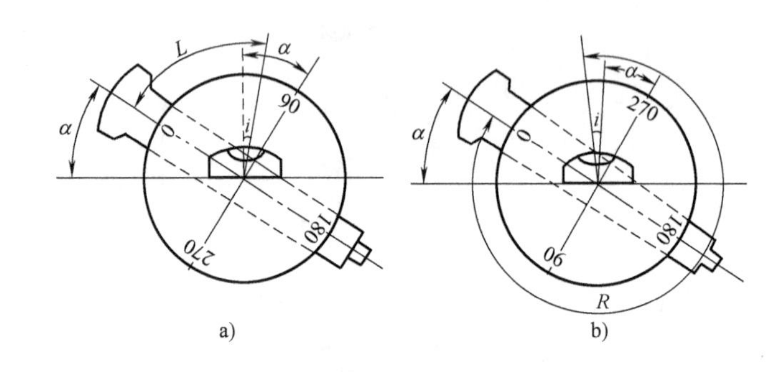

图2-17　J_2 型仪器垂直度盘测角示意图

a）盘左位置　b）盘右位置

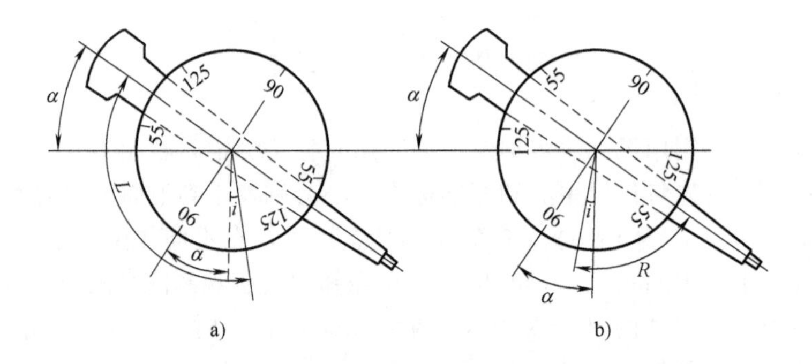

图2-18　T_3 型经纬仪垂直度盘测角示意图

a）盘左位置　b）盘右位置

在垂直度盘的读数指标线上装有指标符合水准器，每次读取垂直度盘读数之前，必须调整符合气泡，使之居中，即使指标线处于正确位置上。图2-19表示的是垂直度盘、指标线和指标符合水准器之间的关系。

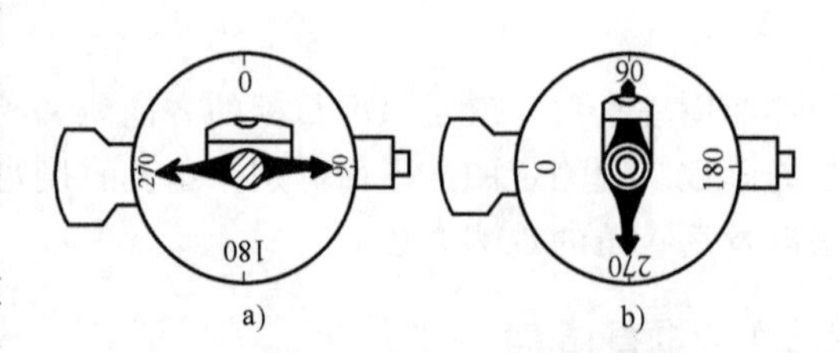

图2-19　垂直度盘指标线和指标水准器的关系图

a）010型　b）JGJ_2 型

这是一种理想的状态。但实际上，当水准气泡居中时，指标线的实际位置往往与正确位置相差一个小的角度，称为竖盘指标差。指标差实际上就是水准管轴与指标线不垂直（或不平行）所引起的微小角度。

2.5.2　垂直角和指标差的计算公式

垂直角是用垂直度盘来量度的。仪器类型不同，垂直度盘的刻度和注记也不相同，所以垂直角和指标差的计算公式也不同。下面以 J_2 型仪器为例加以讨论。

该类仪器的垂直度盘的刻划是由 0°～360°全圆注记的，视准轴水平时，读数指标总是指向 90°（盘左）或 270°（盘右）。

现以 JGJ_2 型经纬仪为例，推导垂直角和指标差的计算公式。图 2-17a 所示为盘左位置，当望远镜水平时，指标读数为 $90° + i$。望远镜在垂直方向上转动一个 α 角照准目标时，度盘也随之转动，其读数为 L，显而易见可以得到

$$\alpha_{左} = 90° - L + i \tag{2-29}$$

图 2-17b 所示为盘右位置，当望远镜水平时，指标读数为 $270° + i$。当望远镜再照准该目标时，其读数为 R，则

$$\alpha_{右} = R - 270° - i \tag{2-30}$$

对于同一目标而言，$\alpha_{左}$ 与 $\alpha_{右}$ 相等，则垂直角的计算公式为

$$\alpha = \frac{(R - L) - 180°}{2} \tag{2-31}$$

由上式可以看出，用盘左、盘右读数计算垂直角时，可自行消除指标差 i 的影响。指标差计算公式为

$$i = \frac{L + R - 360°}{2} \tag{2-32}$$

指标差是由垂直度盘读数装置结构不正确引起的。这种误差在外界条件的影响下，也会发生变化。但在较短时间内其变化甚微，可以忽略，所以可将指标差视为常数。这样就可利用指标差的互差来检查垂直角的观测质量。《城市测量规范》（CJJ/T 8—2011）规定：指标差较差不应超过 5″，如超限，成果不能采用。

2.5.3　垂直角的观测方法

观测垂直角有两种方法：中丝法和三丝法。利用十字丝的水平丝照准目标并读数，称为**中丝法**；用上、中、下三根丝依次照准目标并读数，称为**三丝法**。

为了消除水平丝不水平的误差对垂直角观测的影响，用盘左、盘右两个位置照准目标时，目标的成像应位于竖丝左、右附近的对称位置，图 2-20 为中丝法观测时的目标位置，图 2-21 为三丝法观测时的目标位置。

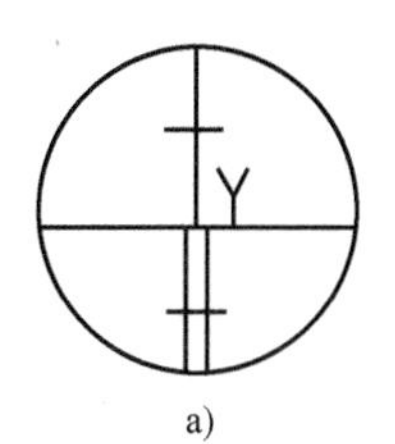

a)

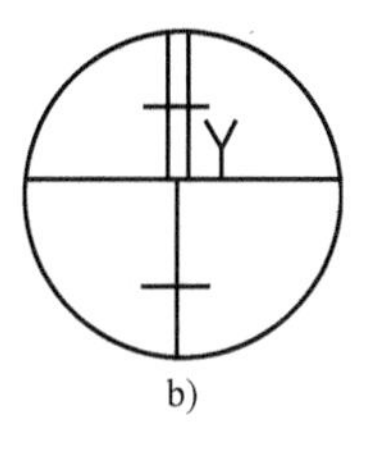

b)

图 2-20　中丝法观测垂直角

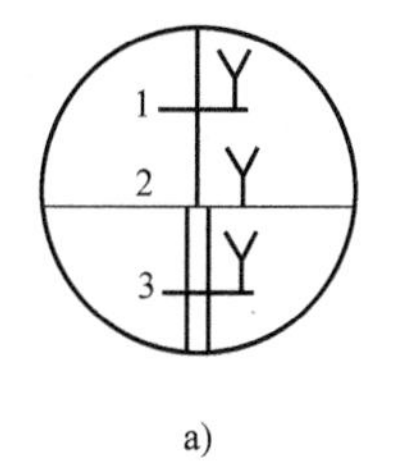

a)

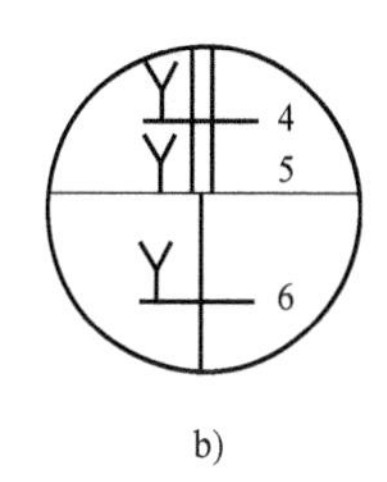

b)

图 2-21　三丝法观测垂直角

下面分别介绍中丝法和三丝法。

1. 中丝法

1）在盘左位置，用水平中丝照准目标（图2-20a），转动指标符合水准器的微动螺旋，使指标水准气泡符合，然后读取垂直度盘读数 L（重合对径分划线两次，为一个测回）。

2）纵转望远镜，在盘右位置，用水平中丝照准目标（图2-20b），读取垂直度盘读数 R（为一个测回）。

3）计算垂直角和指标差，见表2-8。

表2-8 垂直角观测记录手簿（中丝法）

点名：严山　　等级：三

天气：晴　　日期：9月8日

成像：清晰、稳定　　起：10时45分

仪器至标石面高：1.48m　　止：11时10分

照准点名	盘左		盘右		指标差	垂直角
照准部位	(° ′ ″)	(″)	(° ′ ″)	(″)	(″)	(° ′ ″)
大岭口	90 06 27.0 27.0	54.0	89 52 38.6 38.4	77.0	+11.0	+0 13 37.0
	90 06 27.0 27.0	54.0	89 52 38.0 38.0	76.0	+10.0	+0 13 38.0
	90 06 27.7 27.3	55.0	89 52 38.1 38.4	76.5	+11.5	+0 13 38.5
	90 06 27.9 27.6	55.5	89 52 37.2 37.3	74.5	+10.0	+0 13 41.0
					中数	+0 13 38.6

注：本表用 T_3 仪器所测。

2. 三丝法

1）在盘左位置，按上、中、下三根水平丝依次照准同一目标各一次（图2-21a中数字表示照准顺序），并分别读取垂直度盘读数 $L_{上}$、$L_{中}$、$L_{下}$（各重合对径分划线两次，为一个测回）。

2）纵转望远镜，在盘右位置，再用上、中、下三根水平丝照准同一目标各一次（图2-21b），并分别读取垂直度盘读数 $R_{上}$、$R_{中}$、$R_{下}$（各重合对径分划线两次，为一个测回）。

每次读数之前，均应使指标水准器气泡符合。

3）计算垂直角和指标差，见表2-9。

表2-9 垂直角观测记录手簿（三丝法）

点名：大雷山　　等级：四

天气：晴　　日期：9月25日

成像：清晰、稳定　　起：10时30分

仪器至标石面高：1.64m　　止：11时10分

照准点名	盘左		盘右		指标差	垂直角
照准部位	(° ′ ″)	(″)	(° ′ ″)	(″)	(° ″)	(° ′ ″)
云零山 Ⅱ	90 47 15 16	16	269 46 43 43	43	+17 00	−0 30 16
	90 30 17 18	18	269 29 48 50	49	+0 04	−0 30 14
	90 12 53 53	53	269 12 20 20	20	−17 24	−0 30 16
					中数	−0 30 15

3. 垂直角观测的有关规定

垂直角观测，宜在 10 ~ 15 时这段时间内，目标成像清晰稳定的条件下进行。

若在某一测站上，周围观测垂直角的方向较多，可将观测方向分成若干组，每组包括 2 ~ 4 个方向，分组进行观测。

垂直角观测的测回数与限差规定见表 2-10。

表 2-10　垂直角观测测回数与限差

项目＼等级		二、三等		四等，一、二级小三角		一、二、三级导线	
		J_1	J_2	J_2	J_6	J_2	J_6
测回数	中丝法	4		2	4	1	2
	三丝法	2		1	2	—	1
垂直角互差(″) 指标差互差(″)		10	15	15	25	15	25

垂直角互差比较方法：同一方向，由各测回各丝所测得的全部垂直角结果相互比较。

指标差互差比较方法：分组观测时，仅在一测回内各方向按同一根水平丝所算得的结果进行相互比较，单独方向连续观测时，按各测回同一根水平丝所算得的结果相互比较，垂直角和指标差的互差超限时，应分别情况进行重测。若一水平丝所测某一方向的垂直角或指标差互差超限，则此方向须用中丝重测一测回，若用三丝法在同方向一测回中有两根水平丝所测结果超限，则该方向须用三丝法重测一测回，或用中丝法重测两测回。

【单元小结】

本单元重点介绍了角度观测的误差来源和精密测角方法。由于控制测量与学过的地形测量相比，其特点是精度高，范围广，所以本单元的重点是在掌握精密测角仪器的构造基础上，熟练掌握角度测量的误差来源及精密测角原则，对于精密光学经纬仪、电子经纬仪等仪器的学习，读者可参考仪器说明书、相关视频和实训课的讲解。

【复习题】

1. 何谓望远镜视准轴？经纬仪望远镜的目镜有何作用？

2. 经纬仪上的圆水准器和管水准器各有什么功能？何谓水准管的格值？

3. 对径分划重合读数法有何优点？如何读数与置数？

4. 何谓隙动差？如何消除其影响？

5. 如图 2-22 所示，指出其读数各是多少，并标明引线所指的分划线的数值。

6. 何谓三轴误差？它们对水平盘读数的影响如何？怎样消除或减弱其影响？

7. 何谓行差？如何测定？

8. 某 J_2 仪器的行差为 $-3.2''$，用该仪器所测方向值为 $125°36'41.2''$，求行差改正数及改正后方向值。

9. 为什么日出前后不宜进行角度观测？

10. 水平方向观测时应遵循哪些原则？各项原则有何意义？

11. 水平方向观测记录手簿有哪些注意事项？

12. 为什么要编制观测度盘表？用 J_2 仪器观测四等三角（9 测回），第五测回的度盘和测微器位置如何计算？

13. 计算表2-11所示的水平方向观测记录。

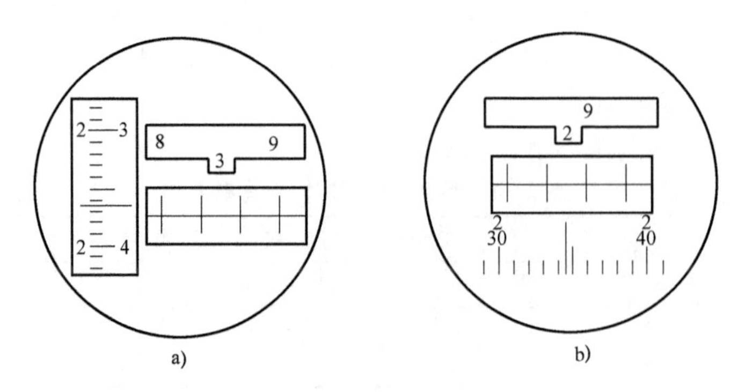

图2-22　J_2经纬仪读数练习

a）苏光J_2　b）北光J_2

表2-11　水平方向观测手簿（J_2）

方向号	读数 盘左 (° ′)	(″)	(″)	盘右 (° ′)	(″)	(″)	$\frac{左-右}{2C}$ (″)	$\frac{左+右}{2}$ (″)	方向值 (° ′ ″)	备注
1	0　00	30		180　00	36					
		33			35					
2	36　02	12		216　02	15					
		14			16					
3	88　52	54		268　53	02					
		55			02					
4	183　23	47		3　23	45					
		46			46					
5	274　46	24		94　46	21					
		22			22					
1	0　00	24		180　00	28					
		26			30					
	归零差:Δ左				Δ右					

14. 计算表2-12中的垂直角观测手簿。

表2-12　垂直角观测记录表

照准点	盘左 (° ′ ″)	(″)	盘右 (° ′ ″)	(″)	指标差 (′ ″)	垂直角 (° ′ ″)
西山	87　35　33		272　58　29			
	34		30			
	87　18　28		272　41　28			
	30		29			
	87　01　23		272　24　24			
	22		23			
					中数	

15. 用 J_1、J_2、J_6 仪器观测三、四等三角时，测站上的限差是如何规定的？观测垂直角时的限差又是如何规定的？

16. 解释下列名词：

视准轴、度盘偏心差、度盘分划不均误差、对径分划重合读数法、隙动差、视准轴误差、水平轴倾斜误差、垂直轴倾斜误差、行差、水平折光差、观测度盘表、记簿、归心改正、测站偏心距、测站偏心角、照准点偏心距、照准点偏心角、指标差、三丝法、单独方向连续观测法。

单元3

精密距离测量

单元概述

建立高精度平面控制网和进行电磁波测距三角高程时，需要进行精密距离测量。当前，主要采用电磁波测距仪进行距离测量。本单元主要讨论中程、短程红外光电测距仪的基本原理；电磁波测距仪的误差来源及其影响；地面距离观测值如何归算到椭球面上。目的是解决平面控制网的水平距离观测问题和电磁波测距三角高程测量的斜距观测问题。

学习目标

1. 了解电磁波的基本概念。
2. 了解电磁波测距仪的分类方法。
3. 掌握电磁波测距的基本原理。

3.1 电磁波与测距仪分类

随着近代光学、电子学的发展和各种新颖光源的出现，物理测距技术得到了迅速发展，出现了以激光、红外光、微波等为载波的电磁波测距仪。与刚尺量距和视距法测距相比，电磁波测距具有测程远、精度高、作业快、受地形限制少等优点。

3.1.1 电磁波的基本概念

根据物理学中的概念，电磁波是一种随时间变化的正弦（或余弦）波。如果设电磁波的初相位为 φ_0，角频率为 ω，振幅为 A_0，则电磁波 y 的数学表达式为

$$y = A_0 \sin(\omega t + \varphi_0) \tag{3-1}$$

如果再取 t 为横轴，y 为纵轴，则上述关系可用图 3-1 来表示。

3.1.2 电磁波谱与测距仪分类

目前，由于电磁波测距仪的迅速发展和新产品的不断问世，电磁波测距仪种类繁多，因此有多种不同的分类方法。

1. 按测程分

电磁波测距仪按测程的大小可分为短程、中程和远程三种类型。短程测距仪的测程在

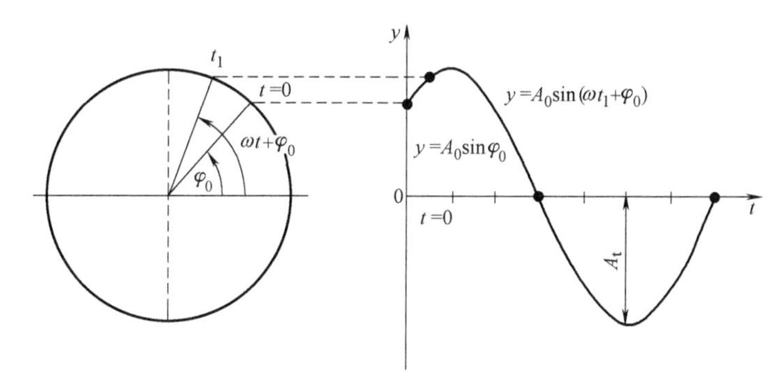

图 3-1 电磁波及其参数示意图

3km 以内，测距精度一般在 1cm 左右，适用于低等级的控制测量和各种工程测量。如我国的 HGC—1、DCH—2、DCH—3、DCH—5 等精度均可达 $\pm(5\text{mm}+5\times10^{-6}D)$，$D$ 是测量距离，单位为 km。中程测距仪的测程在 3～15km 左右的仪器称为中程光电测距仪，这类仪器适用于二、三、四等控制网的边长测量。如我国的 JCY—2、DCS—1，精度可达 $\pm(10\text{mm}+1\times10^{-6}D)$。远程测距仪的测程在 15km 以上的光电测距仪，精度一般可达 $\pm(5\text{mm}+1\times10^{-6}D)$，能满足国家一、二等控制网的边长测量，如我国研制成功的 JCY—3 型等。

2. 按载波源分

电磁波测距仪按所用载波不同可分为微波测距仪和光电测距仪两大类。

微波测距仪是以微波段的电磁波作为载波的测距仪。由于其载波波长较长（1mm～1m），故受地面反射和气候条件影响明显，不宜用于精密距离测量。

光电测距仪是以可见光（波长 0.4～0.76μm）或红外光（波长 0.76μm～1mm）为载波的。光电测距仪按载波特征又可分为以下三种。

1）红外测距仪。以红外荧光为载波，一般为短程测距仪。

2）激光测距仪。以可见激光或红外激光为载波，一般为远程测距仪。

3）光速测距仪。以可见普通光为载波。因受日光影响，故只能夜间观测。

由于红外测距仪具有体积小、重量轻、造价低、使用寿命长等特点，且其测程也能满足一般控制测量的需要，因此在控制测量和工程测量中得到了广泛应用。

3. 按精度指标分

Ⅰ级 $m_D\leqslant5\text{mm}$；Ⅱ级 $5\text{mm}<m_D\leqslant10\text{mm}$；Ⅲ级 $10\text{mm}<m_D\leqslant20\text{mm}$（$m_D$为测距中误差）。

3.1.3 电磁波测距的基本原理

电磁波测距是通过测定电磁波束在待测距离上往返传播的时间 t 来计算待测距离 D 的，其基本公式为

$$D=\frac{1}{2}ct \tag{3-2}$$

式中 c——电磁波在大气中的传播速度（m/s），它取决于电磁波的波长和观测时测线上的气象条件。

电磁波在测线上的往返传播时间 t 可以直接测定，也可以间接测定。直接测量电磁波传播时间是用一种脉冲波，它是由仪器的发送设备发射出去，被目标反射回来，再由仪器接收器接收，最后由仪器的显示系统显示出脉冲在测线上往返传播的时间 t 或直接显示出测线的斜距，这种测距仪器称为脉冲式测距仪。它操作比较方便，但由于脉冲宽度和计数器时间分辨能力的限制，直接测量时间只能达到 10^{-8}s，其相应的测距精度约 1～2m。为了进一步提高测距精度，人们采用间接测定的办法。间接测定电磁波传播时间是采用一种连续调制波，它由仪器发射出去，被反射回来后进入仪器接收器，通过发射信号与返回信号的相位比较，即可测定调制波往返于测线的迟后相位差中小于 2π 的尾数，用几个不同调制波的测相结果便可间接推算出传播时间 t，并计算或直接显示出测线的倾斜距离，这种测距仪器叫做相位式测距仪。目前这种仪器的计时精确度达 10^{-10}s 以上，从而使测距精度提高到 1cm 左右，可基本满足精密测距的要求。现今用于精密测距的激光测距仪和微波测距仪均属于这种相位式测距仪。

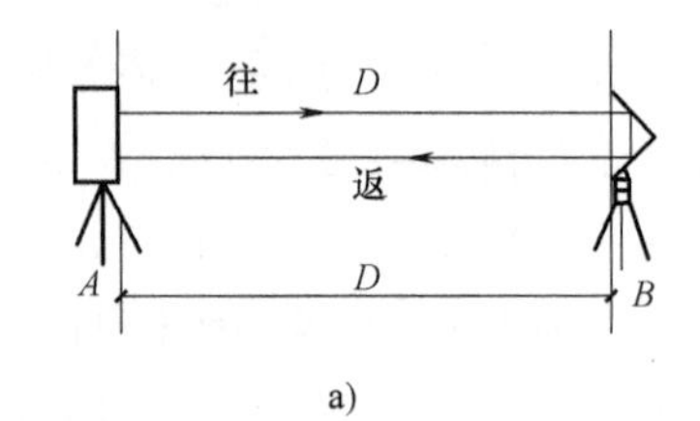

a)

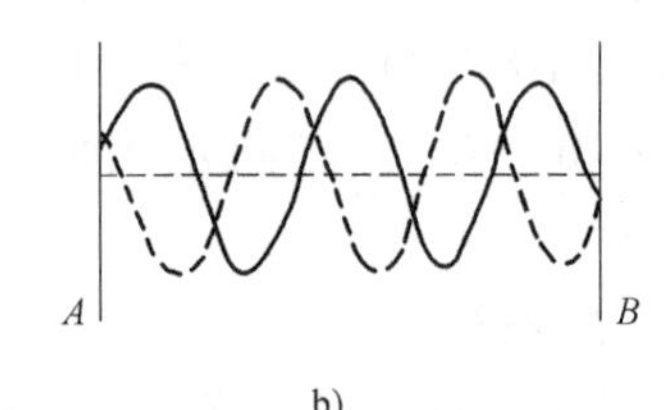

b)

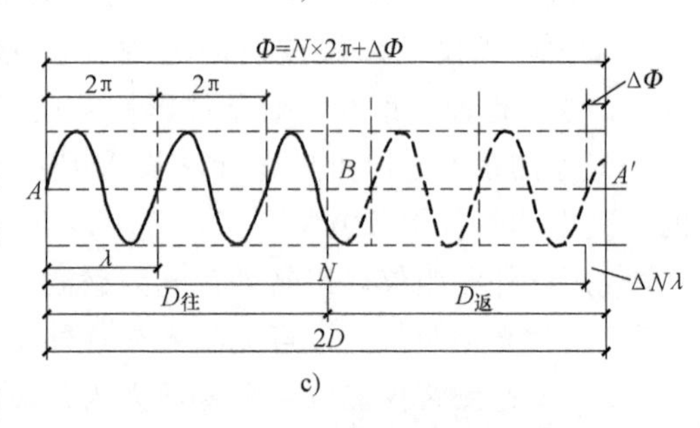

c)

图 3-2　电磁波测距的基本方法

1. 相位式测距仪的基本公式

如图 3-2a 所示，测定 A、B 两点的距离 D，将相位式光电测距仪整置于 A 点（称为测站），反射器整置于另一点 B（称为镜站）。测距仪发射出连续的调制光波，调制波通过测线到达反射器，经反射后被仪器接收器接收，如图 3-2b 所示。调制波在经过往返距离 $2D$ 后，相位延迟了 Φ。我们将 A、B 两点之间调制光的往程和返程展开在一条直线上，用波形示意图将发射波与接收波的相位差表示出来，如图 3-2c 所示。

设调制波的调制频率为 f，它的周期 $T=1/f$，相应的调制波长 $\lambda=cT=c/f$，由图 3-2c 可知，调制波往返于测线之后所产生的总相位变化 Φ 为

$$\Phi = N\times 2\pi + \Delta\Phi \tag{3-3}$$

式中　N——整因数；

$\Delta\Phi$——不足一周的相位尾数。

根据相位 Φ 和时间 t 的关系式 $\Phi=\omega t$，其中 ω 为角频率，则

$$t=\frac{\Phi}{\omega}=\frac{1}{2\pi f}(2\pi N+\Delta\Phi)$$

将上式代入式（3-2）中，得

$$D=\frac{c}{2f}\left(N+\frac{\Delta\Phi}{2\pi}\right)=u(N+\Delta N) \tag{3-4}$$

式中　u——测尺长度（m），$u=\dfrac{c}{2f}=\dfrac{\lambda}{2}$；

ΔN——不足一周的尾数。

进一步引入距离尾数符号 $L=u\Delta N$，于是有

$$D=Nu+L \tag{3-5}$$

式（3-4）或式（3-5）就是相位式测距的基本公式。式中，c、f、u 均视为已知值，ΔN 或 L 为测定值，借助若干个调制波的测量结果（ΔN_1，ΔN_2，…或 L_1，L_2，…）可推算出 N 值，从而可计算出待测距离 D。由式（3-5）看出，相位式测距的方法，犹如钢尺量距一样，用一把半波长（u）的“电子尺”或叫“测尺”进行量距，N 就是丈量的整尺段数，L 就是量得的不足一尺段的余长。

L、$\Delta\Phi$ 和 N 的测算方法，有可变频率法和固定频率法两种。前者是在可变频带两端取测尺频率 f_1 和 f_2，使 L_1 或 $\Delta\Phi_1$ 和 L_2 或 $\Delta\Phi_2$ 等于零，亦即在往返测线上恰好包含 N_1 个整波长 λ_1 和 N_2 个整波长 λ_2，同时记录出从 f_1 变至 f_2 时出现的信号强度作周期性变化的次数，即整波数差（N_2-N_1）。于是由式（3-5），顾及 $u_1=\frac{1}{2}\lambda_1$，$u_2=\frac{1}{2}\lambda_2$ 和 $L_1=L_2=0$，有

$$D=\frac{1}{2}N_1\lambda_1=\frac{1}{2}N_2\lambda_2 \tag{3-6}$$

解算上式，可得

$$N_1=\frac{N_2-N_1}{\lambda_1-\lambda_2}\lambda_2 \quad \text{或} \quad N_2=\frac{N_2-N_1}{\lambda_1-\lambda_2}\lambda_1 \tag{3-7}$$

按上式算出 N_1 或 N_2 后，将其代入式（3-6）便可求得距离 D，按这种方法设计的测距仪称为可变频率式光电测距仪。

固定频率法是采用两个以上的固定频率，不同频率的 L 或 $\Delta\Phi$ 由仪器测相器分别测定出来，然后按一定计算方法便可算出 N，进而可求得待测距离 D，这种测距仪称为固定频率式测距仪。现今的激光测距仪和微波测距仪大多属于固定频率式测距仪。

2. 测尺频率的选择

我们知道测相器只能测定尾数 L 或 $\Delta\Phi$，而不能测出整周数 N。因此，当只用一个测尺频率 f（如 $f=15\text{MHz}$）时，我们只能测出不足一个测尺长 u（如 $u=\frac{c}{2f}\approx 10\text{m}$）的尾数，超过 1 个 u（10m）的整尺段就无法知道，这就产生了 N 的多值性问题。固定频率式测距仪中有两种解决这个问题的方法：一种是采用所谓“直接测尺频率”的方式，另一种是采用“间接测尺频率”的方式。

（1）直接测尺频率方式　短程、中程测距仪（激光或红外测距仪）常采用直接测尺频率方式，一般用两个或三个测尺频率，其中一个精测尺频率，用它测定待测距离的尾数部分，其余的为粗测尺频率，用它测定距离的概值。例如，HGC—1 型红外短程测距仪使用两个测尺频率，精测尺频率为 15MHz，尺长为 10m，粗测尺频率为 150KHz，尺长为 1km。通常，测相精度为千分之一，即测相结果具有三位有效数字，则精测尺可测量出厘米、分米和米位的数值，粗测尺可测量出米、十米和百米位的数值。这两把测尺交替使用，将它们的测量结果组合起来，就可得出待测距离的全长。设待测距离为 746. 85m，精测尺测得 6. 85m，粗测尺测得 746m，二者组合起来得出 746. 85m。这种直接使用各测尺频率的测量结果组合成待测距离的方式，称为“直接测尺频率”。

（2）间接测尺频率方式　在测相精度一定的条件下，如要扩大测程，同时又保持测距精度不变，就必须增加测尺频率，见表 3-1。

表 3-1　测尺频率与测尺长度的对应

测尺频率 f	15MHz	1.5MHz	150kHz	15kHz	1.5kHz
测尺长度 u	10m	100m	1km	10km	100km
精度	1cm	1dm	1m	10m	100m

由表 3-1 看出，各直接测尺频率彼此相差较大，而且测程越长，测尺频率相差越悬殊，这使电路中放大器的增益和相移的稳定性难于一致。于是，有些远测程相位式测距仪改用一组数值上比较接近的测尺频率，利用其差频频率作为间接测尺频率，可得到与直接测尺频率方式同样的效果。其工作原理如下：

若用两个测尺频率 f_1 和 f_2 分别测量同一距离 D，设其整周数和不足一周的尾数分别为 N_1、ΔN_1 和 N_2、ΔN_2，则根据式（3-4）可写出

$$\begin{cases} \dfrac{2f_1}{c}D = N_1 + \Delta N_1 \\ \dfrac{2f_2}{c}D = N_2 + \Delta N_2 \end{cases} \tag{3-8}$$

上二式相减并移项后得

$$D = \frac{c}{2(f_1 - f_2)}[(N_1 - N_2) + (\Delta N_1 - \Delta N_2)] \tag{3-9}$$

令 $(f_1 - f_2) = f_{12}$，$N_1 - N_2 = N_{12}$，$\Delta N_1 - \Delta N_2 = \Delta N_{12}$，则上式可改写为

$$D = \frac{c}{2f_{12}}(N_{12} + \Delta N_{12}) \tag{3-10}$$

上式表明，同一距离上用两个测尺频率测得不足一整周的尾数 ΔN_1 和 ΔN_2，其差数（$\Delta N_1 - \Delta N_2$）与直接用差频 f_{12} 测得的尾数 ΔN_{12} 是一致的。于是，我们可以选择一组相近的测尺频率 f_1，f_2，f_3，…（见表 3-2 第一栏）进行测量，测得各自的尾数为 ΔN_1，ΔN_2，ΔN_3，…。若取 f_1 为精测尺频率，取 f_{12}，f_{13}，…为间接测尺频率，其尾数 ΔN_{12}，ΔN_{13}，…可按 $\Delta N_{1i} = \Delta N_1 - \Delta N_i$（$i = 2, 3, \cdots$）间接算得，则适当选取测尺频率 f_1，f_2，f_3，…的大小，就可形成一套测尺长度（u）为十进制的测尺系统，见表 3-2，这种用差频作为测尺频率进行测距的方式称为“间接测尺频率”。

从表 3-2 可以看出，采用间接测尺频率方式，各频率（f_1，f_2，…，f_5）非常接近，最高与最低频率之差仅 1.5MHz，这样设计的远程测距仪，仍能使放大器对各测尺频率保持一致的增益和相移稳定性。我国研制的 JCY—2 型激光测距仪和国外的 AGA—8 型激光测距仪等就是采用这种间接测尺频率方式，一些微波测距仪也是按这种方式工作的。

表 3-2　测尺长度为十进制的测尺系统

精尺和粗尺频率 f_i	精尺和间接测尺频率 f_1 和 f_i	测尺长度 $L = \frac{1}{2}\lambda$	精度
$f_1 = 15\text{MHz}$	$f_1 = 15\text{MHz}$	10m	1cm
$f_2 = 0.9f_1$	$f_{12} = f_1 - f_2 = 1.5\text{MHz}$	100m	10cm
$f_3 = 0.99f_1$	$f_{13} = f_1 - f_3 = 150\text{MHz}$	1km	1m
$f_4 = 0.999f_1$	$f_{14} = f_1 - f_4 = 15\text{kHz}$	10km	10m
$f_5 = 0.9999f_1$	$f_{15} = f_1 - f_5 = 1.5\text{kHz}$	100km	100m

3.2 距离改正

3.2.1 气象改正

电磁波在大气中的传播速度随大气温度 t、气压 P、湿度 e 等条件的变化而变化，而设计时，选用了一个参考大气条件 t_0、P_0、e_0，由此推得大气折射率 n_0 和光速 c，并据此计算观测距离。可是实际作业时的大气折射率 n 与参考假定大气折射率 n_0，一般是不同的，这就必然导致距离观测值含有系统误差，因此需要对距离观测值进行气象改正。

由式（3-2）可得

$$D = \frac{1}{2}ct = \frac{1}{2}\frac{c_0}{n}t = \frac{1}{2}c_0 t\frac{1}{n} \tag{3-11}$$

式中 c_0——光在真空中的传播速度（m/s）；

t——光在待测距离上往返一周所用时间（s）；

n——大气折射率，是由大气压力、温度、湿度等因素决定的，是气象因素的函数。

但在实际测距时，气象条件是变化的，因而测距时的大气折射率 n 不等于 n_0，二者相差 $\Delta n = n - n_0$ 由此引起的距离改正为

$$\Delta D = -(n - n_0)D \tag{3-12}$$

式（3-12）中的大气折射率 n 可按式（3-13）计算

$$n = 1 + \frac{n_g - 1}{1 + \alpha t} \times \frac{P}{760} - \frac{5.5 \times 10^{-8}}{1 + \alpha t}e \tag{3-13}$$

式中 α——空气膨胀系数，$\alpha = 1/273.16$；

P——大气压（mmHg）；

n_g——光波在大气标准状态（$t = 0℃$，$P = 760$ mmHg，$e = 0$）下的群折射率，可按下式计算

$$n_g = 1 + \left(2876.04 + \frac{48.864}{\lambda^2} + \frac{0.680}{\lambda^4}\right) \times 10^{-7}$$

式中 λ——载波波长（μm）。

由上式可知，不同波长的光在标准状态下的 n_g 是不相等的。在短程测距中，由于式（3-13）中湿度 e 影响很小，可忽略不计，故该式可简化为

$$n = 1 + \frac{n_g - 1}{1 + \alpha t} \times \frac{P}{760} \tag{3-14}$$

对于 RED2L 测距仪，$P_0 = 760$mmHg，$t_0 = 15℃$，$e_0 = 0$。标准气象条件下的大气折射率为 n_g，可将 RED2L 测距仪的载波波长 $\lambda = 0.860$μm 代入式（3-13）算得

$$n_g = 1 + \left(2876.04 + \frac{48.864}{0.860^2} + \frac{0.680}{0.860^4}\right) \times 10^{-7}$$

$$=1+2876.04\times10^{-6}+\frac{48.864\times10^{-7}}{0.860^2}+\frac{0.680\times10^{-7}}{0.860^4}$$

$$=1.000294335$$

将此值及 t_0、P_0、e_0 值代入式（3-14），可求得参考气象条件下的大气折射率为

$$n_0=1+\frac{294335\times10^{-9}}{1+\frac{15}{273.16}}\times\frac{760}{760}$$

$$=1.000279014$$

以 n_g 值代入式（3-14）得

$$n=1+\frac{294335\times10^{-9}}{1+\frac{t}{273.16}}\cdot\frac{P}{760}$$

$$=1+\frac{0.3873P}{1+\frac{t}{273.16}}\times10^{-6} \tag{3-15}$$

将式（3-15）及 n_0 值代入得

$$\Delta D=(n_0-n)D=\left(279.014-\frac{0.3873P}{1+\frac{t}{273.16}}\right)\times10^{-6}D \tag{3-16}$$

通常将式（3-16）绘制成诺莫图，观测时按气压和气温在图上查取 ΔD。

3.2.2 仪器常数改正

所谓仪器常数包括仪器加常数和乘常数。加常数是由于仪器电子中心与其机械中心不重合而产生的；乘常数主要是由于测距频率偏移产生的。在此主要介绍仪器加常数及其改正。

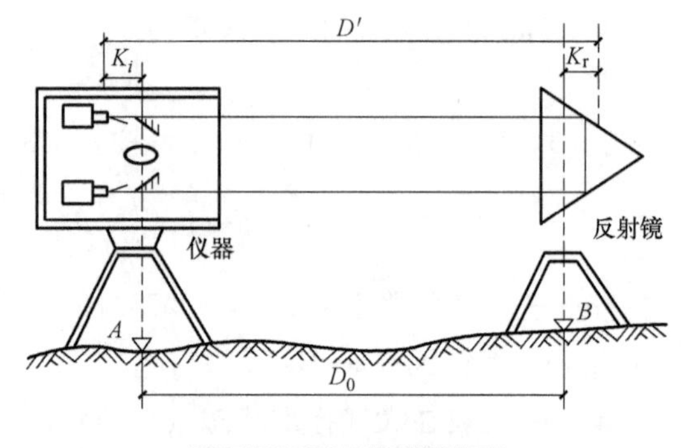

图 3-3　测距仪仪器常数

如图 3-3 所示，D_0 为 A、B 两点间的实际距离，D'为距离观测值，则得下列简单关系式

$$D_0=D'+K_i+K_r=D'+K \tag{3-17}$$

$K=K_i+K_r$（图中 K_i、K_r 均为负号）

一般称 K 为仪器加常数，实际上它包含仪器加常数 K_i 和反光镜常数 K_r。反光镜常数 K_r 可由厂家按设计精确制定，且一般不会因经年使用而变动，可在观测前置入。至于仪器加常数 K_i，仪器厂家常通过电路参数的调整，在出厂时使 K_i 等于 0，当然难以严格为零。同时也会由于电路参数产生漂移而使仪器加常数发生变化，这就需要按《光电测距仪》（GB/T 14267—2009）的要求定期测定仪器加常数。经检定的仪器加常数 K_i 可在观测前置入仪器，因此测距仪的显示距离是已进行加常数改正的距离。对于 RED2L 型仪器而言，$K_i=0$，$K_r=-30\text{cm}$，因此 $K=-30\text{cm}$。

3.2.3　倾斜改正

经过以上各项归算之后，得到了两点间的倾斜距离。最后，还要将这一斜距投影到参考椭球面上。如图 3-4 所示，A 为测距仪中心，它的海拔高程为 h_A，超出参考椭球面的高度为 H_A，B 为反射镜中心，它的海拔高程和超出参考椭球面的高度分别为 h_B 和 H_B。未经投影的倾斜距离为 D，投影到参考椭球面上的长度为 S。由于距离 D 和地球半径相比较，是一个微小量，故可以把这一部分的参考椭球面视作圆球面。圆球的半径用测线方向地球曲率半径 R_A 代替。设弧长 S 所对的圆心角为 δ，则由平面三角余弦定理得

$$\cos\delta=\frac{(R_A+H_A)^2+(R_A+H_B)^2-D^2}{2(R_A+H_A)(R_A+H_B)} \tag{3-18}$$

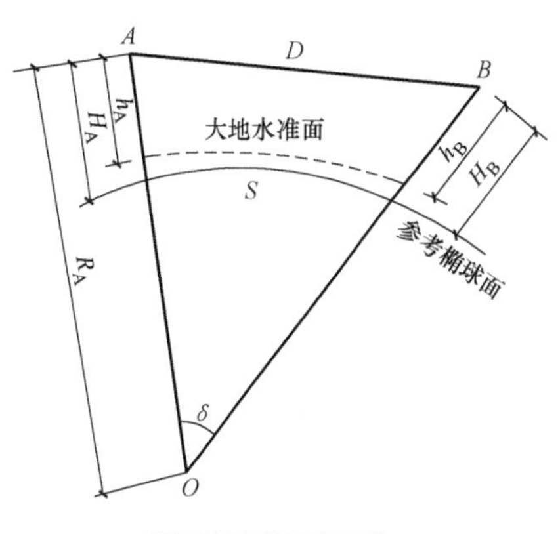

图 3-4　倾斜改正

另外，由图可知

$$\cos\delta=\cos\frac{S}{R_A}=1-2\sin^2\frac{S}{2R_A} \tag{3-19}$$

联合式（3-18）和式（3-19），并作适当简化后得

$$\frac{S}{2R_A}=\sin^{-1}\frac{D}{2R_A}\left(\frac{1-\dfrac{\Delta h}{D^2}}{\left(1+\dfrac{H_m}{R_A}\right)\left(1+\dfrac{H_B}{R_A}\right)}\right)^{\frac{1}{2}} \tag{3-20}$$

式中　$\Delta h=H_B-H_A=h_B-h_A$，$H_m=\dfrac{1}{2}(H_A+H_B)$。将式（3-20）展开，经整理和略去微小项后可得

$$\Delta D_s=S-D=-\left(\frac{1}{2}\frac{\Delta h^2}{D}+\frac{1}{8}\frac{\Delta h^4}{D^3}\right)-\left(D\frac{H_m}{R_A}-D\frac{H_m^2}{R_A^2}-\frac{H_m\Delta h^2}{2R_AD}\right)-\frac{D_s}{24R_A^2} \tag{3-21}$$

对于高差不太大的非高原地区，上式可以略去三个小项，于是可得

$$\Delta D_s=S-D=-\frac{1}{2}\frac{\Delta h^2}{D}-D\frac{H_m}{R_A}+\frac{D^3}{24R_A^2} \tag{3-22}$$

式（3-22）就是作业时常用的计算公式。右端第一项是由于高差而引起的倾斜改正，第二项是测线超出参考椭球面而引起的投影改正，而第三项就是弦长化为弧长的改正。

3.3　全站仪误差分析

全站仪，是一种集水平角、垂直角、距离（斜距、平距）、高差功能于一体的测绘仪器系统。因其一次安置仪器就可完成该测站上的全部测量工作，所以称其为全站仪，目前广泛用于测绘工程，建筑工程，交通与水利工程，地籍与房产测量，大型工业生产设备和构件的安装调试，船体设计施工，大桥、大坝、隧道的精密测量及变形观测等。

对于全站仪构造、使用方法、检验等，建议于实训课上完成，也可通过其说明书、网络视频等进行学习，本节不再介绍。

3.3.1 测距误差

全站仪的测距误差可分为两部分：一部分是与距离成比例的误差，即光速值误差、大气折射率误差和调制频率误差；另一部分是与距离无关的误差，即测相误差、仪器常数误差和对中误差。周期误差有其特殊性，它与距离有关但不成比例，仪器设计和调试时可严格控制，实用中如发现其数值较大而且稳定，可以对测距成果进行改正。

1. 比例误差

(1) 真空中光速 c_0 的误差影响　1975 年国际大地测量及地球物理联合会同意采用的光速暂定值 $c_0=(299792458\pm1.2)\text{m/s}$。此光速值的相对误差为 4×10^{-9}。由此可见，光速值对测距误差的影响甚微，可以忽略不计。

(2) 大气折射率 n 的误差影响　正确测定测站和镜站上的气象元素，并使算得的大气折射系数与传播路径上的实际数值十分接近，可以大大地减少大气折射的误差影响，这对精密中程、远程测距是十分重要的。对于载波波长为 0.860μm 的 RED2L 红外测距仪，有

$$n=1+\frac{0.3873P}{1+0.003661t}\times10^{-6}$$

$$\mathrm{d}n=\frac{\partial n}{\partial p}\mathrm{d}p+\frac{\partial n}{\partial t}\mathrm{d}t=\frac{0.3873\times10^{-6}}{1+0.003661t}\mathrm{d}p-\frac{0.3873p\times0.003661}{1+0.003661t}\times10^{-6}\mathrm{d}t \tag{3-23}$$

以 $P=760\text{mmHg}$，$t=20℃$ 代入式 (3-23) 得

$$\mathrm{d}n=0.36\times10^{-6}\mathrm{d}p-0.94\times10^{-6}\mathrm{d}t \tag{3-24}$$

$$\mathrm{d}D=-D\mathrm{d}n=0.94\times10^{-6}D\mathrm{d}t-0.36\times10^{-6}D\mathrm{d}p \tag{3-25}$$

由式 (3-25) 可以看出，温度变化 1℃，每千米距离变化 0.94mm，气压变化 1mmHg，每千米距离变化 0.36mm。

(3) 调制频率 f 的误差影响　调制频率的误差包括两个方面，即频率校正的误差（反映了频率的精确度）和频率的漂移误差（反映了频率稳定度）。前者由于可用 $10^{-7}\sim10^{-8}$ 的高精度数字频率计进行频率的校正，因此这项误差是很小的。后者则是频率误差的主要来源，它与精测尺主控振荡器所用的石英晶体的质量、老化过程以及是否采用恒温措施密切相关。在主控振荡器的石英晶体不加恒温措施的情况下，其频率稳定度为 $\pm1\times10^{-5}$。这个稳定度远不能满足精密测距的要求（一般要求频率相对误差 mf/f 在 $0.5\times10^{-6}\sim1.0\times10^{-6}$ 范围内)，为此，精密测距仪上的振荡器采用恒温装置或者气温补偿装置，并采取了稳压电源的供电方式，以确保频率的稳定，尽量减少频率误差。目前，频率相对误差 mf/f 估计为 -0.5×10^{-6}。

频率误差影响在精密中程、远程测距中是不容忽视的，作业前后应及时进行频率检校，必要时还得确定晶体的温度偏频曲线，以便给以频率改正。

2. 固定误差

(1) 测相误差　测相误差 m_φ 是由多种误差综合而成。这些误差有测相设备本身的误差、内外光路光强相差悬殊而产生的幅相误差和发射光照准部位改变所致的照准误差。此外，由仪器内部的固定干扰信号而引起的周期误差，也在测相结果中反映出来。这里，我们

仅对上面的三种误差作简要分析，而对周期误差及其测定方法则另行讨论。

1）测相设备本身的误差。当采用自动数字测相法时，数字相位计的本身误差与检相电路的时间分辨率、时间脉冲频率，以及一次测相的检相次数有关。一般说来，检相触发器和门电路的启闭越灵敏，时标脉冲的频率越高，则测相精度越高，这自然和设备的质量是分不开的。测相的灵敏度还与信号强弱有关，而信号的强弱又与大气能见度和反光镜大小等因素有关。所以选择良好的大气条件，配置适当的反光镜，也可以减小数字相位计产生的测相误差。

2）幅相误差。由信号幅度变化而引起的测距误差称为幅相误差。产生的原因是由于放大电路有畸变或检相电路有缺陷，当信号强弱不同时，使移相量发生变化而影响测距结果，这种误差有时达1~2cm。为了减小幅相误差，除了在制造工艺上改善电路系统外，还应尽量使内外光路信号强度大致相当。一般内光路光强调整好后是不大改变的，因而必须对外光路接收信号作适当的调整，为此在机内设置了自动光强调整装置，供作业时随时调节接收信号强度，使内外光路接收信号接近。通过这种措施，幅相误差有望小于5mm。

3）照准误差。当发射光束的不同部位照射反射镜时，测量结果将有所不同，这种测量结果不一致而存在的偏差称为照准误差。产生照准误差的原因是发射光束的空间相位的不均匀性，相位漂移以及大气的光束漂移而产生的。据研究，KDP调制器的发射光束空间相位不均匀性达2°，相位漂移也能达2°，当精尺长为2.5m时，由此引起的照准误差约2~3cm。而且因相位的不均匀性，即使采用内外光路观测，也因二者不可能截取发射光束的相同部位，无法消除这种误差影响。可见，照准误差是影响测相精度的一项主要误差来源。为了尽可能地消除这种误差影响，观测前要精确地进行光电瞄准，使反射器处于光斑中央。多次地精心照准和读数，取平均后的照准误差有望小于5mm。大气光束漂移的影响可选择有利观测时间和多次观测的办法加以削弱。

（2）仪器常数的测定误差。对每条所测边长都要进行仪器加常数的改正，因此，加常数的测定误差对每一条边将形成系统误差。无论何类仪器出厂前都必须对仪器加常数进行精心且严格的检测，求出仪器加常数的精确值。对于中程、长程测距仪，在计算时要对距离加入改正。在短程、中程测距仪中，则用预置仪器加常数的办法加以消除。

为了减小加常数的测定误差，提高测定加常数的精度，仪器加常数的测定应在高精度的短基线上进行，对于中程、长程测距仪而言，观测的时间段和测回数应比一般测距增加一倍；对于短程测距仪，可用“六段法”或其他方法进行。

（3）对中误差　对中误差包括测距仪和反射镜的对中误差，它的含义与经纬仪的对中误差相同。对中可以采用光学对中器，也可采用垂球对中，一般光学对中精度高于也优于垂球对中。采用光学对中时，只要精心操作，对中误差可以限制在2mm之内。

为了减小对中误差，除应对光学对中器进行精确检校外，作业时应精心整平、对中，还应注意由于地面松软造成的仪器或反射器脚架下沉倾斜。用垂球对中时，更应注意风力的影响。

3. 周期误差

周期误差主要来源于仪器内部固定信号（包括电信号和光信号）的串扰，如发射信号通过电子开关、电源线或空间等渠道耦合、串到接收部分，形成相位固定不变的串扰信号。这时相位计测得的相位差，就不仅是测距信号走过$2D$产生的相位延迟，而且还包含串扰信号的附加相位移的影响，即相位计实际测量的是测距信号与串扰信号合成信号的相位移，这就引起了测距误差。

减弱周期误差影响的方法如下。

1）机内各部分电路屏蔽。

2）避免弱信号测距。

3）避免外界干扰。

3.3.2 测角误差

同经纬仪，不再赘述。

【单元小结】

本单元主要介绍了电磁波测距仪的分类、测距原理以及距离测量时所进行的各项改正。本单元的重点是能熟练操作测距仪，掌握距离测量的误差来源及各项改正，对于全站仪的构造、使用方法及其检验，可于实训课上学习，也可观看相关视频学习，本单元就不再一一进行介绍了。

【复习题】

1. 电磁波测距仪有哪些分类方法，各是如何分类的？

2. 电磁波测距仪的基本原理是什么？

3. 电磁波测距仪有哪些主要部件，各起何作用？

4. 一台短程测距仪的载波波长为 0.860μm，测距时的温度和气压分别为 31℃ 和 720mmHg，所测三个距离值分别为 2143.456m、123.456m 和 12.456m，若该仪器的参考气象条件为 15℃ 和 760mmHg，试计算气象改正。

5. 电磁波测距有哪些误差？如何减弱或消除其影响？

6. 对于 GTS—222 型全站仪，如何设置棱镜常数改正和气象改正？

7. 解释下列名词。

脉冲式测距、相位式测距、激光测距仪、红外测距仪、光源、调制器、直接调制、外调制、光探测器、测尺长度、测尺频率、精测尺、粗测尺、气象改正、发射接收面、等效反射面、仪器常数改正、投影改正、比例误差、固定误差、周期误差、瞄准误差、幅相误差。

单元4

精密水准测量

单元概述

精密水准测量一直是工程高程控制测量和精密高程测量中的最主要方法。本单元主要介绍了精密水准测量的外业基本作业过程，其中包括精密水准测量仪器设备构造及检校方法、精密水准测量误差来源及处理措施、精密水准测量作业方法。另外，本单元还对光电测距三角高程测量作业方法作了简要介绍。其中，精密水准测量作业是本单元的重点。

学习目标

1. 了解精密水准仪和水准尺的结构。
2. 掌握精密水准仪和水准尺的基本检校项目的检校方法。
3. 理解精密水准测量误差产生的原因，掌握针对各种因素引起的误差的处理措施。
4. 掌握精密水准测量的作业过程，能独立进行精密水准测量观测、记录、计算与检核工作。
5. 掌握光电三角高程测量的基本方法，能独立进行精度较高的三角高程测量作业。

4.1 精密水准仪与精密水准尺及其检验

4.1.1 精密水准仪概述

1. 水准仪的系列

我国生产的水准仪系列型号是以仪器所能达到的每千米往返测高差中数偶然中误差这一精度指标为依据制定的。水准仪系列型号中的S是“水”字的汉语拼音第一个字母，S的下标或平排数值表示每千米往返平均高差的偶然中误差（以mm为单位）。

为了保证系列中每一种型号仪器的精度指标都能达到规定的要求，在我国的水准仪系列中，还对每一种型号仪器的技术参数作了相应的规定，见表4-1。

精密水准仪按其构造不同，可分为：微倾式水准仪、自动安平式水准仪、数字水准仪。

2. 精密水准仪的特点

对于精密水准测量的精度而言，除一些外界因素的影响之外，水准仪在结构上的精确性与可靠性是具有重要意义的。为此，对精密水准仪必须具备的一些条件提出了下列要求。

表 4-1 我国水准仪系列及基本技术参数

参数名称	参数	S_{05}	S_1	S_3	S_{10}
每千米高差中数偶然中误差	mm	±0.5	±1.0	±3.0	±10.0
望远镜放大倍率	倍	42	38	28	20
物镜有效孔径	mm	55	47	38	28
最短视距	m	3.0	3.0	2.0	2.0
符合水准器格值	mm	10	10	20	20
普通水准管格值	″/2mm	—	—	—	—
自动安平补偿范围	′	±8	±8	±8	±10
安平精度	″	±0.1	±0.2	±0.5	±2
安平时间不长于	s	2	2	2	2
概略水准器格值 直交形	″/2mm	2	2	—	—
概略水准器格值 管状圆形	″/2mm	8	8	8	10
测微器量测范围	mm	5	5	—	—
最小范围		0.05	0.05	—	—
净重不大于	kg	6.5	6.0	3.0	2.0
主要用途		国家一等水准测量及地震水准测量	国家二等水准测量及其他精密水准测量	国家三、四等水准测量及工程水准测量	一般水准测量

(1) 高质量的望远镜光学系统　为了在望远镜中能获得水准标尺上分划线的清晰影像，望远镜必须具有足够的放大倍率和较大的物镜孔径。一般精密水准仪的放大倍率应大于40倍，物镜的孔径应大于50mm。

(2) 坚固稳定的仪器结构　仪器的结构必须使视准轴与水准轴之间的联系相对稳定，不受外界条件的变化而改变它们之间的关系。一般精密水准仪的主要构件均用特殊的合金钢制成，并在仪器上套有起隔热作用的防护罩。

(3) 高精度的测微器装置　精密水准仪必须由光学测微器装置，借以精密测定小于水准标尺最小分划线间隔值的尾数，从而提高在水准标尺上的读数精度。一般精密水准仪的光学测微器可以读到0.1mm，估读到0.01mm。

(4) 高灵敏度的管水准器和倾斜螺旋装置　一般精密水准仪的管水准器的格值为10″/2mm。由于水准器的灵敏度越高，观测时要使水准器气泡迅速置中也就越困难，为此，在精密水准仪上必须有倾斜螺旋（又称微倾螺旋）的装置，借以使视准轴与水准轴同时产生微量变化，从而使水准气泡较为容易地精确置中以达到视准轴的精确置平。

(5) 高性能的补偿器装置　自动安平水准仪补偿元件的质量以及补偿器装置的精密度都可以影响补偿器性能的可靠性。如果补偿器不能给出正确的补偿量，或是补偿不足，或是补偿过量，都会影响精密水准测量观测成果的精度。

4.1.2 精密水准仪的构造

精密水准仪的结构与普通水准仪的结构基本相同，主要由望远镜、水准器、基座三部分构成。

由水准测量的基本原理可知，水准仪是借助于水准器将视准轴整置水平来建立水平视线的，根据水平视线在不同地点竖立的水准标尺上的读数，就可以求得不同地点的高差。由此可见，保证视线的精确水平和在水准标尺上精确读数是提高水准测量精度的重要条件。因而精密水准仪的结构相对于普通水准仪也有所改进，主要就体现在精密水准仪的倾斜螺旋装置和光学测微装置。

下面将介绍我国精密水准测量中常用的几种精密光学水准仪的构造。

1. Wild N_3 精密水准仪

图4-1是Wild N_3 精密水准仪的构造。Wild N_3 精密水准仪物镜的有效孔径为50mm，望远镜放大倍率为40倍，水准器格值为10″/2mm。倾斜螺旋上有分划盘，其转动范围约七周。转动测微螺旋可使水平视线在竖直方向移动1cm。测微器分划尺的最小格值为0.1mm。望远镜目镜的左边上下还有两个小目镜（图4-1中没有表示出来），它们分别是符合气泡观察目镜和测微器读数目镜。在三个目镜（望远镜目镜、符合气泡目镜、测微器目镜）中所看到的影像如图4-2所示。

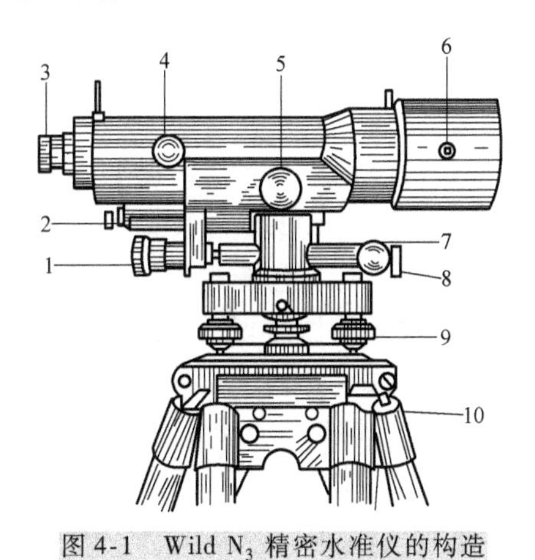

图4-1　Wild N_3 精密水准仪的构造

1—望远镜目镜　2—水准气泡反光镜　3—倾斜螺旋　4—调焦螺旋　5—平等玻璃板测微螺旋　6—平行玻璃板螺旋轴　7—水平微动螺旋　8—水平制动螺旋　9—水平制动螺旋　10—脚架

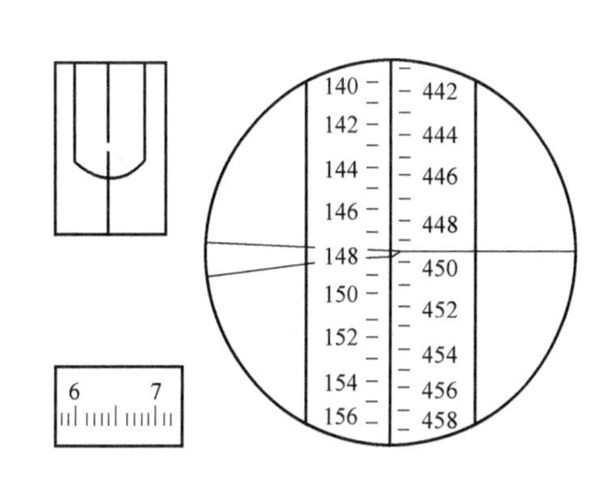

图4-2　Wild N_3 精密水准仪目镜影像

Wild N_3 精密水准仪一般与分格值为10mm的精密因瓦水准标尺配套使用，其基辅分划差为310.55cm（水准标尺将在本单元讲述）。

（1）Wild N_3 精密水准仪的倾斜螺旋装置　Wild N_3 精密水准仪借助高灵敏度的水准器，可以建立精确的水平视线。但水准器的灵敏度越高，作业时使水准器气泡迅速置中也就越困难。因此，Wild N_3 精密水准仪的水准器格值为10″/2mm。

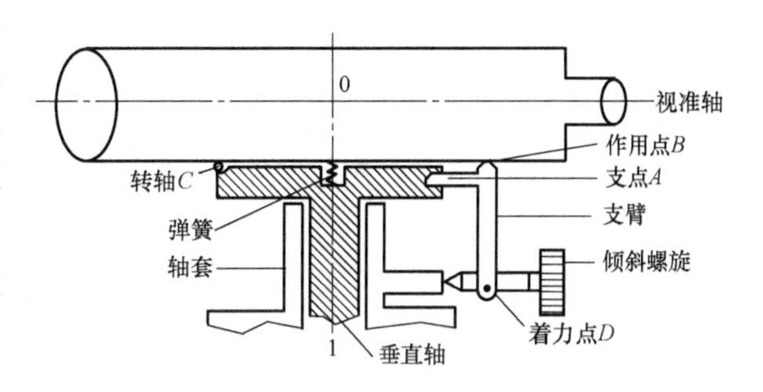

图4-3　Wild N_3 精密水准仪倾斜螺旋装置示意图

为了使水准器气泡比较迅速地精确置中，精密水准仪上必须具有倾斜螺旋的装置。图4-3所示的是Wild N_3精密水准仪倾斜螺旋装置示意图。它是一种杠杆结构，转动倾斜螺旋时，通过着力点D带动支臂绕支点A转动，可使望远镜的作用点B略为升降，导致望远镜绕转动轴C作微小倾斜。由于望远镜与水准器是紧密相连的，因此旋转倾斜螺旋就可以使水准轴产生一个微量的变化，从而迅速而精确地将视准轴整平。

应该指出，由于转轴C点不在垂直轴中心而在物镜一端，所以使用倾斜螺旋整平视准轴时将会引起视准轴的高度发生微小的变化，倾斜螺旋转动量越大，视准轴高度的变化就越大。如果在前后视读数之间转动倾斜螺旋精确整平视准轴，就会使后视视线高于或低于前视视线，从而给高差带来影响。因此，只有在符合水准气泡两端影像的分离量不超过1cm时（这时仪器的垂直轴基本上在垂直位置），才允许使用倾斜螺旋来进行精确整平视准轴。

（2）Wild N_3精密水准仪的光学测微装置　光学测微器是用来精确地在水准标尺上读数，以提高测量的精度。为了提高读数精度，精密水准仪除带有光学测微器外，还在望远镜中使用了楔形水平丝，以便精确重合水准标尺的刻划。

Wild N_3精密水准仪测微器的测微分划尺上刻有100个格，与水准标尺最小分划间隔（1cm）相对应，即测微分划尺每格表示0.1mm，估读至0.01mm，每10格注记一数字，其值为1mm。

图4-4是Wild N_3精密水准仪的光学测微器装置示意图。由图可见，光学测微器是由平行玻璃板、测微分划尺、传动杆和测微螺旋等部件组成。平行玻璃板安装在物镜前面，其下端与传动杆相连，传动杆的另一端与测微分划尺固结在一起，并由测微螺旋来带动。当转动测微螺旋时，传动杆推动平行玻璃板绕其转动轴作前后俯仰，而且测微分划尺也随之作相应的前后移动。由几何光学可知，平行玻璃板可以使光线产生平行位移。当平行玻璃板与水平视线垂直时（此时水平视线通过平行玻璃板不产生位移），测微尺读数为5mm。若转动测微螺旋，使来自水准标尺的光线经过平行玻璃板后向上平移5mm，则测微尺的读数为10mm。当再逆转测微螺旋使测微尺移至零分划时，就会使来自水准标尺的光线向下平移5mm。也就是说，当测微尺由0移到10时，来自水准标尺的光线的平移量也恰为10mm，与水准标尺分划间隔（1cm）相等。因此，水准尺上不足一格的尾数，可以通过转动测微螺旋，使水准标尺分划线移动至楔形丝中央时，在测微尺上读出，这就是N_3水准仪的测微原理。

使用光学测微器读数时，首先用望远镜照准水准标尺，然后使水准气泡影像精确符合，此时望远镜目镜里的楔形水平丝一般就在水准标尺某一分划线的附近。再转动测微螺旋和水平微动螺旋，使楔形丝夹准最近的一条整分划线。如图4-2所示，从水准标尺上直接读取整厘米的读数为148cm，而在测微分划尺上读数为6.52mm，这个数就是水准标尺上不足整分划的尾数。因此，整个读数为148.652cm。

需要指出，当平行玻璃板处于垂直位置时，测微分划尺上的读数本应为零，而实际读数却为5mm。可见，每次实际读数都大了一个常数（5mm），但这对于由前后视水准尺读数求得之高差值并无影响。如果只做单向读数时，就必须从读数中减去这个常数。

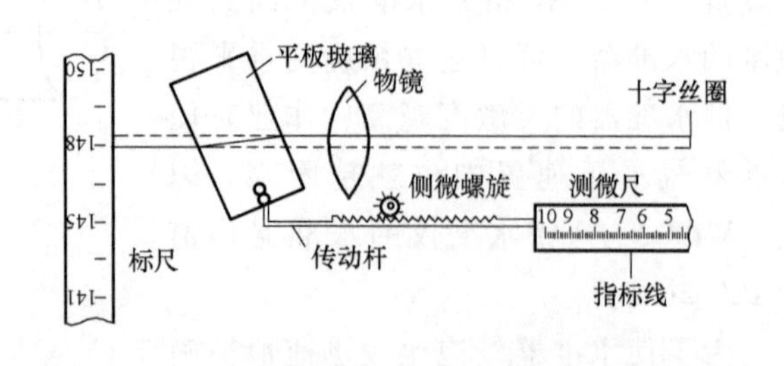

图4-4　Wild N_3精密水准仪光学测微器装置示意图

在平行玻璃板前端装有一块带楔角的

保护玻璃，实际就是一个光楔罩。它一方面可以防止尘土侵入镜筒内，另一方面转动它就可使视线倾角 i 有微小的变化，以便使视准轴和水准管轴精确地平行。

精密水准仪除必须具备上述装置外，还应配备有光学性能良好的望远镜，以便提高照准和读数的精度。

新 N3 水准仪的望远镜物镜的有效孔径为 52mm，并有一个放大倍率为 40 的准直望远镜，直立成像，能清晰地观测到离物镜 0.3m 处的水准标尺。

2. 国产 S_1 精密水准仪

国产 S_1 精密水准仪是北京测绘仪器厂生产的，其外观如图 4-5 所示。该仪器物镜的有效孔径为 50mm，望远镜放大倍率为 40 倍，水准器格值为 10″/2mm。转动测微螺旋可使水平视线在上下 5mm 范围内移动，测微器分划尺有 100 个格，故测微器分划尺最小格值为 0.05mm。望远镜目镜中所看到的影像如图 4-6 所示，视场左边是水准器的气泡影像。测微器读数显微镜在望远镜目镜的右下方。

图 4-5 国产 S_1 精密水准仪的外观

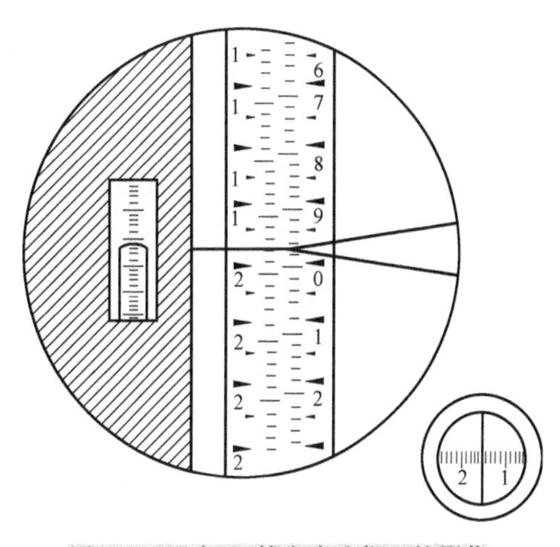

图 4-6 国产 S_1 精密水准仪目镜影像

国产 S_1 精密水准仪与分格值为 5mm 的精密水准标尺配套使用。转动测微螺旋和水平微动螺旋，使楔形丝夹准最近的一条整分划线，如图 4-6 所示，从水准标尺上直接读取整厘米数为 198cm，而在测微分划尺上读取水准标尺上不足整分划的尾数为 2.50mm。因此，整个读数就是 198.250cm。

3. 自动安平水准仪

上面介绍的水准仪，均是用水准器安平视准轴的，虽能满足精密水准测量的精度要求，但是用水准器安平视准轴要花费较长时间，而且由于观测时间长，还会降低观测质量。因此，许多仪器制造厂家针对这一弱点进行了革新，在视准轴的光路上增设了自动补偿装置。这种仪器在概略整平后，视准轴便能自动地水平，因此人们称它为自动安平水准仪。观测时为防止自动补偿装置与其他部件接触而失效，读数前需按一下自动补偿按钮，使其处于自由悬挂状态。目前这类仪器的型号很多，如德国奥普通厂生产的 Ni_1 和 Ni_2 型水准仪，德国蔡司厂生产的 Ni_{002} 型和柯立 007 型水准仪，我国苏州第一光学仪器厂生产的 DSZ_2 型精密自动安平水准仪等。

此外，由于使用精密水准仪观测时，用楔形丝夹取标尺整 cm 分划较困难，如果要将其用做普通水准仪而不用测微器读数，还会因视准轴受到平行玻璃板的干扰而无法读得正确读数。所以，使用精密水准仪进行普通水准测量反而不便。为此，一些生产厂将精密水准仪的测微装置制作成可拆卸型。图 4-7 为苏州第一光学仪器厂生产的 DSZ_2 型精密水准仪加 FS_1 构件的外观。其中图 4-7b 是装有 FS_1 构件的情形，松开锁紧手轮可拆下测微器；图 4-7a 为去掉测微器后的情形。

4. 数字水准仪

1989 年，Leica 仪器公司 Wild 厂首先推出数字编码自动安平水准仪，从而为水准测量的自动化、数字化开辟了新的途径，随后各大仪器公司陆续推出了各自品牌和型号的数字水准仪。

数字水准仪以自动安平水准仪为基础，在望远镜光路中增加了分光镜和 CCD 探测器。观测时，数字水准仪经自动调焦和自动安平后，水准标尺条形码分划影像射到分光镜上，并将其分为两部分：其一是可见光，通过十字丝和目镜，供照准用；其二是红外光射向探测器，它将望远镜接收到的光图像信息转换成电影像信号，并传输给信息处理机，通过机内图像处理系统将其与原有的关于水准标尺的条形码本源信息进行相关处理，从而得出水准标尺上水平视线的读数。图 4-8 是 TOPCON DL—100 数字水准仪。

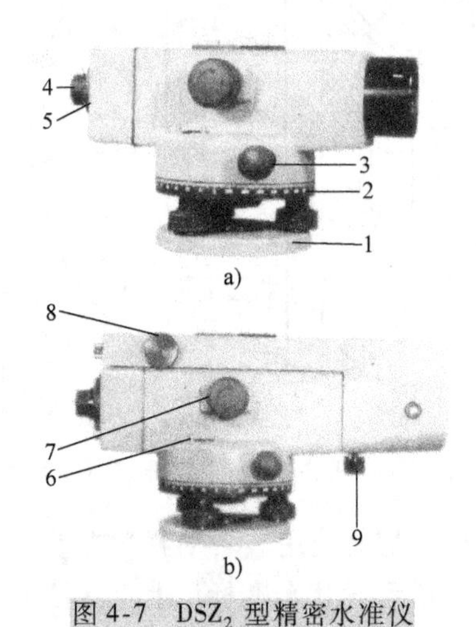

图 4-7　DSZ_2 型精密水准仪

1—基座　2—度盘　3—水平微动　4—目镜　5—揿钮　6—圆水泡　7—调焦手轮　8—测微轮　9—锁紧手轮

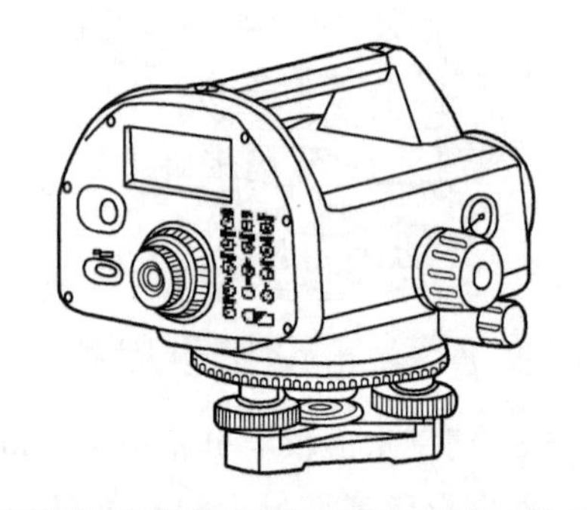

图 4-8　TOPCON DL—100 数字水准仪

与传统光学水准仪相比，数字水准仪具有以下特点。

1）读数客观。没有人为读数误差，不存在误读、误记问题。

2）精度高。视线高和视距读数都是采用大量条码分划图像，经过处理后取平均求得，因此削弱了标尺分划误差的影响。

3）速度快。由于省去了报数、听记、现场计算以及人为出错的重测数量，测量时间短、速度快。

4）操作简单。只需瞄准、调焦和按键即可，读数记录自动化，操作时可实时提示，便于掌握。

5）效率高。可以自动读数和存储；数据能自动记录、检核、处理；能自动进行地球曲率改正、i角改正；测量数据可输入到计算机中进行后处理，实现内外业一体化。

6）数字水准仪只能对其配套的条形码标尺进行照准读数，不如光学水准仪灵活，而且受外界条件影响大。

4.1.3 精密水准标尺

水准标尺是测定高差的长度标准，所以水准标尺的长度如果有误差，将给测定的高差带来系统性的误差。常规所用的水准标尺有两种，一种是用于普通水准测量的区格式木质水准标尺，另一种是用于精密水准测量的线条式因瓦水准标尺（也称精密水准标尺）。为了确保测量精度，精密水准标尺必须满足如下要求。

1）当空气的温度发生变化时，水准标尺的长度变化较小，具有足够的稳定性。

2）水准标尺的刻划必须十分精密，故采用“线条式”刻划。

3）水准标尺在构造上必须保持全长笔直，不易发生弯曲。

4）水准标尺必须附有圆形水准器，以便立尺时使尺面保持垂直。

5）水准标尺的底部必须钉有坚固的铁板，使其不易磨损。

6）水准测量时，水准标尺应立于特制的尺垫上。

精密水准标尺是在木质尺身的沟槽内引一条因瓦合金带，一端固定于尺身的底板上，另一端用一定拉力的弹簧固定在尺端的金属构架上。尺的分划漆在因瓦合金带上，分划为线条式。尺的分划注记在两侧木质尺身上，尺长约3.1m，如图4-9所示。

线条分划精密水准标尺的格值有10mm和5mm两种。图4-9a为与N3水准仪相匹配的水准标尺，其格值为10mm。它有两排分划，右边一排注记为0～300cm，称为基本分划；左边一排注记为300～600cm，称为辅助分划。同一高度的基本分划和辅助分划的注记相差一个常数3.01550m，称为基辅常数差，可用做检查作业时的读数粗差。

图4-9b是5mm格值的水准标尺。它也有两排分划，每排分划各自的间隔也是10mm，但两排分划彼此错开5mm。所以实际上左排是奇数分划，右排是偶数分划，无基辅之分。尺面上右边注记的是米数，左边注记的是分米数，全尺注记为0.1～5.9m。由于左右分划错开5mm，尺的格值变成了5mm。这样使分划注记比实际数值增大了一倍。因此，应用这种水准标尺所测得的高差必须除以2才是真正的高差。这种水准标尺适用于测微器分划尺的全长注记为5mm的仪器，如北光厂的S_1型水准仪和蔡司厂的Ni_{004}型水准仪等。

另外一种水准标尺就是与电子水准仪配套使用的条形码水准标尺，如图4-10所示。通过电子水准仪的探测器来识别水准尺上的条形码，再通过数字影像处理，给出水准尺上的读数，取代在水准尺上的目视读数。

4.1.4 精密水准仪和精密水准标尺的检验

1. 精密水准仪的检验

为了保证水准测量的观测质量，在每期作业之前，应对精密水准仪进行如下各项检验。

（1）精密水准仪和脚架各部件的检视　精密水准仪检视是从外观上对精密水准仪做出评价，并对检视的结果进行记录。主要内容如下。

1）外观。包括各部件是否清洁，有无碰伤、划痕、污点、脱胶、镀膜脱落等现象。

2）转动部件。包括各转动部件、转动轴和调整制动是否灵活、平稳，各部件有无松动、失调、明显晃动，螺纹的磨损程度等。

3）光学性能检查。望远镜视场成像是否明亮、清晰、均匀，调焦性能是否正确等。

4）补偿性能。自动安平水准仪的补偿器是否正常，有无粘摆现象。

5）设备件数。仪器部件及附件和备用零件是否齐全。

6）若为数字水准仪，除了上述检视项目之外，还需要检视电子设备和部件，如主机、按键、程序、电池等是否可以正常工作，电池电量是否充足等。

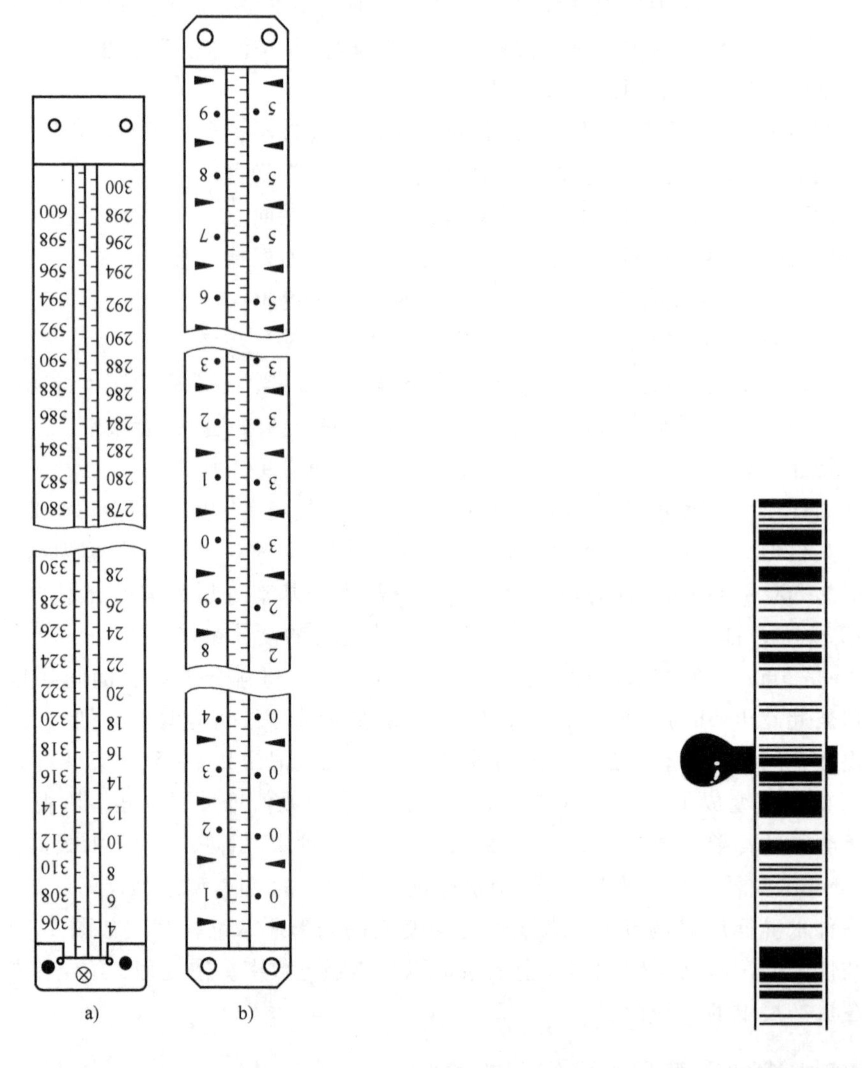

图 4-9　精密水准尺

图 4-10　条形码标尺

（2）圆水准器安置正确性的检验与校正　用脚螺旋使圆水准器气泡居中，然后旋转仪器 180°，此时若气泡偏离中央，则用水准器的改正螺钉改正其偏差的一半，用脚螺旋改正另一半，使气泡仍回到中央。如此应反复检校。水准作业过程中，应随时进行此项检验。

（3）光学测微器效用正确性的检验和分划值的测定　此项检验包括两个内容。一是检验光学测微装置是否有隙动差，即测微器效用的正确性如何。如图 4-4 所示，如果传动杆与平板玻璃连接处有空隙，则旋进和旋出测微螺旋时，测微尺读数发生变化的瞬间，平板玻璃不能同步旋转，即标尺影像不能同步移动，这必然使整个读数——水准尺上的整数和测微尺上的小数不相适应，而产生读数误差。所以，这项误差取决于测微尺和平板玻璃之间的机械传动机构是否完善。不难理解，这项误差是否存在，根据测微螺旋旋进时读数与旋出时读数的差异进行分析，就可作出判断。

此项检验的另一个内容则是检定测微尺的实际格值。在 N_3 精密水准仪中，测微尺的全长（100 分格）应该与水准尺的 1 个分格（10mm）相适应，也就是测微尺一分格的理论设计值应为 0.1mm。实际格值若不等于理论设计值，标尺 1 格就不能被测微尺全长所等分，由测微尺读取的小数就会包含误差。它是通过测微尺与一标准分划尺进行比较来测定的。

1）测定的方法。事先备制一分划尺，其分划线粗 1mm，分划线间隔为 8mm（对于 N_3 精密水准仪来说），分划线顺次编号，其间隔须用一级线纹米尺（下面将介绍）精确检定。

在平坦的场地上选定相距 30m 的两点，分别安置水准仪和水准尺。将备制的分划尺固定在水准尺上，使其可沿标尺上下移动，以便使特制分划尺置于仪器等高处。

测定须进行 8 个测回，每一测回分别用旋进和旋出测微螺旋，进行往、返观测，光学测微器效用正确性检验和分划值测定实例，见表 4-2。

表 4-2　光学测微器效用正确性检验和分划值测定实例

观测视线长度 30.0m　　仪器：N_3　　温度：始 25℃　　观测者：

日期：2013 年 8 月 8 日　　末 25℃　　记录者：

测回	分划线号数	测微器读数			进减旋出 Δ	分划尺的分划间隔		测微器分划值 $(g=d/L)$ /mm
		旋进（往测）	旋出（返测）	中数 L		以测微器分划计 $L=l_2-l_1$（格）	用标准尺检定的长度 d/m	
1	0	4.9	8.0	6.45	-3.1	78.60	7.920	0.1008
	1	83.1	87.0	85.05	-3.9			
2	0	5.1	7.2	6.15	-2.1	77.95	7.920	0.1016
	1	81.8	86.4	84.10	-4.6			
3	1	4.9	8.5	6.70	-3.6	79.85	7.970	0.0998
	2	85.1	88.0	86.55	-2.9			
4	1	6.0	8.8	7.40	-2.8	79.80	7.970	0.0999
	2	86.2	88.2	87.20	-2.0			
5	2	5.9	8.0	6.95	-2.1	80.55	8.000	0.0993
	3	87.8	87.2	87.50	+0.6			
6	2	7.0	8.8	7.90	-1.8	80.80	8.000	0.0990
	3	88.8	88.6	88.70	+0.2			
7	3	9.0	7.8	8.40	+1.2	78.40	8.030	0.1024
	4	87.6	86.0	86.80	+1.6			
8	3	9.0	8.0	8.50	+1.0	78.50	8.030	0.1023
	4	88.0	86.0	87.00	+2.0			
					中数：-1.4			中数：0.1006

每测回的往测：先转动倾斜螺旋，使气泡两端精密符合，以后在整个测回中不再改变倾斜螺旋位置。其次将光学测微器安置在略大于 0 处，指挥移动分划尺，使其某一分划线对准望远镜楔形平分丝，固定分划尺在标尺上的位置。然后旋进测微轮，精密照准此分划线，读取分划线注记号及测微尺读数。此后继续旋进测微轮，使望远镜楔形平分丝对准相邻的一分划线，读数如前。

每测回的返测：按相反的次序，用旋出测微轮的方向，照准往测时所用的二分划线，读数如前。

每测完两个测回后，应略微移动分划尺或变更仪器高度，使每两测回各观测分划尺上不同的分划间隔。

2）计算方法。首先计算旋进与旋出读数的中数 L 和旋进与旋出的差数 Δ，以及分划尺各分划间隔所对应的测微器分划值 g。然后按各分划间隔的检定长度，计算测微尺的分划值。最后取 8 个测回的中数为测定结果，其值与名义值之差不应大于 0.001mm，否则应送厂修理。

若旋进与旋出测微轮的读数差值过大（如本例的中数 Δ 超过测微尺的 1 个分划），表明测微器效用欠佳，以后观测时都要求用旋进方向照准读数。

（4）视准轴与水准管轴相互关系的检验与校正　水准仪的视准轴居于水平位置，是通过水准气泡两端影像的附合来实现的。因此，对水准仪的最基本要求就是视准轴应平行于水准管轴。可是，事实上二者不会完全平行，而是存在一个夹角。这个夹角在垂直面上的投影称为 i 角误差，在水平面上的投影称为交叉角误差。

1）i 角误差的检验校正。检验 i 角误差的方法很多，但基本原理相同，大都是利用 i 角对水准标尺读数的影响与距离成正比例这一特点，通过比较不同距离标尺读数的差异而求出 i 角。下面介绍一种简便且准确的方法。

如图 4-11 所示，在平坦场地选择一长为 61.8m 的直线 J_1J_2，将其分成 $S=20.6\text{m}$ 的三等分（距离用卷尺量取），在两分点 A、B 处打入木桩并钉入圆帽钉。

在 J_1、J_2 先后架设仪器。整平仪器使气泡精密符合，在 A、B 所立的标尺上各照准、读数四次。在 J_1 设站时，令 A、B 标尺上四次读数的中数为 a_1、b_1；在 J_2 设站时为 a_2、b_2。由图可见，在 A、B 标尺上消除了 i 角影响后的正确读数应为 a_1'、b_1'、a_2'、b_2'、它们分别等于

$$\begin{cases} a_1' = a_1 - \Delta \\ b_1' = b_1 - 2\Delta \\ a_2' = a_2 - 2\Delta \\ b_2' = b_2 - \Delta \end{cases} \tag{4-1}$$

式中

$$\Delta = \frac{i}{\rho} S$$

由此，在 J_1 处测得正确高差应为

$$h_1 = a_1' - b_1' = a_1 - b_1 + \Delta$$

在 J_2 处测得正确高差应为

$$h_2 = a_2' - b_2' = a_2 - b_2 - \Delta$$

考虑到 $h_1 = h_2$，得

$$\Delta = \frac{1}{2}[(a_2 - b_2) - (a_1 - b_1)]$$

代入 $i=\frac{\Delta}{S}\rho$ 则

$$i''=\frac{\Delta}{S}\rho''=\frac{\Delta\times206000''}{20600\text{mm}}=10\Delta(\Delta\text{ 以 mm 计})\tag{4-2}$$

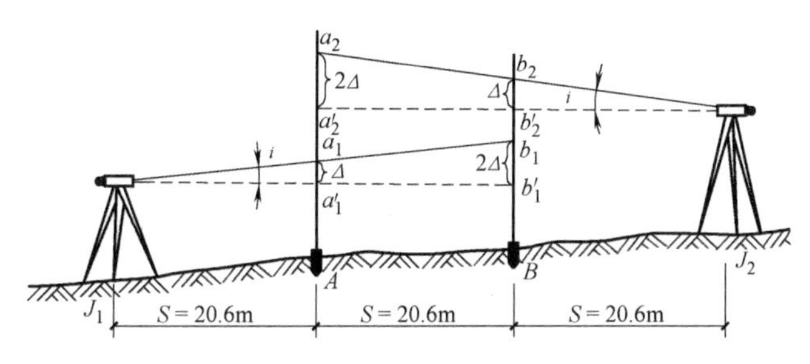

图 4-11　*i* 角检验

检验结果 i 角不得大于 20″，超出限差时必须进行校正。

i 角的校正可在 J_2 点上进行。用倾斜螺旋将望远镜视线对准 A 点标尺上的正确读数 $a_2'=a_2-2\Delta=b_2+a_1-b_1$，然后校正水准器的上下校正螺钉，使气泡居中。校正后，将望远镜对准标尺 B 读数 b_2，它应与计算值 $b'_{2计}=b_2-\Delta$ 一致，以此作为检核。

校正需反复进行，使 i 角小于 20″为止。i 角校正后，应重新检查圆水准器安置的正确性。i 角误差的检验实例见表 4-3。

表 4-3　i 角误差的检验实例

仪器：S171001　　　　标尺：精密水准（因瓦）标尺　　　　观测者：

日期：2003 年 8 月 10 日　　　　成像：清晰　　　　记录者：

仪器站	观测次序	标尺读数		高差 $(a-b)$/mm	角计算
		A 尺读数 a	B 尺读数 b		
J_1	1	298712	299140		A、B 标尺间距离 $S=20.6$m $2\Delta=(a_2-b_2)-(a_1-b_1)$ $=-0.05$mm $i''=\frac{2\Delta\rho''}{2S}=10\Delta=-0.25''$ 校正后 A、B 标尺上正确读数： $a_2'=a_2-2\Delta=b_2+a_1-b_1$ $b_2'=b_2-\Delta$
	2	708	142		
	3	704	154		
	4	708	150		
	中数	$a_1=298708$	$b_1=299146$	−2.19	
J_2	1	310952	311394		
	2	956	410		
	3	944	396		
	4	958	400		
	中数	$a_2=310952$	$b_2=311400$	−2.24	

2）交叉角的检验校正。如果仪器存在交叉角，整平仪器后，若望远镜绕视准轴左右偏转，气泡就会向不同方向移动。根据这种特性，可采用如下步骤检校。

① 将水准仪安置在距标尺约 50m 处，并使其一脚螺旋位于望远镜至标尺的视准面内，如图 4-12 所示。

② 将仪器整平，并用倾斜螺旋使气泡精密符合，按中丝或楔形平分丝在标尺上读数 a。然后将脚螺旋 1 升高两周，脚螺旋 2 下降两周使读数 a 保持不变。此时仪器向一侧偏斜，注意观察气泡偏移情况。

③ 将脚螺旋 1 下降四周，脚螺旋 2 上升四周，保持读数 a 仍不变。此时仪器向另一侧偏斜，再次观察气泡偏移情况。

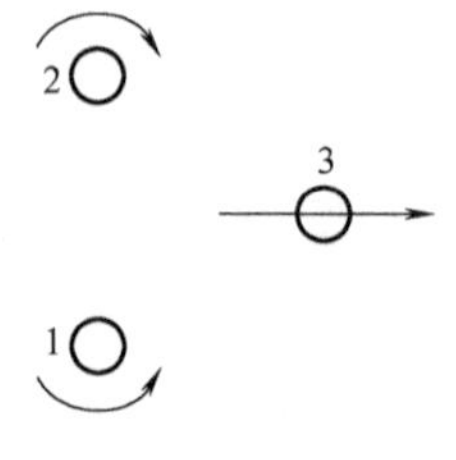

图 4-12 交叉角检验

在上述两种情况下，若气泡两端保持符合或同向偏移相同距离，则表示无交叉角存在；若气泡两端异向偏离，且距离大于 2mm，则表示有交叉角存在。校正时，应将水准器侧方校正螺钉松开，另一侧的校正螺钉拧紧，使水准器左右移动，至气泡两端符合时为止。

对于补偿式自动安平水准仪，也必须经常进行视准轴位置正确性的检验，要求其视准轴与水平面的夹角（也称为 i 角）小于一定的数值，即二等水准所用仪器不应超过 15″，三、四等水准所用仪器不应超过 20″。此项检验的观测计算方法与表 4-3 示例相同。此项校正的内容是校正十字丝分划板或专门的校正装置，此项工作应由专业修理人员进行。

2. 水准尺的检验

1）检视水准标尺各部分是否牢固无损。

2）水准标尺上圆水准器安置正确性的检验与校正。在距水准仪约 50m 的尺桩上安置水准标尺，使标尺边缘与望远镜竖丝重合，然后用校正针将标尺上圆水准器的气泡调整至中央。将标尺转动 90°，重新操作如前，如此反复进行多次。

3）水准标尺分划面弯曲差（矢矩）的测定。通过标尺两端引一细直线，在标尺尺面的两端及中央分别量取标尺分划面至细直线的距离。两端读数的平均数与中间读数的差即为矢矩。对于线条式精密水准（因瓦）标尺，矢矩不得大于 4mm，对于区格式木质标尺矢矩不得大于 8mm，若超出上述限值，应按下式对标尺长度加以改正

$$\Delta l=\frac{8f^2}{3l}$$

式中 f——矢矩（mm）；

l——标尺长度（mm）。

4）水准标尺分划线每米分划间隔真长的测定。每米分划间隔真长的测定，是利用检查尺与水准标尺作比较来进行的，这个检查尺就是一级线纹米尺。它由铜合金制成，长 1.02m。尺一边的分划间隔为 1mm，另一边为 0.2mm。尺上装有一对能活动的放大镜，借以观察细微分划。尺上还装有温度计，用以测定尺身温度。一级线纹米尺本身的长度，是将它与国家计量局的标准长度进行比较所得到的，其结果用尺长方程式表示。例如 NO.678 尺的尺长方程式为

$$L=1000\text{mm}-0.07\text{mm}+0.0185(t-20)\text{mm}$$

式中等号右边的首项为该尺的名义长度，第二项为尺长改正数，第三项为温度改正数。t 为测定标尺时的平均温度，20 为检定线纹米尺时的温度，单位为℃。

下面以线条式因瓦水准标尺为例，说明其每米分划间隔真长的测定方法，见表 4-4。

表 4-4　水准尺分划线每米分划间隔真长的测定

标尺：精密水准（因瓦）标尺 10797　　　　观测者：

检查尺：一级线纹米尺 NO. 1119　　　　记录者：

日期：2013 年 5 月 20 日 $L=(1000-0.07)\text{mm}+18.5\text{mm}\times10^{-3}(t-20℃)$　　　　检查者：

分划面	往返测	水准尺分划间隔/cm	温度/℃	检查尺读数/mm		右－左/mm		检查尺尺长及温度改正/mm	分划面一米间隔之真长/mm
				左端	右端	右－左	中数		
1	2	3	4	5	6	7	8	9	10
基本分划	往测	25～125	24.7	1.24 4.24	1001.22 1004.20	999.98 999.96	999.97	+0.017	999.987
		85～185	24.9	0.48 3.48	1000.46 1003.48	999.98 1000.00	999.99	+0.021	1000.011
		145～245	24.9	2.38 5.36	1002.40 1005.38	1002.02 1002.02	1002.02	+0.021	1000.041
	返测	275～175	25.0	0.42 3.42	1000.38 1003.40	999.96 999.98	999.97	+0.022	999.992
		215～115	25.0	0.72 3.70	1000.68 1003.68	999.96 999.98	999.97	+0.022	999.992
		155～55	25.0	0.52 3.52	1000.48 1003.48	999.96 999.96	999.96	+0.022	999.982
辅助分划	往测	40～140	25.0	1.30 4.32	1001.28 1004.28	999.98 999.96	999.97	+0.022	999.992
		100～200	25.0	1.82 4.80	1001.76 1004.78	999.94 999.98	999.96	+0.022	999.982
		160～260	25.0	0.78 3.76	1000.76 1003.76	999.98 1000.00	999.99	+0.022	1000.012
	返测	290～190	25.0	2.36 5.26	1002.30 1005.24	1000.00 999.98	999.99	+0.022	1000.012
		230～130	25.0	1.56 4.54	1001.56 1004.52	1000.00 999.98	999.99	+0.022	1000.012
		170～70	25.0	0.64 3.62	1000.62 1003.62	999.98 1000.00	999.99	+0.022	1000.012
一根尺一米间隔之平均真长									1000.002
一对尺一米间隔之平均真长									1000.003

注：另一水准尺 10798 检验记录从略，其一米间隔平均真长为 1000.004mm。

① 准备。检定前两小时，将检查尺和水准标尺从尺箱中取出，放在温度恒定的室内。水准标尺应放置水平，并使两支点分别位于尺子两端各 4dm 处。

② 观测。每一标尺的基本分划与辅助分划均须进行往返测定，而且往测或返测各应测定三个不同的米间隔，如表 4-4 第 3 栏所列。

往测每一个米间隔时，将检查尺的 0.2mm 刻划边平放在水准尺因瓦合金带的相应米间隔处，两个观测员分别注视检查尺的左右两端，同时读取相应米间隔的两个分划线下边缘在检查尺上的读数，估读至 0.02mm。然后接着读取这两个分划线上边缘在检查尺上的读数。两次“左右端读数差”的差应不大于 0.06mm，否则立即重测。每测定一个米间隔均应读记温度。

返测时两观测员应互换位置，其他操作与往测相同。

③ 计算。每一分划间隔的观测中数（表 4-4 第 8 栏）均应加入检查尺的尺长及温度改正，从而得到该分划间隔的真长。然后取基、辅分划往返共 12 个米间隔的真长平均值作为这根水准尺的每米间隔真长。最终计算一对标尺的平均米间隔真长，其值与名义长之差的绝对值大于 0.02mm 时，应对观测高差施加尺长改正。

区格式木质标尺的检验方法与上述方法基本上相同，区别仅在于不是读取分划线的上下边缘，而是两次读取分划线同一边缘在检查尺上的读数，两次读数间稍微移动一下检查尺即可。

5）一对水准标尺零点差及基、辅分划读数差常数的测定。水准标尺的注记是从其底面起算的，即标尺的零分划线应与其底面重合，若两者不重合，其差叫做零点差。一对水准标尺的零点差之差，叫做一对水准标尺的零点差。在同一视线高度时，水准尺上的基本分划与辅助分划的读数差，称为基辅差，也称为尺常数。如与 N_3 水准仪配套的水准尺的基辅差为 3.01550m，与靖江 S_1 配套的水准尺的基辅差为 6.06500m。如果检定结果与名义值相差过大，则在水准测量检核计算时应考虑这一差别。

① 测定方法。在距水准仪 20～30m 的等距离处，打下三个木桩，钉以圆帽钉，桩顶间高差约为 20cm。分别将标尺立于各桩顶进行观测，对于精密水准（因瓦）标尺，观测三测回；对于木质标尺观测二测回。

每一测回中，依次将两标尺立于每一木桩上，每次立尺时使用光学测微器，按基本分划和辅助分划各读数三次，而望远镜的视准轴位置应保持不变。测回间须变更仪器高。

② 计算。分别计算每根标尺基本分划和辅助分划所有读数的中数。两标尺基本分划读数中数之差，即为一对标尺零点差。两标尺辅助分划读数中数之差，即为两标尺辅助分划零点差。每一标尺基本分划读数的中数与辅助分划读数的中数之差，即为每标尺基辅分划的读数差常数。对木质标尺来说，基辅分划读数差常数即为黑、红面读数差常数。

若两根标尺的读数差常数相差不大，则取其中数作为一对标尺的基辅分划读数差常数；此值与名义值之差，对精密水准（因瓦）标尺应不超过 0.05mm，对木质标尺应不超过 1.0mm。否则，在作业中应采用实际测得值作读数校核之用。

表 4-5 列出了精密水准（因瓦）标尺的测定记录和计算结果，标尺基辅分划读数差常数的名义值为 3.01550。

表 4-5　一对水准标尺零点差及基辅分划读数差常数的测定

标尺：精密水准（因瓦）水准标尺：0619／0620　　　　观测者：

日期：2013 年 8 月 23 日　　　　记录者：

仪器 N358823　　　　检查者：

测回	桩号	NO.0619 标尺读数			NO.0619 标尺读数		
		基本分划	辅助分划	基辅读数差	基本分划	辅助分划	基辅读数差
I	1	121 8.84 8.80 8.76	423 4.30 4.30 4.32	301 5.46 5.50 5.56	121 8.80 8.84 8.82	423 4.32 4.34 4.40	301 5.52 5.50 5.58
	2	142 7.70 7.70 7.72	444 3.22 3.18 3.20	301 5.52 5.48 5.48	142 7.82 7.84 7.80	444 3.28 3.34 3.32	301 5.46 5.50 5.52
	3	162 8.92 8.88 8.92	464 4.44 4.42 4.40	301 5.52 5.54 5.48	162 9.04 9.04 9.02	464 4.52 4.50 4.48	301 5.48 5.46 5.46
	平均	142 5.14	444 0.64	301 5.50	142 5.22	444 0.72	301 5.50

（续）

测回	桩号	NO.0619标尺读数			NO.0619标尺读数		
		基本分划	辅助分划	基辅读数差	基本分划	辅助分划	基辅读数差
Ⅱ	1	124 4.48	425 9.92	301 5.44	124 4.54	426 0.04	301 5.50
		4.46	9.86	5.40	4.50	0.02	5.52
		4.44	9.86	5.42	4.54	0.02	5.48
	2	145 3.40	446 8.74	301 5.34	145 3.50	446 8.88	301 5.38
		3.42	8.80	5.38	3.50	8.94	5.44
		3.32	8.70	5.38	3.52	8.94	5.42
	3	165 4.54	467 0.02	301 5.48	165 4.66	467 0.16	301 5.50
		4.52	456 9.94	5.42	4.72	0.14	5.42
		4.56	9.98	5.42	4.72	0.20	5.48
	平均	145 0.79	446 6.20	301 5.41	145 0.91	446 6.37	301 5.46
Ⅲ	1	126 6.78	428 2.24	301 5.46	126 6.90	428 2.42	301 5.52
		6.80	2.22	5.42	6.90	2.38	5.48
		6.78	2.26	5.48	6.88	2.34	5.46
	2	147 5.68	449 1.14	301 5.46	147 5.78	449 1.24	301 5.46
		5.62	1.10	5.48	5.70	1.22	5.52
		5.64	1.12	5.48	5.74	1.24	5.50
	3	167 6.82	469 2.26	301 5.44	167 6.92	469 2.38	301 5.46
		6.80	2.28	5.48	7.00	2.44	5.44
		6.80	2.24	5.44	6.98	2.44	5.46
	平均	147 3.08	448 8.54	301 5.46	147 3.20	448 8.68	301 5.48
总中数		144 9.67	446 5.13	301 5.46	144 9.78	446 5.26	301 5.48

注：一对标尺基辅分划读数差常数平均值为3015.47mm；两标尺基辅分划读数差常数的差为0.02mm。

4.2　精密水准测量的主要误差来源及其影响

水准测量误差的来源主要包括：仪器（包括水准标尺）误差、外界因素引起的误差和观测误差等三个方面。为了提高水准测量的精度，必须分析和研究各种误差影响的性质及规律，从而找出消除或减弱这些误差影响的措施。

4.2.1　仪器误差

此类误差是由于水准仪和水准标尺的结构和性能不完善而产生的，可以通过检验、校正和改进观测方法等措施来消除和减弱其影响。

1. 视准轴与水准管轴不平行的影响

（1）i 角误差的影响　水准仪的 i 角（水准仪视准轴与水准管轴在垂直面内的夹角），虽然经过检验和校正，但是要把 i 角完全校正至零是很困难的。由于 i 角的存在，当水准气泡居中时，水准轴并不完全水平。在此情况下，在水准标尺上的读数误差为$\frac{i''}{\rho''}S$（S 为水准仪至水准标尺之间的距离）。采用前、后视距离相等的方法，i 角对观测高差的影响 δ_h 将会大大地减少，即

$$\delta_{hi}=\frac{i}{\rho''}(S_{后}-S_{前}) \tag{4-3}$$

设 i 角对于整个测段所测高差的影响为 $\sum\delta_{hi}$，则

$$\sum\delta_{hi}=\frac{i}{\rho''}\sum(S_{后}-S_{前}) \tag{4-4}$$

上式中，$(S_{后}-S_{前})$ 称为前后视距差，$\sum(S_{后}-S_{前})$ 称为前后视距累积差。从式(4-4)可以看出，如果 i 角为零，或者在 i 角不变的情况下，使前后视距差为零，或前后视距累积差为零，则 $\sum\delta_{hi}$ 亦为零。但前面已经指出，将 i 角校正至零是有困难的，在每一测站上使前后视距相等也很费时间。因此要使 i 角对观测高差的影响减弱到足够小，除了对 i 角大小加以限制之外，还必须对前后视距差及前后视距累积差加以限制。

（2）交叉角误差的影响　如果仪器不存在 i 角误差，当仪器的垂直轴严格垂直时，仪器在水平方向转动时，视准轴与水平轴在垂直面上的投影仍保持平行，交叉角误差并不会影响在水准标尺上的读数，因此，对水准测量并无不利影响。但是，当仪器的垂直轴略有倾斜时，特别是视准轴正交方向的倾斜一个角度时，视准轴虽然仍处于水平位置，但是视准轴两端却产生了倾斜，从而水准气泡偏离居中位置。仪器在水平方向转动时，水准气泡将移动，当重新调整水准气泡居中进行观测时，视准轴就会背离水平位置而产生倾斜，它将直接影响水准标尺上的读数。为了减少这种误差的影响，应该采取相应的措施：对水准仪上的圆水准器进行严格检校；对交叉角误差进行检校。

2. 水准标尺每米长度误差的影响

水准标尺分划的正确程度将直接影响观测成果的精度。这是一种系统性的误差，是难以在观测中发现、避免或抵消的。因为它在往返测闭合差或环线闭合差中反映不出来，只有水准路线附合在两个已知高程点上时才能发现。所以作业前后必须测定水准标尺的每米真长，必要时，要在测量结果中加入尺长改正数。

3. 一对水准标尺零点差的影响

如果水准标尺的底面没有与零分划线重合，这就是水准标尺存在零点差。通常情况下，每根水准标尺的零点差是不相等的，所以它对每站的观测高差必然有影响。设后视标尺 A 的零点差为 Δa，前视标尺 B 的零点差为 Δb，则一个测站的正确高差为

$$h_1=(a_1+\Delta a)-(b_1+\Delta b)=(a_1-b_1)+(\Delta a-\Delta b)$$

由此可见，两标尺零点差不相同时，对本站高差是有影响的。

当进行下一个测站观测时，B 标尺变成了后视尺，A 标尺变成了前视尺，此时高差为

$$h_2=(a_2+\Delta b)-(b_2+\Delta a)=(a_2-b_2)+(\Delta b-\Delta a)$$

由此可见，两根水准标尺零点差对两站的总高差的影响是大小相等，符号相反。因此，在每一测段的往测或返测中，其测站数均应为偶数，否则应加入水准尺的零点差改正。

4.2.2　外界因素引起的误差

1. 温度变化对 i 角的影响

前面讨论了 i 角不变的情况下各种误差对观测的影响，但实际上水准仪的望远镜和水准器等部件，由于外界温度的变化，会产生不同程度的收缩和膨胀，因而引起 i 角的变化。研究表明，当温度均匀地变化1℃时，i 角将平均变化0.5″左右，甚至会达到1″～2″。因而它对观测高差的影响难以用改进观测程序和观测方法来完全消除。而且，这种误差在往返测高差闭合差中也不能被发现，从而使高差中数受到系统误差的影响。

为了减弱外界温度变化的影响，在观测之前应先取出仪器，使其与外界温度一致；设站时用白色测伞遮挡阳光；迁站时应罩以白色的仪器罩。此外，测段往返测可分别在上、下午进行，这样可以减弱与受热方向有关的 i 角变化的系统误差。在高等级精密水准测量中，将测段的测站数安排成偶数，奇数站采用“后前前后”和偶数站采用“前后后前”观测程序对于削弱 i 角变化的影响也是必要的。

2. 大气垂直折光的影响

大气密度在垂直方向上分布不均匀，会使视线在垂直方向上产生弯曲（凹向密度较大的一侧）。若前后视视线的弯曲程度相同，只要前后视距相等，这种影响就会在观测高差中得到消除。但在实际测量中，前后视的视线高度往往并不相同，视线通过的大气密度也就不会相同（通常越接近地面其密度越大），所以视线弯曲的程度也就不一样。尤其是在水准路线经过一个较长的斜坡（上坡或下坡）时，前视视线离开地面的高度总是小于（或大于）后视视线的高度，此时大气垂直折光对观测高差的影响将是系统性的。此外，视线受大气垂直折光的影响，还与视线所经过地区的地形、植被、土质、气候以及观测时间等因素有着复杂的关系，由此引起的影响在往返测高差不符值中可能得到一定的反映。

为了减弱大气垂直折光的影响，作业时要求视线离开地面一定的高度，并且力求前后距相等；在斜坡上观测时，应适当缩短视距；在日出后半小时和日落前半小时这段时间内，以及气温变化较大时，均不宜进行观测。

3. 仪器和水准标尺升降的影响

水准仪和水准标尺升降所产生的误差，是精密水准测量误差的一个重要来源。如图4-13所示，在仪器的脚架随观测的时间而逐渐下沉的情况下，当读完后视基本分划读数转向前视读取基本分划读数时，由于仪器的下沉，视线将有所下降，从而使前视基本分划读数变小。为了消除脚架下沉的误差影响，可以采用适当的观测程序。如采用的是有基、辅分划的水准标尺，则在一个测站上可用“后前前后”的观测程序。这样，若脚架的下沉速度是均匀的，且每一次读数的时间都相同，那么在测站基辅高差中数中则会消除脚架下沉的影响。

水准标尺（尺台或尺桩）的下降，主要发生在迁站的过程中，即由原来的前视尺转为后视尺的过程中，于是总是使后视尺读数偏大，从而使各测站的观测高差都偏大，成为系统性的误差。但这种误差在对往返测高差取平均值时，可以得到有效的抵偿。所以水准测量一般都要求进行往返观测。

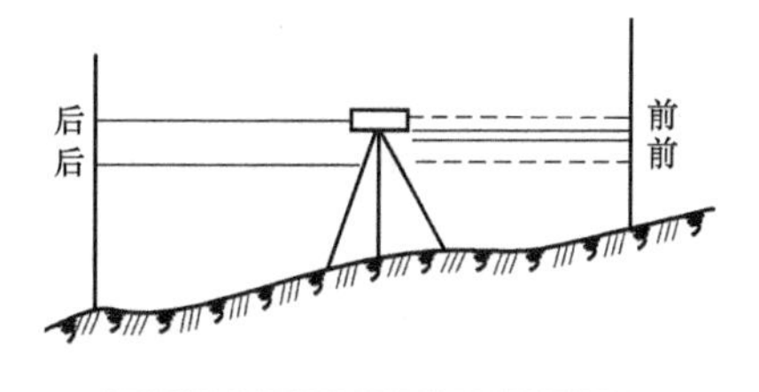

图 4-13 仪器和标尺沉降影响

在实际作业中，有时仪器脚架和水准标尺的尺台也会发生上升的现象，如当仪器脚架和尺台用力压入之后，由于土壤的反作用而逐渐上升。

应当指出，仪器和水准标尺升降的速度通常是不均匀的，每次读数的时间间隔也不会严格相同。因此，尽管采取了适当的观测程序，这种误差的影响也不会完全消除。所以，要尽量设法减少水准仪和水准标尺的升降，如立尺点要选在中等坚实的土壤上；水准标尺立于尺台至少要半分钟之后才进行观测。

4.2.3 观测误差

精密水准测量的观测误差，主要有水准气泡居中的误差、照准水准标尺上分划线的照准误差和读数误差，这些误差对高差的影响均呈现偶然性。由于精密水准测量都采用具有符合水准器及测微装置的水准仪，同时用光学测微法进行读数，因而整平、照准或读数的精度都比较高。所以，观测误差的影响与前面两项误差（即仪器误差、外界因素引起的误差）比较，可以认为是次要的。

引起水准测量误差产生的因素很多，也很复杂，上述讨论仅是其中主要的方面，其他方面的问题可参阅有关书籍，这里就不赘述了。

4.2.4 精密水准测量的原则

前面分析了有关水准测量的各项主要误差的来源和影响，根据各种误差的性质和影响规律，水准测量中应遵循如下原则，尽可能地消除或减弱各种误差对观测成果的影响。

1）观测前30min，应将仪器置于露天阴影处，使仪器与外界温度趋于一致；观测时应用测伞遮蔽阳光；迁站时应罩以仪器罩。

2）仪器距前后视水准标尺的距离应尽量相等，前后视距差、前后视距累积差应小于规定的限值。这样可以消除或削弱与距离有关的各种误差对观测高差的影响，如 i 角误差和垂直折光差等影响。

3）对气泡式水准仪，观测前应测出倾斜螺旋的置平零点，并作标记，随着气温变化，应随时调整置平零点位置。对于自动安平水准仪的圆水准器，须严格置平。

4）同一测站上观测时，不得两次调焦；转动仪器的倾斜螺旋和测微螺旋，其最后旋转方向均应为旋进，以避免倾斜螺旋和测微器隙动差对观测成果的影响。

5）在两相邻测站上，应按奇、偶数测站的观测程序进行观测，对于往测奇数测站按“后前前后”、偶数测站按“前后后前”的观测程序在相邻测站上交替进行。返测时，奇数测站与偶数测站的观测程序与往测时相反，即奇数测站由前视开始，偶数测站由后视开始。这样的观测程序可以消除或减弱与时间成比例均匀变化的误差对观测高差的影响，如 i 角的变化和仪器的垂直位移等影响。

6）二等及以上等级水准测量中，在连续各测站上安置水准仪时，应使其中两脚螺旋与水准路线方向平行，而第三脚螺旋轮换置于路线方向的左侧与右侧。

7）每一测段的往测与返测，其测站数均应为偶数，由往测转向返测时，两水准标尺应互换位置，并应重新整置仪器。在水准路线上每一测段仪器测站安排成偶数，可以削减两水准标尺零点不等差等误差对观测高差的影响。

8）每一测段的水准测量路线应进行往测和返测，这样可以消除或减弱性质相同、正负号也相同的误差影响，如水准标尺垂直位移的误差影响。

9）一个测段的水准测量路线的往测和返测应在不同的气象条件下进行，如分别在上午和下午观测。

10）使用补偿式自动安平水准仪观测的操作程序与水准器水准仪相同。观测前对圆水准器应严格检验与校正，观测时应严格使圆水准器气泡居中。

11）水准测量的观测工作间歇时，最好能结束在固定的水准点上，否则应选择两个坚稳可靠、光滑突出、便于放置水准标尺的固定点，作为间歇点加以标记，间歇后，应对两个间歇点的高差进行检测，检测结果如符合限差要求，就可以从间歇点起测。若仅能选定一个固定点作为间歇点，则在间歇后应仔细检视，确认没有发生任何位移，方可由间歇点起测。

12）除路线拐弯处外，每一测站上仪器和前后视标尺的三个位置，应尽可能接近于一条直线。禁止只为增加标尺读数，而将尺台安置在沟边或壕坑中。

13）对于数字水准仪，应避免其望远镜直接对着太阳；尽量避免视线被遮挡，遮挡不要超过标尺在望远镜中截长的20%；仪器只能在厂方规定的温度范围内工作；确信震动源造成的震动消失后，才能启动测量键。

4.3 水准测量的作业方法

4.3.1 水准测量的施测

1. 光学测微法水准施测

二等水准测量中每测站的观测顺序是：

往测时，奇数测站：后—前—前—后；偶数测站：前—后—后—前。

返测时，奇数测站：前—后—后—前；偶数测站：后—前—前—后。

三等水准每站观测顺序均为：后—前—前—后。

四等水准每站观测顺序可为：后—后—前—前。

一、二等水准测量采用单线路往返观测，往返测须使用同一类型的仪器和转点尺承，沿同一道路进行。现以二等水准测量中“后—前—前—后”为例，说明光学测微法一个测站的操作步骤。

1）整平仪器，使望远镜绕垂直轴旋转时气泡两端分离不超过1cm。

2）用望远镜照准后视标尺，使气泡两端分离不大于2mm，用上下丝照准水准标尺基本分划进行视距读数（读数的第4位由测微器读得），记入记录手簿的（1）和（2）栏，见表4-6。然后使气泡两端影像准确符合，转动测微轮，用楔形平分丝精确照准标尺的基本分划，读取标尺基本分划与测微器读数，记入手簿的第（3）栏。

3）旋转望远镜，照准前视水准标尺，气泡准确符合，用楔形丝照准标尺基本分划，读取基本分划和测微器读数，记入手簿第（4）栏。然后用上、下丝照准标尺基本分划进行视距读数，记入手簿第（5）和（6）栏。

4）用微动螺旋转动望远镜，照准前视标尺的辅助分划，使气泡准确符合，读取辅助分划和测微器读数，记入手簿第（7）栏。

5）旋转望远镜，照准后视水准标尺辅助分划，使气泡准确符合，读取辅助分划和测微器读数，记入手簿第（8）栏。

若外业施测采用精密水准仪配套的水准标尺无辅助分划，故在记录表格中基本分划与辅助分划的记录栏内，分别计入第一次和第二次读数。

仍以表4-6为示例，说明计算内容与计算步骤。表中（1）~（8）栏是读数的记录部分，（9）~（18）栏是计算部分。

视距部分的计算为

$$(9)=(1)-(2)$$

$$(10)=(5)-(6)$$

$$(11)=(9)-(10)$$

$$(12)=(11)+\text{前站}(12)$$

高差部分的计算与检核为

$$(14)=(3)+K+(8)$$

$$(13)=(4)+K+(7)$$

$$(15)=(3)-(4)$$

$$(16)=(8)-(7)$$

$$(17)=(14)-(13)=(15)-(16)$$

$$(18)=\frac{1}{2}[(15)+(16)]$$

式中　K——基辅差（m），对于 N_3 水准尺：$K=3.01550\text{m}$。

表 4-6　一（二）等水准测量观测手簿

往　测自 Ⅱ沈新1 至 Ⅱ沈新2　　2013 年 7 月 20 日

时刻　始 8　时 20　分　末　时　分　　成　像 清晰

温度 20　云量 2　　风向风速 南风 2 级

天气 晴　土质 坚实　　太阳方向 右前

测站编号	后尺 上丝／下丝	前尺 上丝／下丝	方向及尺号	标尺读数 基本分划（一次）	标尺读数 辅助分划（二次）	基+K减辅（一减二）	备考
	后距	前距					
	视距差 d	$\sum d$					
奇	(1)	(5)	后	(3)	(8)	(14)	
	(2)	(6)	前	(4)	(7)	(13)	
	(9)	(20)	后－前	(15)	(16)	(17)	
	(11)	(12)	H	—	(18)		
1	2406	1809	后 31	219.83	521.38	0	
	1986	1391	前 32	160.06	461.63	－2	
	420	418	后－前	＋059.77	＋059.75	＋2	
	＋2	＋2	H		＋059.760		
2	1800	1639	后 32	157.40	458.95	0	
	1351	1189	前 31	141.40	442.92	＋3	
	449	450	后－前	＋016.00	＋016.03	－3	
	－1	＋1	H		＋016.015		
3	1825	1962	后 31	160.32	461.88	－1	
	1383	1523	前 32	174.27	475.82	0	
	442	439	后－前	－013.95	－013.94	＋1	
	＋3	＋4	H		－013.945		
4	1728	1884	后 32	150.81	452.36	0	
	1285	1439	前 31	166.19	467.74	0	
	443	445	后－前	－015.38	－015.38	0	
	－2	＋2	H		－015.38		
			后	.	.		
			前	.	.		
			后－前	.	.		
			H	—	.		
测段计算	7759	7294	后	688.36	1894.57		
	6005	5542	前	641.92	1848.11		
	1754	1752	后－前	＋046.44	＋046.46		
	＋2		H		＋046.450		

2. 数字水准仪水准施测

二等水准测量中数字水准仪观测照准标尺的顺序是：

往、返测时，奇数测站：后—前—前—后；偶数测站：前—后—后—前。

以奇数站为例，一测站操作程序如下。

1）首先将仪器整平（望远镜绕垂直轴旋转，圆气泡始终位于指标环中央）。

2）将望远镜对准后视标尺（此时，标尺应按圆水准器整置于垂直位置），用垂直丝照准条码中央，精确调焦至条码影像清晰，按测量键。

3）显示读数后，旋转望远镜照准前视标尺，按测量键。

4）显示读数后，旋转望远镜照准后视标尺条码中央，精确调焦至条码影像清晰，按测量键，显示测站成果。测站检核合格后迁站。

3. 间歇与检测

工作间歇时，最好能在水准点上结束观测。否则应选两个坚实可靠的固定点或打三个木桩点作为间歇点。间歇后应进行检测，其结果符合表 4-7 的限差要求即可起测，检测结果不作为正式成果。数字水准测量可用建立新测段等方法检测，检测有困难时最好收测在固定点上。

4. 测站检核

每一测站的观测结束后随即进行检核，表 4-6 中，(9) ~ (12)、(13)、(14)、(17) 各栏算得的值，不应超过《国家一、二等水准测量规范》（GB/T 12897—2006）和《国家三、四等水准测量规范》（GB/T 12898—2009）的规定值，表 4-7 列出了其中一些简单、常用的规定值。若测站观测限差超限，在本站检查发现后应立即重测。若迁站后才发现，应从水准点或间歇点开始，重新观测。

表 4-7　测站观测限差

等级	基辅分划读数差/mm	基辅分划所测高差之差/mm	左右路线转点差/mm	检测间歇点高差之差/mm
一等	0.3	0.4	—	0.7
二等	0.4	0.6	—	1.0
三等	2.0	3.0	—	3.0
	1.0	1.5	1.5	
四等	3.0	5.0	4.0	5.0

注：三等观测有两种方法。表中 2.0 一行为中丝读数法，1.0 一行为光学测微法。四等观测只有中丝读数法一种。

5. 作业检核

为了保证水准测量成果的精度，往返测高差不符值、路线或环闭合差的限差等应符合一定的规定，见表 4-8。

表 4-8　各等水准测量技术规格

等级	不符值、闭合差限差/mm						
	测段往返测高差不符值	测段、路线的左、右路线高差不符值	附合路线闭合差		环线闭合差		检测已测测段高差的差
			山区	平原	平原	山区	
四等	$20\sqrt{K}$	$14\sqrt{K}$	$20\sqrt{L}$	$25\sqrt{L}$	$20\sqrt{L}$	$25\sqrt{L}$	$30\sqrt{R}$
三等	$12\sqrt{K}$	$8\sqrt{K}$	$12\sqrt{L}$	$15\sqrt{L}$	$12\sqrt{L}$	$15\sqrt{L}$	$20\sqrt{R}$
二等	$4\sqrt{K}$	—	$4\sqrt{L}$		$4\sqrt{L}$		$6\sqrt{R}$
一等	$1.8\sqrt{K}$	—	—		$2\sqrt{L}$		$3\sqrt{R}$

注：K——路线或测段的长度，单位为 km，需换算。

L——附合路线（环线）长度，单位为 km，需换算。

R——检测测段长度，单位为 km，需换算。

山区是指高程超过 1000m 或路线中最大高差超过 400m 的地区。

4.3.2 超限成果的处理

1）测段往返测高差不符值超限，应先对可靠程度较小的往测或返测进行整测段重测。若重测的高差与同方向原测高差的不符值不超过限值，且其中数与另一单程原测高差的不符值亦不超出限差，则取此中数作为该单程的高差结果（若同向超限则仅取重测结果）。若该单程重测后仍超出限差，则重测另一单程。如果出现同向不超限，但异向间超限的分群现象，要进行具体分析，找出产生系统误差的主要原因，采取有效措施（如缩短视距、加强脚架与尺台的稳固、选择有利观测时间等），再进行重测。

2）路线和环闭合差超限时，应先就路线上可靠程度较小的某些测段进行重测。

3）由往返测高差不符值计算的每公里高差中数的偶然中误差 M_{Δ} 超限时，要分析原因，重测有关测段。

4）单程双转点观测的左右路线高差不符值超限时，可只重测一个单程单线，并与原测结果中符合限差的那一个取中数；若重测结果与原测结果均符合限差，则取三次结果的中数。当重测结果与原测两个单线结果均超限时，应分析原因，再重测一个单程路线。

4.3.3 外业资料检查和整理

为了确保观测成果正确无误，并符合限差要求，在水准测量外业工作完成后，必须认真地对手簿进行全面检查和整理。检查内容分为两个方面，一是按规范规定的项目检查是否符合要求，二是检查手簿上各种计算是否正确。其检查项目如下。

1）仪器至水准尺的距离。

2）每站前后视距离差及其累积差。

3）黑红面（或基本分划与辅助分划）读数差。

4）间歇前后各桩高差之差。

5）视线高度。

6）往返测闭合差。

7）基辅分划所测高差（黑红面）之差。

8）每测段的高差计算和路线长度计算。

9）水准标尺每米真长误差的改正计算。

前八项内容在前面已经讲述过。在观测过程中的水准标尺每米真长误差是系统性误差，它在往返测闭合差或环线闭合差中反映不出来，只有水准路线附合在两个已知高程点上时才能发现。所以作业前后必须测定水准标尺的每米真长，必要时，要在测量结果中加入尺长改正数。当一对标尺一米间隔的平均真长与其名义长的差值大于 0.02mm 时，需对高差进行改正。改正数可按下式计算

$$\delta = fh \tag{4-5}$$

式中 f——一米读数的改正数（mm/m）；

h——往测或返测之高差值（m）。

例如，两水准点“Ⅱ北天 1 甲”及“Ⅱ北天 2”之间的水准路线测得的高差为

+47.12148m，所用一对水准标尺一米间隔的真长总平均值为 999.940mm，那么其相应的标尺真长改正数为

$$f=(999.940-1000)\mathrm{mm/m}=-0.06\mathrm{mm/m}$$

$$\delta=(-0.06)\times 47.12148\mathrm{mm}=-2.83\mathrm{mm}(\text{往测})$$

$$\delta=(-0.06)\times(-47.12013)\mathrm{mm}=+2.83\mathrm{mm}(\text{返测})$$

此项改正一般均在表格内进行计算，往返测高差应分别予以改正。

4.4　三角高程测量

三角高程测量是利用观测一个点至另一个点的垂直角和两点间水平距离，根据平面三角公式来计算两点之间的高差。与水准测量相比较，它的精度较低，但灵活、简便，受地形条件限制小。因此，通常在工区水准网的控制下，用四等水准支线直接测定三角网中一定数量的三角点的高程，作为高程起算点，然后用三角高程测量方法测定其余的大量三角点的高程。随着全站仪的普及，电磁波测距三角高程由于其测角、测距精度和作业效率的大幅提高而在工程建设中得到广泛应用，三角高程测量成为测定三角点高程的基本方法。

4.4.1　高差计算公式

1. 地球曲率和大气折光对高差计算的影响

在普通测量中距离较短，可以用水平面为基准面推导高差计算公式。在控制测量中距离较长，需要以椭球面为基准面来推导三角高程测量的高差计算公式。此时不仅需要顾及地球曲率的影响，同时还需要顾及大气垂直折光对高差计算的影响。

如图 4-14 所示，设 S_0 为 A、B 两点间的水平距离，仪器置于 A 点，i_1 为仪器高，v_2 为 B 点觇标高。R 为 AB 方向上的椭球曲率半径。

在 A 点处的望远镜 P 照准 B 点处的觇标标志的上边沿 N 时，由于地面大气垂直折光的影响，视线的行程为一弧线 $\overset{\frown}{PN}$。而望远镜的照准方向为此弧线之切线 PM，测得的垂直角为 α_{12}，它包含了大气垂直折光的影响，MN 即为大气垂直折光差。

其次，设 $\overset{\frown}{PE}$ 为过 P 点的水准面，而垂直角 α_{12} 是以水平切线 PC 为基准的，使得 C、E 两点间出现差距，CE 就是地球曲率对计算高差的影响，称为地球弯曲差。

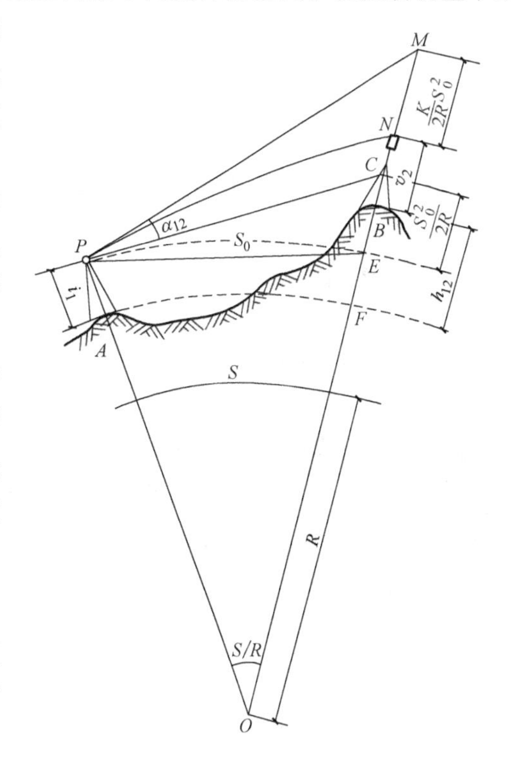

图 4-14　三角高程测量原理

若 $\overset{\frown}{AF}$ 为过 A 点的水准面，顾及地球曲率和大气垂直折光影响后，B 点相对于 A 点之间的高差为

$$h_{12} = BF = MC + CE + EF - MN - NB \tag{4-6}$$

式中 EF——仪器高 i_1（m）；

NB——照准点觇标高 v_2（m）；

CE——地球曲率。

MN——大气折光影响。

下面推导地球曲率和大气折光影响的近似表示式。

在图 4-14 中连接 PE，则 $\angle CPE$ 为一弦切角，其值等于 PE 所对圆心角的一半，即 $\dfrac{S}{2R}$。由于该角值甚小，我们可以近似写出下列等式

$$CE = S_0 \sin\frac{S}{2R} \approx S_0\frac{S}{2R} \approx \frac{S_0^2}{2R} \tag{4-7}$$

这就是计算地球弯曲差大小的公式。

在图 4-14 中，若把 $\overset{\frown}{PN}$ 视作半径为 R' 的圆弧，且近似取 $PN = S_0$，用同样的方法可得

$$MN = \frac{S_0^2}{2R'} \tag{4-8}$$

这就是计算大气垂直折光差大小的公式。

联合式（4-7）和（4-8），可得两差合并影响——球气差的计算公式为

$$CE - MN = \frac{S_0^2}{2R} - \frac{S_0^2}{2R'} = \frac{S_0^2}{2R}\left(1 - \frac{R}{R'}\right) = \frac{1-K}{2R}S_0^2 = CS_0^2 \tag{4-9}$$

式中 K——大气折光系数，$K = \dfrac{R}{R'}$；

C——球气差系数，$C = \dfrac{1-K}{2R}$。

另外，由于水平距离 S_0 与 R 相比其值甚小，当 $S_0 = 10\text{km}$ 时，它所对的圆心角仅约 $5'$，故可认为 $\angle PCM \approx 90°$。这样，在直角三角形 PCM 中，有

$$MC = S_0 \tan\alpha_{12}$$

将上式和式（4-9）代入式（4-6），即得高差计算的基本公式为

$$h_{12} = S_0 \tan\alpha_{12} + CS_0^2 + i_1 - v_2 \tag{4-10}$$

2. 单向观测高差计算的实用公式

在式（4-10）中，S_0 是实测水平距离，可是控制网所提供的边长，一般是高斯投影平面上的边长，所以计算高差时，常常需用由高斯平面上的边长 D 计算观测高差的公式。

对于实测水平边长的化算，首先是将实地边长 S_0（已加倾斜改正）换算为椭球面上的边长 S；再由椭球面上的边长 S 换算为高斯投影平面上的边长 D。它们之间的关系近似为

$$S = S_0\left(1 - \frac{H_m}{R}\right)$$

$$D = S\left(1 + \frac{y_m^2}{2R^2}\right)$$

式中　H_m——A、B 两点高程平均值（m）；

　　y_m——A、B 两点横坐标平均值（m）。

于是

$$S_0 = S\left(1 - \frac{H_m}{R}\right)^{-1}$$

$$S = D\left(1 + \frac{y_m^2}{2R^2}\right)^{-1}$$

将式中的负指数函数按级数展开，取其前两项得

$$\begin{cases} S_0 = S\left(1 + \dfrac{H_m}{R}\right) \\ S = D\left(1 - \dfrac{y_m^2}{2R^2}\right) \end{cases} \tag{4-11}$$

式（4-11）中的后式代入前式，则有

$$S_0 = D\left(1 - \frac{y_m^2}{2R^2}\right)\left(1 + \frac{H_m}{R}\right) = D\left(1 + \frac{H_m}{R} - \frac{y_m^2}{2R^2} - \frac{H_m y_m^2}{2R^3}\right)$$

上式等号右端第四项数值甚小。将上式代入式（4-16）并省略微小项得

$$h_{12} = D\tan\alpha_{12}\left(1 + \frac{H_m}{R} - \frac{y_m^2}{2R^2}\right) + CD^2 + i_1 - v_2$$

引入符号

$$\Delta h_{12} = D\tan\alpha_{12}\left(\frac{H_m}{R} - \frac{y_m^2}{2R^2}\right) \tag{4-12}$$

则：

$$h_{12} = D\tan\alpha_{12} + CD^2 + i_1 - v_2 + \Delta h_{12} \tag{4-13}$$

式（4-13）就是用高斯平面上的边长计算单向观测高差的实用公式。

式（4-12）中 H_m 与 R 相比较是一微小数值，只有在高山地区当 H_m 甚大同时高差也较大时，才有必要顾及$\frac{H_m}{R}$这一项。例如当 $H_m = 1000\text{m}$，$D\tan\alpha = 100\text{m}$ 时，$\frac{H_m}{R}$这一项对高差的影响不足 0.02m。所以，一般情况下这一项可以略去。其次，当 $y_m = 150\text{km}$，$D\tan\alpha = 100\text{m}$ 时，$\frac{y_m^2}{2R^2}$这一项对高差的影响不足 0.03m。所以，一般情况下这一项亦可略去。何况上述两项对高差的影响符号正相反，具有相互抵偿的性质。因此，式（4-13）等号右边的最后一项，只有当测区高程很大，起伏很大，距中央子午线较远的情况下，才进行计算。

3. 对向观测高差计算的实用公式

三角高程测量中，一般进行对向观测垂直角。此时，按式（4-13）可以列出两个高差计算公式

$$\begin{cases} h_{12} = D\tan\alpha_{12} + C_{12}D^2 + i_1 - v_2 + \Delta h_{12} \\ h_{21} = D\tan\alpha_{21} + C_{21}D^2 + i_2 - v_1 + \Delta h_{21} \end{cases} \tag{4-14}$$

式中　α_{12}、i_1、v_1——A 点测定的垂直角（°）、仪器高（m）、觇标高（m）；

α_{21}、i_2、v_2——B 点测定的垂直角（°）、仪器高（m）、觇标高（m）；

C_{12}、C_{21}——对向观测垂直角时的球气差系数（m/km^2），如果在相同条件、相同时间进行对向观测，可近似假定对向的折光系数 K 值相同，此时可取 $C_{12}=C_{21}=C$。

式（4-14）中的 Δh_{12} 与 Δh_{21} 大小相等，符号相反。

式（4-14）的两式相减后除以 2，可得往返观测高差中数为

$$h_{12}^{对}=\frac{1}{2}D(\tan\alpha_{12}-\tan\alpha_{21})+\frac{1}{2}(i_1+v_1)-\frac{1}{2}(i_2+v_2)+\Delta h_{12} \tag{4-15}$$

为实用方便，将上式等号右边第一项化简，得

$$\tan\alpha_{12}-\tan\alpha_{21}=\frac{\sin(\alpha_{12}-\alpha_{21})}{\cos\alpha_{12}\cos\alpha_{21}}=\frac{2\sin\frac{1}{2}(\alpha_{12}-\alpha_{21})\cos\frac{1}{2}(\alpha_{12}-\alpha_{21})}{\cos\alpha_{12}\cos\alpha_{21}}$$

$$=\frac{2\tan\frac{1}{2}(\alpha_{12}-\alpha_{21})\cos^2\frac{1}{2}(\alpha_{12}-\alpha_{21})}{\cos\alpha_{12}\cos\alpha_{21}}$$

一般 α_{12} 和 α_{21} 均较小，可近似认为

$$\cos\alpha_{12}=\cos\alpha_{21}=\cos\frac{1}{2}(\alpha_{12}-\alpha_{21})=1$$

于是

$$\tan\alpha_{12}-\tan\alpha_{21}=2\tan\frac{1}{2}(\alpha_{12}-\alpha_{21})$$

代入式（4-15），即得对向观测高差计算实用公式，为

$$h_{12}^{对}=D\tan\frac{1}{2}(\alpha_{12}-\alpha_{21})+\frac{1}{2}(i_1+v_1)-\frac{1}{2}(i_2+v_2)+\Delta h_{12} \tag{4-16}$$

比较式（4-13）和式（4-16）可见，单向观测高差中包含球气差的影响，而双向观测高差中仅含有 $C_{12}-C_{21}\neq 0$ 的影响，当视线两端距地面高度相差不大时，这个影响比 C 值本身误差的影响小得多，尤其是在同一时刻对向观测垂直角，更是如此。所以，为了提高三角高程测量的精度，必须对向观测垂直角。此时，用式（4-16）计算高差比用式（4-14）计算高差要简便一些。

实际作业中，为了进行往返观测高差检核，通常按式（4-14）计算往返高差，然后取中数作为最后结果，它的精度与采用式（4-16）计算是一致的。

4.4.2 确定 C 值的方法

前面已指出，欲测定某一特定条件下的折光系数是比较困难的，一般只能在某一地区的观测条件下取一平均的折光系数值。而且为了计算的方便，实际上不是直接确定 K 值，而是确定球气差系数 C 值，这在实质上并没有什么区别。下面介绍两种确定 C 值的常用方法。

1. 水准测量与三角高程测量相比较确定 C 值

在已经由水准测量测得高差的两点之间，观测垂直角计算高差。从理论上讲，水准测量或三角高程测量两种方法测定的高差应该相等，即

$$H_2-H_1=D\tan\alpha_{12}+CD^2+i_1-v_2+\Delta h_{12}$$

由上式计算得

$$C' = \frac{(H_2 - H_1) - (D\tan\alpha_{12} + i_1 - v_2 + \Delta h_{12})}{D^2} \tag{4-17}$$

为实用方便，上式分子以 m 计，分母以 km 计，C'的单位是 m/km^2。

2. 对向观测高差相比较确定 C 值

由于是同时对向观测，可以认为 $C_{12} = C_{21} = C$，于是由式（4-16）得

$$h_{12} = D\tan\alpha_{12} + i_1 - v_2 + \Delta h_{12} + CD^2 = (h_{12})_0 + CD^2$$

$$h_{21} = D\tan\alpha_{21} + i_2 - v_1 + \Delta h_{21} + CD^2 = (h_{21})_0 + CD^2$$

因为

$$(h_{12})_0 + CD^2 = -(h_{21})_0 - CD^2$$

所以

$$C = -\frac{(h_{12})_0 + (h_{21})_0}{2D^2} \tag{4-18}$$

必须指出，无论用哪种方法测定测区的平均折光系数，都不能只根据一两次的结果，而应该从较多的具有代表性的一些边中推求，最后取中数作为本测区的平均 C 值。一般说来，用第一种方法时，应有 5 条以上的观测边，用第二种方法时，应有 20 条以上的观测边参与计算。

由于大气垂直折光与测线的海拔高度、大气温度、大气湿度及视线离地面的高度等诸多因素有关，因此，所测高差尽管加了大气折光改正，但残余影响依然存在。为保证三角高程测量的精度，各边应对向观测三角高程。取对向观测高差的平均值，能基本消除其影响。

4.4.3　高差计算

外业观测结束以后，应对其成果及时进行检查、整理和计算。

为了计算高差，应抄录有关数据，如高斯投影平面边长（取至 cm）；垂直角 α（取至′）；仪器高 i 和觇标高 v（取至 cm），见表 4-9。

表 4-9　三角高程测量高差计算

测站点	1	2	2	3	3	1
照准点	2	1	3	2	1	3
D	8289.3		7890.2		9456.6	
α	+0°14′28″	−0°15′35″	−0°18′08″	+0°17′31″	+0°00′36″	−0°02′43″
CD^2	4.83		4.36		6.27	
i	1.68	1.50	1.50	1.73	1.73	1.68
v	5.20	5.17	5.27	5.20	5.17	5.27
Δh						
h	+36.23	−36.46	−41.02	+41.10	+4.48	−4.79
$h_{中}$	+36.34		−41.06		+4.64	

根据式（4-20）计算每一条边往、返单向高差值，若互差不超限，取二者中数为观测高差，见表 4-9。

4.4.4　电磁波测距时的高差计算公式

由于全站仪的普及，以全站仪导线测量的方式建立平面控制网已成为控制测量的重要方

法之一。在全站仪导线测量时，用全站仪测出水平角、斜距和垂直角，以求得导线点间的水平距离和导线点的坐标，在此基础上只要再测得仪器高和反射镜高，便可求得相邻两导线点间的高差。因此，以电磁波测距仪高程测量测出导线点的高程极为方便。但因电磁波测距仪高程测量所测距离为地面上的斜距，不同于三角高程测量由高斯平面距离计算高差。因此有必要讨论电磁波测距仪高程测量的高差计算公式。

如图 4-14 所示，设 H_1、H_2 为 A、B 两点的高程，i_1 为 A 点的仪器高，v_2 为 B 点的反射镜高，l 为所测斜距，S 为 A、B 两点在椭球面上的距离。根据正弦公式有

$$\frac{R+H_2+v_2}{\sin(\alpha_{12}+90^\circ)}=\frac{l}{\sin\dfrac{S}{R}}$$

由于$\frac{S}{R}$很小，故可取 $\sin\frac{S}{R}=\frac{S}{R}$，于是

$$(R+H_2+v_2)\frac{S}{R}=l\cos\alpha_{12}$$

$$S=l\cos\alpha_{12}\left(1+\frac{H_2}{R}+\frac{v_2}{R}\right)^{-1} \tag{4-19}$$

将式（4-11）中的第一式代入式（4-10）并略去微小项得

$$h_{12}=S\tan\alpha_{12}\left(1+\frac{H_{\mathrm{m}}}{R}\right)+CS^2+i_1-v_2 \tag{4-20}$$

将式（4-19）代入式（4-20）并舍去微小项得

$$h_{12}=l\sin\alpha_{12}+Cl^2\cos^2\alpha_{12}\left(1-\frac{H_2}{R}\right)^2+i_1-v_2 \tag{4-21}$$

此式即为采用倾斜距离计算高差的公式。

与光学经纬仪测三角高程一样，为避免较大的垂直折光影响，各边均应往返测。

经分析，由测角误差引起的高差误差要远大于由测距误差引起的高差误差，特别是三、四等导线，因其边长较大，由测角误差引起的高差误差尤其突出。因此，进行电磁波测量高程时，应尽可能提高测角精度。

【单元小结】

本单元学习内容实践性很强，在教学中宜教、学、练紧密结合。通过本单元的学习，学生应熟练掌握精密水准测量作业过程，具备熟练进行精密水准测量的实践能力

【复习题】

1. 各等级水准测量技术规格有哪些规定？
2. 精密水准仪的光学测微器的工作原理是什么？
3. 如果水准仪粗略整平偏差太大，用微倾螺旋使视线水平，会给观测高差带来何种影响？
4. 如何检验水准仪 i 角和交叉角之间的误差？
5. 何谓水准尺零点差？如何消除其影响？
6. 如何消除地球弯曲差和大气折光差对水准测量的影响？

7. 如何消除仪器下沉误差和标尺下沉误差的影响?

8. 精密水准测量过程中，为什么要使两脚架与测线方向平行而第三支脚架交替置于测线左、右两侧?

9. 精密水准测量过程中，为什么要使仪器和前后视尺位于同一直线上?

10. 填写表 4-10。

表 4-10　二等水准测量观测手簿

测站编号	点号	后尺 下丝 后尺 上丝 后视距 视距差 d	前尺 下丝 前尺 上丝 前视距 Σd	方向及尺号	水准尺读数/m 基本分划	水准尺读数/m 辅助分划	基 + K - 辅	备注
		(1) (2) (9) (11)	(5) (6) (10) (12)	后 前 后 - 前 H	(3) (6) (15) (18)	(8) (7) (16)	(14) (13) (17)	
1	*BM*1 ↓ *ZD*1	2705 3319	2545 3161	后 31 前 32 后 - 前 H	301. 26 285. 33	602. 81 586. 89		
2	*ZD*1 ↓ *ZD*2	1301 1727	0922 1352	后 32 前 31 后 - 前 H	151. 45 113. 74	453. 02 415. 28		
3	*ZD*2 ↓ *ZD*3	2047 2611	2128 2686	后 31 前 32 后 - 前 H	232. 90 240. 77	534. 44 542. 32		
4	*ZD*3 ↓ *BM*2	1065 1387	1200 1516	后 32 前 31 后 - 前 H	122. 65 135. 81	424. 18 437. 35		

单元 5

大地测量坐标系与大地测量基准

单元概述

本单元主要介绍大地水准面的概念和特性，参考椭圆体面上的基本线、面概念及椭圆体面上的几种曲率半径计算方法，空间直接坐标系、大地坐标系定义及转换方法，测量中常用正高系统、正常高系统、大地高系统的建立及换算方法，大地测量基准的建立及基准转换方法等。

学习目标

1. 了解引力、离心力的概念和数学表达式。
2. 掌握水准面及大地水准面的概念及特性。
3. 掌握参考椭圆体面上的基本面、线和几种曲率半径的概念及计算公式。
4. 掌握空间直角坐标系和大地坐标系的定义及两坐标系间的转换方法。
5. 掌握水准面不平行性的概念，正高、正常高、大地高的概念及其之间的换算方法。
6. 了解常用大地测量基准建立方法，掌握其相互转换的方法。

5.1 大地水准面

5.1.1 引力与离心力

1. 引力

如图 5-1 所示，用 $\boldsymbol{F}$ 和 $\boldsymbol{P}$ 分别表示地球引力和离心力。这两个力的合力称为地球重力，用 $\boldsymbol{g}$ 表示，如图 5-1 所示。重力向量 $\boldsymbol{g}$ 等于地球引力向量 $\boldsymbol{F}$ 和离心力向量 $\boldsymbol{P}$ 的和向量。

$$\boldsymbol{g}=\boldsymbol{F}+\boldsymbol{P} \tag{5-1}$$

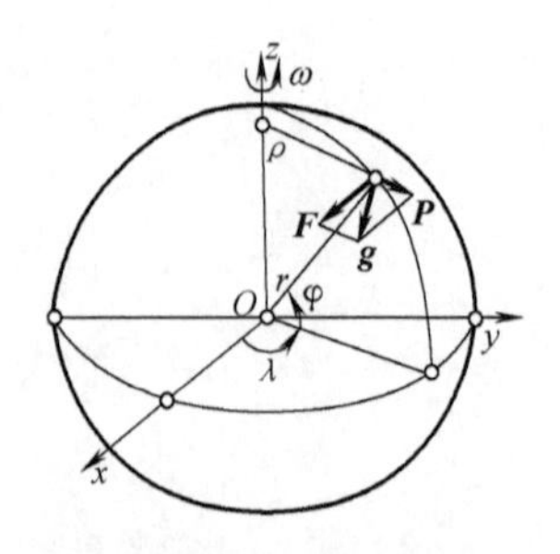

图 5-1 引力与离心力

引力 $\boldsymbol{F}$ 是由地球形状和内部质量分布决定的。为了便于叙述，假定地球是圆球，且其物质在同一圈层内以相同密度分布，那么，引力将指向地心，其大小为

$$F = G\frac{Mm}{r^2} \tag{5-2}$$

式中 M——地球质量（kg）；

m——海面质点质量（kg）；

G——万有引力常数（$N \cdot m^2/kg^2$）；

r——质点到地心的距离（m）。

地球质量与引力常数的乘积为：$GM = 398600 km^3/s^2$。

对于单位质量的质点，有

$$F = G\frac{M}{r^2} \tag{5-3}$$

事实上，由于地球物质密度分布不均，地球也不是圆球。所以地球重力公式要比式(5-2)复杂得多。

2. 离心力

离心力 $\boldsymbol{P}$ 指向质点所在平行圈半径的外方向，其计算公式为

$$P = m\omega^2\rho \tag{5-4}$$

式中 ω——地球自转角速度（$rad \cdot s^{-1}$），由天文精确测量 $\omega = 7.292115 \times 10^{-5} rad \cdot s^{-1}$；

ρ——质点所在平行圈半径（m），随纬度增大而减小。

5.1.2 水准面的概念和特性

1. 水准面的概念

我们知道：地球表面上的任一质点同时受到地球引力和地球离心力的作用，这两种力的合力称为重力，重力作用的方向线是铅垂线的方向。地球的表面以海水为主，每个水分子都受到重力的作用。在重力位（在重力场中，单位质量质点所具有的能量称为此点的重力位）相同时这些水分子便不再流动而呈静止状态，形成一个重力等位面，这个面称为水准面。

2. 水准面的特性

由水准面的概念可知，同一水准面上各点的重力位相等，当给出不同的重力位数值时，可得不同的水准面，因此水准面有无穷多个。水准面有以下特性：

1）水准面不相交、不相切。

2）水准面是连续的、不间断的封闭曲面。

3）水准面是光滑的、无棱角的曲面。

4）水准面是不规则曲面。

5）将物体沿水准面移动时，重力不做功，故水准面与重力线即铅垂线正交。

6）两水准面间不平行。

事实上，将单位质量的物体由一个水准面移到无穷接近的另一水准面，不论该物体位于什么位置，重力做功 dW 都是相等的，而重力做功与移动距离之间的关系为

$$dh = -\frac{dW}{g} \tag{5-5}$$

由于各点的重力加速度 g 不等，故 dh 也不等，即水准面不平行。

3. 大地水准面

如前所述，水准面有无穷多个，其中通过平均海水面的水准面称为大地水准面。由大地

水准面所包围的形体叫大地体。因为大地水准面是水准面之一，故大地水准面具有水准面的所有特性。

研究大地水准面的形状是大地测量学的重要任务之一。地球内部物质分布的复杂性和地面高低起伏的不规则性，决定了大地水准面的不规则性。为便于研究，将地球看作规则的椭球体，并将其分成许多圈层，假定同一圈层内物质密度相同，所有圈层的质量之和等于地球总质量，在这样假设的前提下得到的重力位面称为正常重力位面。然后再设法求得大地水准面与正常重力位面之差，按此差值对正常重力位面进行改正，得大地水准面。目前世界上还没有精确的适合全球的大地水准面模型。因此世界各国根据本国的具体情况使用不同的大地水准面。我国是在青岛设立黄海验潮站，求得黄海平均海水面，以过此平均海水面的水准面作为大地水准面。换言之，我国的大地水准面上任一点处的重力位与黄海验潮站平均海水面的重力位相等。

由上述可知，大地水准面是水准面的一个特例，因此，大地水准面具有水准面的一切特性。根据水准面的特性5)，它被用作测量野外工作的基准面。如经纬仪的对中，就是使大地水准面的同一条铅垂线通过仪器中心和测站点；整平是使经纬仪的水平度盘与测站点处的大地水准面平行；瞄准目标是使包含测站铅垂线的铅垂面通过目标。

根据水准面的特性4)，在大地水准面上不便于进行距离和角度的计算。因此，大地水准面不能作为测量计算的基准面。为了便于测量内业计算，必须采用本单元课题2介绍的参考椭圆体面或地球椭球面。

5.2 参考椭圆体面

5.2.1 旋转椭圆体面

将一个平面椭圆绕短轴旋转一周所形成的曲面称为旋转椭圆体面。由它所包围的形体称为旋转椭圆体。旋转椭圆体面是一个规则的曲面，可用数学公式表示。例如，长半轴为 a，短半轴为 b，坐标原点在其中心，旋转轴与 z 轴重合的旋转椭圆体面，可用如下方程式表示

$$\frac{x^2}{a^2}+\frac{y^2}{a^2}+\frac{z^2}{b^2}=1$$

旋转椭圆体面的形状和大小可由长半径 a 与短半径 b 或长半径 a 与扁率 $f=\frac{a-b}{a}$来确定。1954 年北京坐标系采用的克拉索夫斯基椭圆体，其元素为

$$a=6378245\text{m}$$
$$f=1/298.3$$

1975 年国际大地测量与地球物理联合会的推荐值为

$$a=6378140\text{m}$$
$$f=1/298.257$$

1983 年国际大地测量与地球物理联合会的推荐值为

$$a=6378136\text{m}$$
$$f=1/298.257$$

WGS—84 坐标系采用的椭球元素为

$$a = 6378137\text{m}$$

$$f = 1/298.257223563$$

旋转椭圆体除长、短半径及扁率三个元素以外，还经常用到如下两个元素。

第一偏心率

$$e = \sqrt{\frac{a^2 - b^2}{a^2}} \tag{5-6}$$

第二偏心率

$$e' = \sqrt{\frac{a^2 - b^2}{b^2}} \tag{5-7}$$

5.2.2　参考椭圆体面及常用元素间的关系

由椭圆体面的扁率 f、第一偏心率 e 和第二偏心率 e' 可以导出其他元素之间的关系式如下

$$\begin{cases} a = b\sqrt{1 + e'^2},\ b = a\sqrt{1 - e^2} \\ c = a\sqrt{1 + e'^2},\ a = c\sqrt{1 - e^2} \\ e' = e\sqrt{1 + e'^2},\ e = e'\sqrt{1 - e^2} \\ V = W\sqrt{1 + e'^2},\ W = V\sqrt{1 - e^2} \\ e^2 = 2f - f^2 \approx 2f \end{cases} \tag{5-8}$$

$$\begin{cases} W = \sqrt{1 - e^2} \cdot V = \left(\dfrac{b}{a}\right)V \\ V = \sqrt{1 + e'^2} \cdot W = \left(\dfrac{a}{b}\right)W \\ W^2 = 1 - e^2\sin^2 B = (1 - e^2)V^2 \\ V^2 = 1 + \eta^2 = (1 + e'^2)W^2 \end{cases} \tag{5-9}$$

其中，W 为第一基本纬度函数，V 为第二基本纬度函数，$c = \dfrac{a^2}{b}$，$\eta^2 = e'^2\cos^2 B$。

5.2.3　总地球椭球面

旋转椭圆体面虽有确定的形状和大小，但无确定的位置，故不能作为测量计算的基准面。要用作测量计算的基准面，还必须确定其中心位置和短轴方向。

确定了中心位置和短轴方向的旋转椭圆体面称为**参考椭圆体面**。参考椭圆体面的定位工作是通过建立大地坐标系来完成的。参考椭圆体面的定位一般应满足下列条件。

1）参考椭圆体面的旋转轴应与地球自转轴平行。

2）参考椭圆体面的起始子午面应与格林尼治子午面平行。

3）各点的大地水准面与参考椭圆体面之间的距离符合最小二乘法。

由于参考椭圆体面的位置是根据大地测量和天文测量资料确定的，而不是根据地球引力场确定的，故其中心与地球质量中心有一段距离。在卫星大地测量中用总地球椭球代替大地

体来计算地面点位。总地球椭球的定位一般应满足下列条件。

1）椭球中心位置位于地球质量中心。

2）椭球旋转轴与地球自转轴平行。

3）起始大地子午面与起始天文子午面平行。

5.2.4 椭圆体面上的基本面与基本线

1. 法线

过椭圆体面上任意一点 P_1 可作一个切面，则过 P_1 作一垂直于切面的直线 P_1K_P，即为 P_1 点的法线。法线与旋转轴 NS 相交于 K_P 点而不是 O 点，如图 5-2 所示。法线与铅垂线（重力线）之间的夹角叫垂线偏差，通常不超过 10″。

2. 法截面与法截线

过椭圆体面上任一点 P_1，作包含该点法线 P_1K_P 的平面称为法截面。法截面与椭圆体面的交线称为法截线或法截弧。显然，过 P_1 点的法截线有无穷多条，如图 5-3 所示。

如果忽略垂线偏差，则法线可看作是铅垂线，若不考虑经纬仪的对中整平误差，则仪器垂直轴与测站法线重合，在无三轴误差时，望远镜上下旋转所形成的视准面就可近似地看成是法截面。

3. 子午面与子午圈

包含旋转轴 NS 的平面称为子午面。子午面与椭圆体面的交线为一椭圆，称为子午圈，或称为经线，如图 5-3 所示。P_1 点的子午面即为旋转轴 NS 与法线 P_1K_P 组成的平面。显然，子午面是法截面之一，子午圈是法截线之一。

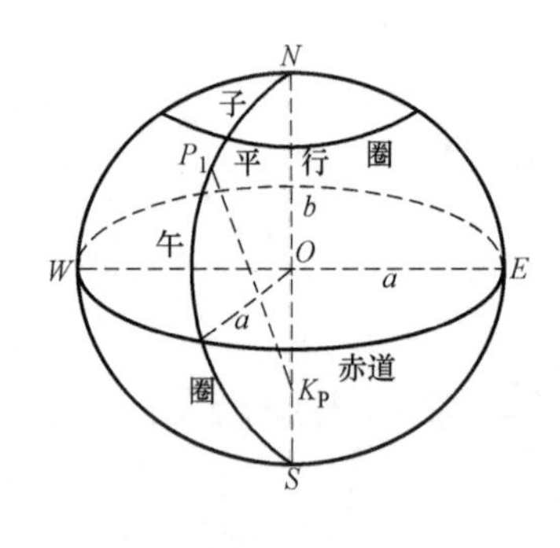

图 5-2 法线

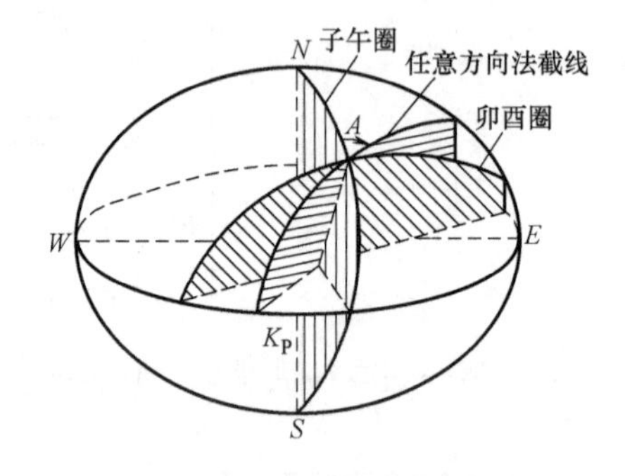

图 5-3 法截面与法截线

4. 卯酉面和卯酉圈

与子午面垂直的法截面称为卯酉面。卯酉面与椭圆体面的交线也是椭圆，称为卯酉圈，如图 5-3 所示。

5. 平行圈（或称纬线）

垂直于旋转轴 NS 的平面与椭圆体面的交线为一正圆，称为平行圈。

6. 赤道

垂直于旋转轴 NS 又通过椭圆体中心 O 的平面与椭圆体面的交线称为赤道。赤道是最大的平行圈。因赤道上各点的法线在赤道面内，所以赤道上各点的法截线就是赤道。

7. 相对法截线

纬度不同，椭球面法线和短轴交点到球心 O 的距离是不等的。而同一纬度处的所有点的法线均与短轴交于同一点，其中任意两点的法线可以确定一个唯一平面。

如图5-4所示，E 和 F 点既不位于同一平行圈，也不位于同一子午线上。它们的法线 EC 和 FD 并不相交（$OC \neq OD$），因而过这两条法线的法截面 ECF 和 FDE 也不会重合。于是，过 E、F 两点就有两条法截线，我们称它们为 E、F 两点间的相对法截线。其中 EeF 称为 EF 方向的正法截线，FfE 称为 EF 方向的反法截线。

当 F 点的纬度 B_2 大于 E 点的纬度 B_1 时，则 $OD > OC$。因此，法截线 EeF 偏南。图5-5表明了 OA、OB、OC、OD 四个方向的正反法截线的相对关系。而 AO、BO、CO、DO 的正反法截线正好与图中所示相反。

由于相对法截线的不重合性，对向观测所得的三个内角就不能组成闭合三角形。要解决这个问题，就需要在两点间另外选出一条单一的曲线，代替两点间的相对法截线。

8. 大地线

为了说明大地线的意义，先解释一下密切平面的概念。

如图5-6所示，AB 为曲面上的一条曲线，ds_1、ds_2 为曲线上 P 点的相邻两弧素，即 P_1、P_2 与 P 点无限接近。此曲线在 P 点的切线，是当 P_1 点无限趋近 P 点时割线 P_1P 的极限位置。而此曲线在 P 点的密切平面，则是当 P_1 及 P_2 无限趋近 P 点，经过 P_1、P、P_2 三点的平面之极限位置。过 P 点垂直于曲面在该点的切平面的直线，即为曲面的法线。

对于图5-6来说，曲线 AB 上任一点 P 的密切平面包含着曲面在该点的法线，该曲线就是曲面上的一条大地线。因此，大地线就是曲面上的一条曲线，该曲线上每一点处的密切平面都包含曲面在该点的法线。

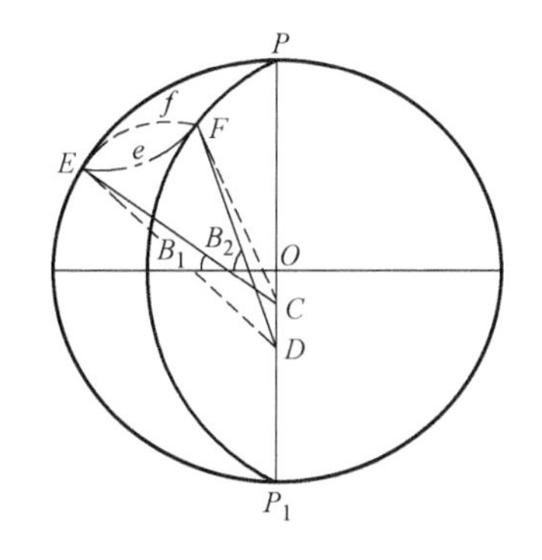

图5-4　相对法截线

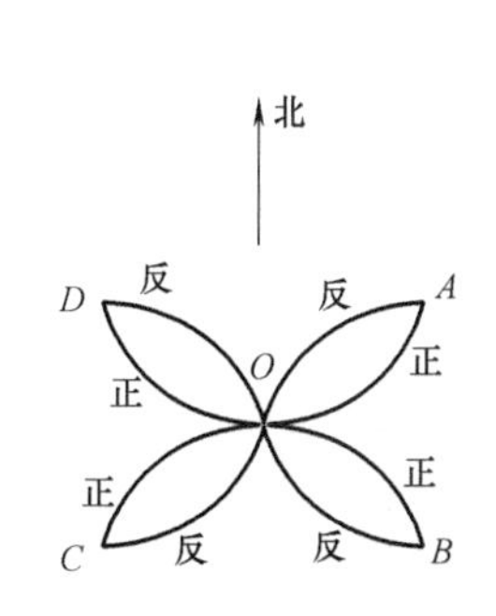

图5-5　正反法截线的相对关系

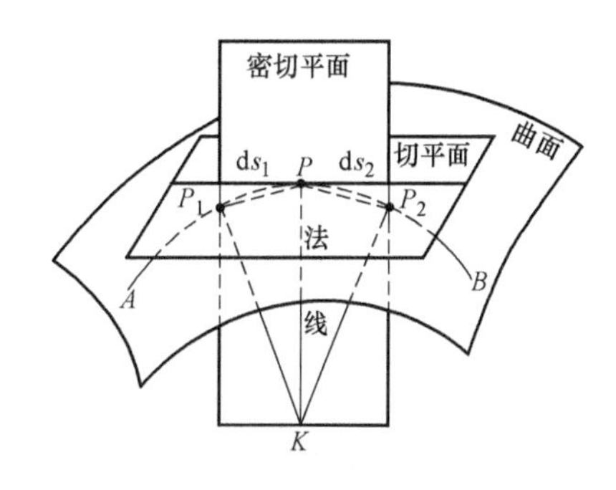

图5-6　密切平面、切平面和曲面

一般情况下，曲面上的曲线在任一点的密切平面并不包含曲面在该点的法线。例如，图5-7中球体小圆上任一点的密切平面（即小圆平面），并不包含球体在该点的法线。

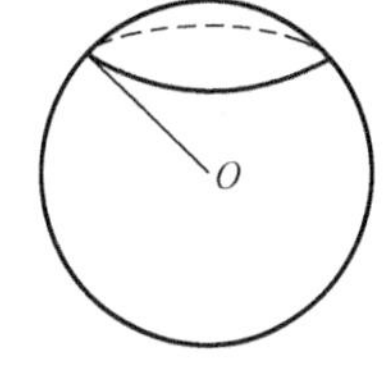

图5-7　球体小圆

如果曲面是个球面，则大地线就是大圆弧；如果是平面，则大地线就成为直线；对于椭球面，可以假想在其上拉紧一条细绳，若椭球面与细绳之间无摩擦力，则细绳就具有大地线的形状。因为，当细绳平衡时，它上面每点弹性力的合力必然位于密切平面内，而椭球面的反作用力的方向与椭球面法线一致，此时这两个力互相抵消，即密切平面包含了椭球面的法线。根据上述情况，可以得出大地线的重要性质：大地线是曲面上两点间最短的线。

对于椭球面上不在同一子午圈或同一平行圈上的两点，大地线将居于相对法截线之间，成为一条双曲率的曲线，如图 5-8 所示。大地线 BLD 和正法截线 BED 之间的角度 δ，等于法截线 BED 和 BKD 之间角度 Δ 的三分之一。

法截线和大地线的长度差异很小，在各种测量计算中均可忽略不计。

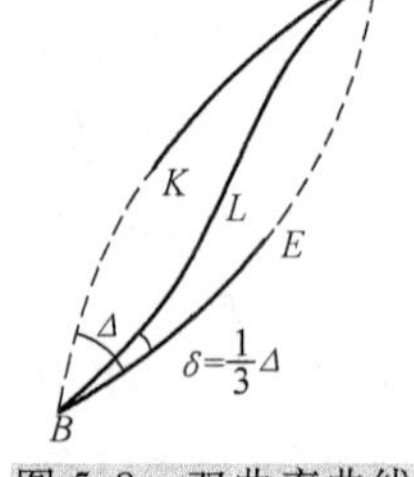

图 5-8　双曲率曲线

如图 5-8 所示，用钢尺测量 BD 边的长度时，如果该边长度大于钢尺长度，则应当进行直线定线。常用的直线定线方法是经纬仪定线，即在 B 点安置经纬仪，瞄准 D 点目标，在望远镜视线上做出若干分点，或者在 D 点安置经纬仪，瞄准 B 点目标，在望远镜视线上做出分点。如果忽略垂线偏差，则在 B 点安置仪所定的线就是 BD 方向的正法截线 BeD，而在 D 点安置仪器所定的线是 DB 方向的正法截线 DfB，两者都不是大地线。

5.2.5　椭圆体面上一个点处的几种曲率半径

1. 任意法截弧的曲率半径

椭圆体面上任意一点处都有无穷多条法截线。在一般情况下，这些法截线虽然都是椭圆，但它们在该点处的弯曲程度却不同，所以其曲率半径也不同。一点上任意方向法截弧的曲率半径可按下式求得

$$R_{\mathrm{A}}=\frac{N}{1+e'^2\cos^2A\cos^2B} \tag{5-10}$$

式中　N——该点沿法线方向至短轴的距离（m），亦称法线长度，$N=\dfrac{a}{\sqrt{1-e^2\sin^2B}}=\dfrac{a^2}{b\sqrt{1+e'^2\cos^2B}}$；

A——该法截弧的大地方位角（°）；

B——该点的大地纬度（°）；

e'——第二偏心率。

由式（5-10）可以看出，任意法截弧的曲率半径随法截弧所在的纬度、法截弧的方位角而变化（式中的 N 也是随纬度变化的），但与经度无关。

2. 卯酉圈曲率半径

卯酉圈的大地方位角 $A=90°$或 $270°$，则卯酉圈曲率半径为

$$R_{90}=N \tag{5-11}$$

这就是说，某点上卯酉圈的曲率半径等于该点的法线长度，它是随纬度变化的。当 $B=0°$时，$N=a$。随着纬度的增大，N 值也增大。

3. 子午圈曲率半径

子午圈的大地方位角 $A=0°$或 $180°$，则子午圈曲率半径为

$$M=\frac{N}{1+e'^2\cos^2B} \tag{5-12}$$

从式（5-12）可以看出，某点上的子午圈曲率半径也是随该点纬度的增大而增大的。

因为分子 N 随纬度的增大而增大，分母则随纬度的增大而减小。

4. 平均曲率半径

从式（5-10）可以看出，同一点上各个方向法截弧的曲率半径，以子午圈的曲率半径为最小，以卯酉圈的曲率半径为最大。

同一点上各方向法截弧的平均曲率半径取，得

$$R = \sqrt{MN} \tag{5-13}$$

前已说明，M 和 N 都是随纬度的增大而增大的。所以，平均曲率半径也是随纬度的增大而增大的。

【例 5-1】 已知北京 1954 坐标系椭球参数为 $a=6\ 378\ 245\text{m}$，$f=1/298.3$，当 $B=30°$、$30°01'$、$50°$、$50°01'$，$A=30°$、$30°01'$、$60°$、$60°01'$时，比较曲率半径随纬度和方位角变化的情况。

解：

1）北京 1954 坐标系椭球参数为 $a=6378245\text{m}$，$f=1/298.3$，据此计算短半径、第一偏心率和第二偏心率的平方。

因
$$f=\frac{a-b}{a}$$

故
$$b=a-af=\left(6378245-\frac{6378245}{298.3}\right)\text{m}=6356863.018773047\text{m}$$

$$e^2=\frac{a^2-b^2}{a^2}=0.006693421622966$$

$$e'^2=\frac{a^2-b^2}{b^2}=0.006738525414683$$

2）当纬度和方位角增加时，计算卯酉圈曲率半径、子午圈曲率半径、平均曲率半径、法截弧曲率半径大小，见表 5-1。

表 5-1　各曲率半径的计算

曲率半径 \ 纬度和方位角	$B=30°$ $A=30°$	$B=30°01'$ $A=30°01'$	$B=50°$ $A=60°$	$B=50°01'$ $A=60°01'$
$N=\dfrac{a}{\sqrt{1-e^2\sin^2B}}$	6383588.242m	6383593.634m	6390808.452m	6390814.603m
$M=\dfrac{N}{1+e'^2\cos^2B}$	6351488.492m	6351504.586m	6373064.588m	6373082.990m
$R=\sqrt{MN}$	6367518.139m	6367528.896m	6381930.354m	6381942.638m
$R_A=\dfrac{N}{1+e'^2\cos^2A\cos^2B}$	6359483.126m	6359504.630m	6386363.230m	6386376.928m

从表中可以看出当纬度和方位角增加时，卯酉圈曲率半径 N、子午圈曲率半径 M、平均曲率半径 R、法截弧曲率半径 R_A 均逐渐变大。

5.2.6　子午线弧长和平行圈弧长

1. 子午线弧长

子午线弧长是指椭球面上一点沿子午线到赤道的距离。可用下式计算

$$X = c[\beta_0 B + (\beta_2 \cos B + \beta_4 \cos^3 B + \beta_6 \cos^5 B + \beta_8 \cos^7 B)\sin B] \tag{5-14}$$

式中

$$c = \frac{a^2}{b}$$

$$\beta_0 = 1 - \frac{3}{4}e'^2 + \frac{45}{64}e'^4 - \frac{175}{256}e'^6 + \frac{11025}{16384}e'^8$$

$$\beta_2 = \beta_0 - 1$$

$$\beta_4 = \frac{15}{32}e'^4 - \frac{175}{384}e'^6 + \frac{3675}{8192}e'^8$$

$$\beta_6 = -\frac{35}{96}e'^6 + \frac{735}{2048}e'^8$$

$$\beta_8 = \frac{315}{1024}e'^8$$

2. 平行圈弧长

平行圈半径为

$$r = N\cos B$$

因此，经度 L_1 和 L_2 之间，纬度为 B 的平行圈弧长，可以按下式计算

$$Y = N\cos B\frac{L_2 - L_1}{\rho} = b_1 l \tag{5-15}$$

$$b_1 = \frac{N}{\rho}\cos B$$

5.3 大地测量坐标系

5.3.1 空间直角坐标系与大地坐标系

如图 5-9 所示，空间直角坐标系的坐标原点位于地球质心（地心坐标系）或参考椭球中心（参心坐标系），z 轴指向地球北极，x 轴指向起始子午面与地球赤道的交点，y 轴垂直于 xoz 面并构成右手坐标系。

大地坐标系是用大地经度 L、大地纬度 B 和大地高 H 表示地面点位的。过地面点 P 的子午面与起始子午面间的夹角叫 P 点的大地经度。由起始子午面起算，向东为正，叫东经（0°～180°），向西为负，叫西经（0°～－180°）。过 P 点的椭球法线与赤道面的夹角叫 P 点的大地纬度。由赤道面起算，向北为正，叫北纬（0°～90°），向南为负，叫南纬(0°～－90°)。从地面点 P 沿椭球法线到椭球面的距离叫大地高。

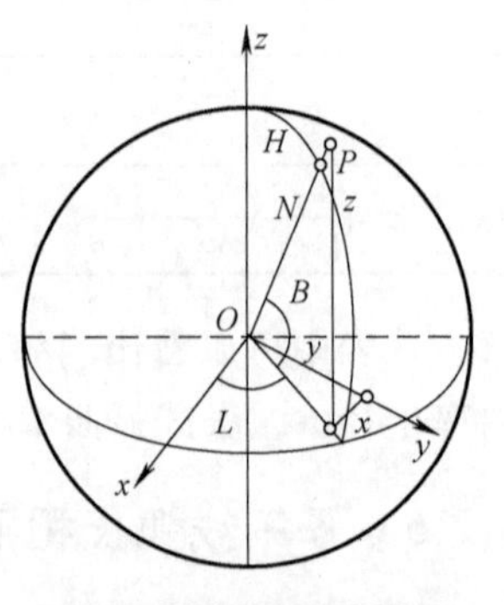

图 5-9 空间直角坐标系与大地坐标系

在大地坐标系中，有时还会用到大地方位角，即过 P 点的某一条大地线与 P 点的子午线之间的夹角，通常用 A 表示。从子午线北端算起，沿顺时针方向从 0°～－360°。

在日常生活中，人们习惯于使用大地坐标系表示地面点位，

但在两种不同坐标系之间进行换算时，使用空间直角坐标系较方便。

同一地面点在地球空间直角坐标系中的坐标和在大地坐标系中的坐标可用如下两组公式转换。

$$\begin{cases} x=(N+H)\cos B\cos L \\ y=(N+H)\cos B\sin L \\ z=[N(1-e^2)+H]\sin B \end{cases} \tag{5-16}$$

$$\begin{cases} L=\arctan\dfrac{y}{x} \\ B=\arctan\dfrac{z+Ne^2\sin B}{\sqrt{x^2+y^2}} \\ H=\dfrac{z}{\sin B}-N(1-e^2) \end{cases} \tag{5-17}$$

式中　e——子午椭圆第一偏心率，可由长短半径按式 $e^2=(a^2-b^2)/a^2$ 算得；

N——法线长度（m），可由 $N=a/\sqrt{1-e^2\sin^2 B}$ 算得。

式（5-17）第二式中的 B 必须用迭代的方法求解。

【例 5-2】　已知地面点 A 在北京 54 坐标系中的大地经度、大地纬度和大地高分别为 106°24′32.2256″、29°31′42.6678″和 294.315m。试计算该点的空间直角坐标。

解：

1）计算短半径 b 和第一偏心率 e。

在【例 5-1】中已算得

$$b=6356863.018773047\text{m}$$

$$e^2=0.006693421622966$$

2）计算法线长度 N，即卯酉圈曲率半径为

$$N=a/\sqrt{1-e^2\sin^2 B}=\frac{6378245\text{m}}{\sqrt{1-0.006693421622966\times\sin^2 29.52851883^\circ}}=6383436.474\text{m}$$

3）计算 A 点的空间直角坐标。

$$\begin{aligned} x&=[(6383436.474+294.315)\times\cos 29.52851883^\circ\times\cos 106.40895156^\circ]\text{m} \\ &=-1569112.533\text{m} \end{aligned}$$

$$\begin{aligned} y&=[(6383436.474+294.315)\times\cos 29.52851883^\circ\times\sin 106.40895156^\circ]\text{m} \\ &=5328313.405\text{m} \end{aligned}$$

$$\begin{aligned} z&=\{[6383436.474\times(1-0.006693421622966)+294.315]\times\sin 29.52851883^\circ\}\text{m} \\ &=3125206.291\text{m} \end{aligned}$$

5.3.2　天文坐标系

天文坐标系与大地坐标系一样，都是用来表示地面点位的球面坐标系。两者的区别是，大地坐标系是以椭球法线为准来计算大地经纬度的，而天文坐标系是以铅垂线为准来计算天文经纬度的。

地面一点的天文经纬度分别用 λ 和 φ 表示。一条边天文方位角用天文经纬度与大地经纬度之间存在如下关系

$$\begin{cases} B = \varphi - \xi \\ L = \lambda - \eta\sec\varphi \end{cases} \tag{5-18}$$

式中 ξ——垂线偏差在子午圈上的分量（°）；

η——垂线偏差在卯酉圈上的分量（°）。

如用 u 表示垂线偏差，则

$$u = \xi\cos A + \eta\sin A \tag{5-19}$$

式中 A——垂线倾斜方向的大地方位角（°）。

5.3.3 高程系统

1. 水准面的不平行性

水准测量实质上是根据水准面测定高差的，且假定不同高度的水准面互相平行。这个假定在较短距离内与实际相差微小，但对于较长的距离，这个假定并不正确。

从物理学得知，空间重力场中的任何物质都受到重力作用而使其具有位能。对于单位质量的质点，其位能大小与质点所处的高度及该处的重力加速度有关。我们把这种随位置和重力加速度而变化的位能称为重力势，以 W 表示，并有

$$W = gh \tag{5-20}$$

式中 g——重力加速度（m/s^2）；

h——单位质量的质点所处的高度（m）。

水准面是一个重力等位面，同一水准面上各点的重力势相等。将单位质量的质点从一个水准面移至另一个水准面所做的功，在数值上就是两水准面的重力势之差 ΔW。图 5-10 表示两个非常接近的水准面，它们在 A、B 两处的垂直距离为 Δh_A、Δh_B，重力加速度为 g_A、g_B，此时两个水准面的重力势之差为

$$\Delta W = g_A \cdot \Delta h_A = g_B \cdot \Delta h_B \tag{5-21}$$

A、B 作为地球上不同的两点，它们的重力加速度是不相等的。所以 Δh_A 与 Δh_B 也就必然不相等。这就是说，任意两个水准面都是不平行的，这个特性称为水准面的不平行性。

2. 重力加速度的变化

地面上不同点的重力加速度的变化可以分为两部分：一部分是随纬度不同的正常变化部分；另一部分是随地壳内部物质密度不同和地面起伏的异常变化部分。

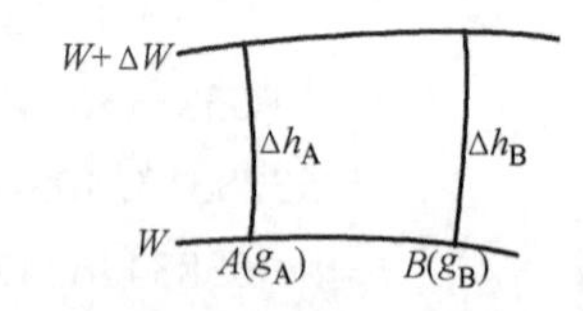

图 5-10 两个非常接近的水准面

3. 正常重力加速度的计算

与地球质量相等且质量分布均匀的椭球称为正常椭球。正常椭球对其表面与外部点所产生的重力加速度叫做正常重力加速度。相应的正常重力等位面称为“正常位水准面”，它的形状相当于一族向两极收敛的旋转椭球面，其不平行性是规则的，仅随纬度而变，即正常重力加速度只与点位纬度有关，它由确定参数的国际椭球产生。适用于 1980 西安大地坐标系的 1975 年国际地球物理和大地测量联合会推荐的地球正常重力公式为

$$\gamma_0 = 978.032(1 + 0.005302\sin^2\phi - 0.0000058\sin^2 2\phi)$$

式中，γ_0的单位为 mgal（毫伽），ϕ 为该点纬度。点的位置每升高 1m，重力加速度减小 0.3086mgal，所以当点位高出正常椭球面 H 时，正常重力加速度应为

$$\gamma = \gamma_0 - 0.3086H \tag{5-22}$$

地壳内部物质质量实际上是不均匀的，它也将引起重力加速度的变化，使得地面点实测重力加速度 g 与相应点正常重力加速度 γ 不相等，其差值为

$$\Delta g = g - \gamma$$

Δg 称为“重力异常”。与实测重力加速度相应的重力等势面，称为“重力位水准面”，其不平行性是复杂而不规则的，必须通过实测重力加速度才能反映出来。

4. 理论闭合差

由于上述原因所产生的水准面不平行性，将对水准测量成果产生影响。这对国家高等级的精密水准测量来说，是不能忽视的。

如图 5-11 所示，OEC 表示大地水准面，由 O 点开始沿 OAB 路线测得 B 点的高程是一系列高差之和为

$$H_{测}^{B} = \Delta h_1 + \Delta h_2 + \cdots = \sum_{OAB} \Delta h$$

同样，由 O 点开始沿路线 ONB 测得 B 点的高程又是另一系列高差之和。

$$H'^{B}_{测} = \Delta h'_1 + \Delta h'_2 + \cdots = \sum_{ONB} \Delta h'$$

由于水准面的不平行性，相应的高差 Δh_i 与 $\Delta h'_i$ 就不会相等。因此，对同一点 B 来说，沿不同的路线进行水准测量，所得的高程并不相等。

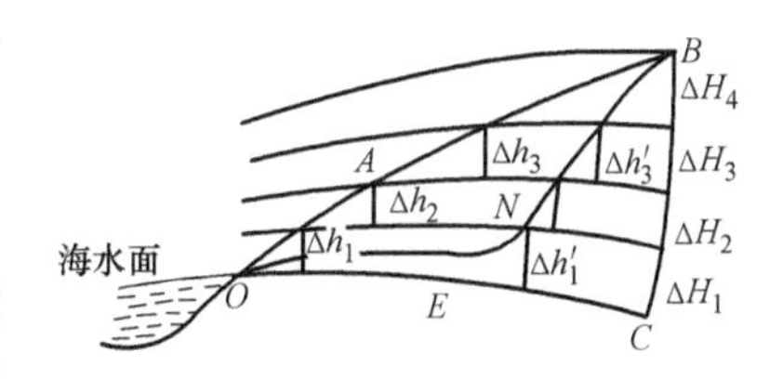

图 5-11

如果将图 5-11 中水准路线看成一个水准闭合环线 $OABNO$，即使水准测量没有误差，也还会出现闭合差。在闭合的环形路线中，由于水准面不平行所产生的闭合差称为理论闭合差。

为了解决理论闭合差所产生的矛盾，使一点高程具有固定数值，必须合理选择高程系统。

5. 正高系统

所谓正高系统，就是以大地水准面为高程基准面的高程系统。地面一点的正高，就是该点沿铅垂线至大地水准面的距离。如图 5-12 所示，B 点的正高为

$$H_{正}^{B} = \sum_{CB} \Delta H_i = \int_{CB} \mathrm{d}H \tag{5-23}$$

在铅垂线 BC 的不同点上，重力加速度有着不同的数值。如果相应于 $\mathrm{d}H$ 处的重力加速度为 g_B，由式（5-21）可以写出

$$g_B \cdot \mathrm{d}H = g \cdot \mathrm{d}h$$

或者

$$\mathrm{d}H = \frac{g}{g_B}\mathrm{d}h$$

其中 g 为水准路线上相应于 $\mathrm{d}h$ 处的重力加速度。将上式代入式（5-23）得

$$H_{正}^{B} = \int_{CB} \mathrm{d}H = \int_{OAB} \frac{g}{g_B}\mathrm{d}h$$

因为沿铅垂线 BC 方向上的重力加速度 g_B 在不同深度有不同数值，我们取其平均值为

g_{m}^{B}，则

$$H_{正}^{B}=\frac{1}{g_{m}^{B}}\int_{OAB} g\cdot dh \tag{5-24}$$

这就是求 B 点正高的基本公式。可以看出，式中 g_{m}^{B} 为一常数，$\int g\cdot dh$ 为过 B 点的水准面与大地水准面之间的重力势之差，其值不随路线而异。就是说，正高是一种唯一确定的数值，可以用来表示地面点的高程。但是，g_{m}^{B} 是地壳内部 BC 线上的重力加速度平均值，是无法由实测求得的；同时 g_{m}^{B} 与地壳质量分布及密度密切相关，也是无法将它精确计算出来的。这样，正高就不可能精确求得。

基于这些原因，促使人们寻求建立一种与正高系统非常接近，而实际中又能严格和精确求得的高程系统——正常高系统。

6. 正常高系统

（1）正常高　如前所述，正常椭球表面与外部点的正常重力加速度可以准确计算，它和地球相应点的重力加速度 g 不但数值接近，而且具有相同的性质。所以我们可以用正常重力加速度 γ_{m}^{B} 代替公式（5-24）中的 g_{m}^{B}，于是就得到 B 点的正常高。

$$H_{常}^{B}=\frac{1}{\gamma_{m}^{B}}\int_{OAB} g\cdot dh \tag{5-25}$$

上式中，g 可在水准路线上由重力测量测得，dh 由水准测量测得，γ_{m}^{B} 可由正常重力加速度公式算出，所以正常高可以精确求得；其数值也不随水准路线而异，是唯一确定的。因此，我国规定采用正常高系统作为计算高程的统一系统。

（2）似大地水准面

如图 5-12 所示，按地面各点的正常高沿铅垂线向下截取相应点，将许多这样的点联成的一个连续曲面就称为“似大地水准面”。可见，正常高系统是以似大地水准面为基准面的高程系统。尽管似大地水准面并不具备水准面的性质，正常高也缺乏物理意义，但是似大地水准面却极接近于大地水准面。它们之间相差甚微，对珠穆朗玛峰来说，仅有 1 米多，平原地区只有几厘米。所以正常高的数值与正高很接近，又能严格求得，故在实际工作中具有重要的意义。

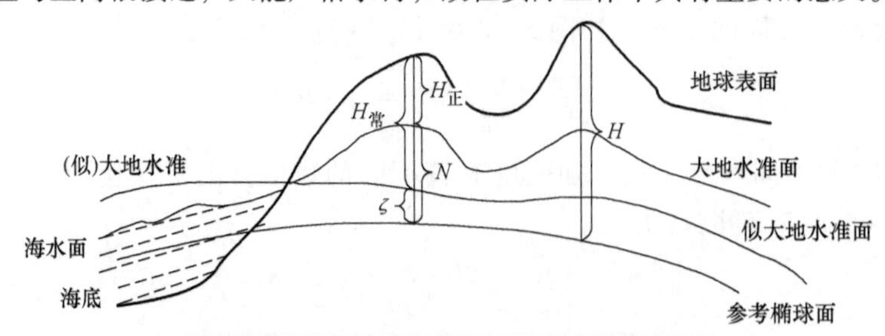

图 5-12　正高、正常高、大地高之间的关系

在平均海水面上，由于观测高差 $d_{h}=0$，故 $H_{常}=H_{正}=0$，此时似大地水准面与大地水面重合。这说明，大地水准面的高程原点对于似大地水准面也是适用的。

正高和正常高与大地高之间存在如下关系

$$H=H_{常}+\zeta \tag{5-26}$$

$$H=H_{正}+N \tag{5-27}$$

式中　ζ——高程异常（m）；

N——大地水准面差距（m）。

【例 5-3】　已知某点的正常高为 $H_{常}=270.16\text{m}$，该地的高程异常为 $\zeta=-4\text{m}$，大地水准面差距 $N=-3.8\text{m}$，求该点的大地高 H 和正高 $H_{正}$。

解：

$$H=(270.16-4)\text{m}=266.16\text{m}$$

$$H_{正}=H_{常}+\zeta-N=(270.16-4+3.8)\text{m}=269.96\text{m}$$

5.4　大地测量基准

5.4.1　大地测量基准与大地测量坐标系的关系

当涉及坐标系的问题时，有两个相关概念应当加以区分。一是大地测量坐标系，它是根据有关理论建立的，不存在测量误差。同一个点在不同坐标系中的坐标转换也不影响点位。二是大地测量基准，它是根据测量数据建立的坐标系，是坐标系的具体实现，是通过大地测量手段确定的固定在地面上的控制网所构成的。由于测量数据有误差，所以大地测量基准也有误差，因而同一点在不同基准之间转换将不可避免地要产生误差。大地测量坐标系也叫大地测量参考系，大地测量基准也叫大地测量参考框架。

通常，人们对两个概念都用坐标系来表达，不加严格区分。如 WGS—84 坐标系和北京 54 坐标系实际上都是大地测量基准。

大地测量基准分为坐标基准、高程基准和重力基准。我国目前使用的坐标参考框架由国家平面控制网构成，主要是三角网和导线网，含 154348 个点。我国高程参考框架由水准网构成，含 114041 个水准点。我国的重力基准由 21 个重力基准点和 126 个重力基本点构成。目前国家 GPS 高精度控制网中含 2609 个点，构成了我国的地心坐标参考框架。

5.4.2　大地测量基准的建立

大地测量基准主要有参心坐标系和地心坐标系两种。参心坐标系是以参考椭球中心为坐标原点建立的大地测量基准，主要用于三角测量和天文测量。地心坐标系则是以地球质量中心为坐标原点建立的大地测量基准，主要用于 GPS 测量。

1. 参心坐标系的建立

建立参心坐标系需进行如下四项工作。

1）选择或求定椭球的几何参数（长半径 a 和扁率 f）。

2）确定椭球中心位置（椭球定位）。

3）确定椭球短轴的指向（椭球定向）。

4）建立大地原点。

椭球几何参数一般可选择国际大地测量与地球物理联合会（IUGG）推荐的国际椭球参数。下面简单介绍其余三项工作。

1）建立大地原点。首先选择一个合适的点作为大地原点。要求该点地质构造稳定，位于国家中心，没有或少有自然灾害。

在大地原点进行精密天文测量，求得大地原点的天文经纬度 λ_K、φ_K 和原点至一相邻点的天文方位角 α_K，通过精密水准测量求得大地原点的正高 $H_{正K}$。以这些精密的观测数据为起算数据，便建立了天文坐标系。

接下来的问题是建立大地坐标系与天文坐标系之间的转换关系，求得大地原点的大地坐标。也就是确定大地原点的转换参数，包括三个平移参数 X_0、Y_0、Z_0 和三个旋转参数 ε_x、ε_y、ε_z。这就需要通过椭球定位和定向求得 ε_x、ε_y、ε_z 和大地原点的垂线偏差子午分量 ξ_K、卯酉分量 η_K 以及大地原点的大地水准面差距 N_K。考虑到定向时椭球旋转轴与地球自转轴平行，起始子午面与格林尼治子午面平行的平行条件，则 $\varepsilon_x=0$，$\varepsilon_y=0$，$\varepsilon_z=0$。然后按式

$$\begin{cases}L_K=\lambda_K-\eta_K\sec\varphi_K\\B_K=\varphi_K-\xi_K\\A_K=\alpha_K-\eta_K\tan\varphi_K\end{cases}\tag{5-28}$$

$$H_K=H_{正K}+N_K\tag{5-29}$$

求得大地原点的大地经纬度、大地方位角和大地高，作为大地坐标系的起算数据，这样便建立了大地坐标系。

2）参考椭球定位与定向。参考椭球定位与定向有两种方法：一是单点定位，二是多点定位。

我国参考椭球定位与定向在天文大地测量初期，由于缺少必要的数据来确定 ξ_K、η_K 和 N_K 值，只能简单地取

$$\begin{cases}\eta_K=0,\xi_K=0\\N_K=0\end{cases}\tag{5-30}$$

此式说明，在大地原点上，椭球的法线方向和铅垂线方向一致，椭球面和大地水准面相切。这时，由式（5-28）和式（5-29）可得

$$\begin{cases}L_K=\lambda_K,B_K=\varphi_K,A_K=\alpha_K\\H_K=H_{正K}\end{cases}\tag{5-31}$$

当一个国家的天文大地测量工作进行到一定时候或基本完成之时，可利用多点的天文观测数据列出方程式，根据使椭球面与大地水准面最佳拟合条件 $\sum N^2=\min$，采用最小二乘法求得天文坐标系与大地坐标系的转换参数 X_0、Y_0、Z_0、ε_x、ε_y、ε_z，以及 ξ_K、η_K 和 N_K。求得大地原点的大地坐标后，便可根据三角测量数据计算其他各点的大地坐标。

2. 地心坐标系的建立

与参心坐标系相比较，地心坐标系有两点不同，一是椭球中心即空间直角坐标系原点在地球质量中心，而参心坐标系的空间直角坐标系原点在参考椭球中心；二是椭球面在全球范围内与大地水准面最佳拟合，而参心坐标系的椭球面与大地水准面只是在一个国家范围内最佳拟合。

建立地心坐标系的方法有两种，一是直接法，即利用一定的观测资料（天文观测资料、重力观测资料、卫星观测资料）直接求得地心坐标；二是间接法，即利用一定资料求得地心坐标系与参心坐标系的转换参数，将原参心坐标系转换为地心坐标系。

5.4.3 现代大地测量基准

与经典大地测量基准不同，现代大地测量基准是由卫星大地测量建立起来的，是全新的

大地测量基准，主要体现在以下几个方面。

1. 现代椭球参数

经典椭球参数包括长半径和扁率，而现代椭球参数包括长半径、地球引力常数、正常化二阶带球谐系数和地球自转角速度。

2. 现代控制点数据

经典大地测量基准中的控制点分为平面控制点和高程控制点，分别提供平面坐标和高程数据。而现代大地测量中的控制点是用卫星大地测量求得的，提供三维坐标。

由于经典大地测量基准是通过天文测量和三角测量建立的，精度较低，因而不能精确反映点位移动。而卫星大地测量的精度远比天文测量和三角测量的精度高，可精确反映点位移动。如我国大陆大部分地区的地面点每年移动约 7cm，这就要求在提供控制点坐标时不仅要给出三维坐标，而且还应提供坐标时间和三维速度。这样就可计算任一时刻的点位精确坐标。

3. 具有较完善的重力基准

随着科学技术的进步，重力测量仪器的精度不断提高，重力点精度达到了 5 ~ 13μgal。重力测量的手段不断发展，由原来的单一地面重力测量发展为地面、航空、卫星等多种重力测量方法。使地球重力场测量数据不断完善，从而建立了可靠的地球重力场模型。根据重力场模型，可求得地球内部和外部任一点的重力值。

4. 全球化

由于卫星大地测量不需要地面相邻点通视，因而可在全球范围内布网。国际大地测量协会于 1992 年建立国际 GPS 服务局，负责在全球范围内布设 GPS 网。该网由近 200 个 GPS 跟踪站组成，自 1992 年 6 月 21 日至 9 月 22 日第一期观测以来，一直连续工作着。

5.4.4　常用大地测量基准及参数

1. 北京 54 坐标系

新中国成立后，我国大地测量进入了全面发展时期，在全国范围内开展了正规的、全面的大地测量和测图工作，迫切需要参心大地坐标系。鉴于当时的历史条件，暂时采用了克拉索夫斯基椭球参数，并与前苏联 1942 年坐标系进行联测，通过计算建立了我国大地坐标系，定名为1954 年北京坐标系，简称北京 54 坐标系。其中高程异常是以前苏联 1955 年大地水准面差距重新平差结果为依据，按我国的天文水准路线换算过来的。因此，1954 年北京坐标系可认为是前苏联 1942 年坐标系的延伸。其大地原点不在北京，而在前苏联的普尔科沃。椭球参数为

$$a = 6378245\text{m}$$

$$f = 1/298.3$$

据此求得的其他参数为

$$b = 6356863.0187730473\text{m}$$

$$e^2 = 0.006693421622966$$

$$e'^2 = 0.006738525414683$$

1954 年北京坐标系为我国的经济建设、国防建设和科学研究作出了巨大贡献，但由于历史条件的限制，它存在着以下缺点。

1）椭球参数有较大误差。克拉索夫斯基椭球参数与现代椭球参数相比，长半径约大 107m。

2）参考椭球面与我国大地水准面存在着自西向东明显的系统性倾斜，在东部地区大地水准面差距最大达 +68m。这使得大比例尺地图反映地面的精度受到影响，同时也对观测数据归化改正计算提出了严格要求。

3）几何大地测量和物理大地测量应用的参考面不统一。我国在处理重力数据时采用赫尔默扁球，它与克拉索夫斯基椭球不一致，这给实际工作带来了麻烦。

4）定向不明确。椭球短轴指向既不是国际上普遍采用的国际协议原点 CIO，也不是我国的地极原点 $JYD_{1968.0}$，起始子午面也不是国际时间局 BIH 定义的格林尼治平均天文子午面，从而给坐标换算带来不便和误差。

5）按局部平差逐步提供大地点成果，使各局部的结合部出现矛盾。

2. 西安 80 坐标系

1978 年 4 月在西安召开的全国大地网整体平差会议，决定建立我国新的大地坐标系并在此坐标系中对国家大地网进行整体平差。此坐标系称为1980 年国家大地坐标系，简称西安 80 坐标系。西安 80 坐标系的特点是：

1）采用 1975 年国际大地测量与地球物理联合会（IUGG）第 16 届大会推荐的椭球参数。

长半径：$a = 6378140\text{m}$

地球引力常数：$GM = 3.986005 \times 10^{14}\text{m}^3/\text{s}^2$

地球重力场二阶带球谐系数：$J_2 = 1.08263 \times 10^{-3}$

地球自转角速度：$\omega = 7.292115 \times 10^{-5}\text{rad/s}$

由此计算的相关参数为

$$f = 1/298.257$$

$$b = 6356755.2881575287\text{m}$$

$$e^2 = 0.006694384999588$$

$$e'^2 = 0.006739501819473$$

2）椭球面同似大地水准面在我国境内最为密合，是多点定位。

3）椭球短轴平行于由地球质心指向地极原点 $JYD_{1968.0}$，起始大地子午面平行于我国起始天文子午面。

4）对全国天文大地网进行了整体平差。

3. WGS—84 坐标系

WGS—84 坐标系是美国国防部建立的世界大地坐标系，原点位于地球质量中心，Z 轴指向 $BIH_{1984.0}$定义的协议地球极 CTP 方向，X 轴指向 $BIH_{1984.0}$零度子午面对应的赤道的交点，Y 轴与 Z、X 轴构成右手坐标系。椭球参数为

长半径：$a = 6378137\text{m}$

地球引力常数：$GM = 3986005 \times 10^{8}\text{m}^3/\text{s}^2$

正常化二阶带球谐系数：$\overline{C}_{2.0} = -484.11685 \times 10^{-6}$

地球自转角速度：$\omega = 7.292115 \times 10^{-5}\text{rad/s}$

由此计算的相关参数为

$$f=1/298.257223563$$
$$b=6356752.3142\text{m}$$
$$e^2=0.0066943799013$$
$$e'^2=0.00673949674227$$

该坐标系于1987年1月开始作为GPS卫星广播星历的坐标参照基准。1994年6月改进为WGS—84（G730），1996年再一次改进为WGS—84（G873）。目前GPS广播星历采用的就是WGS—84（G873）。

4. 地方坐标系

在工程建设时，是先测绘工程建设区域的大比例尺地形图，在地形图上设计出拟建设的工程项目的位置和形状，再由测量人员将设计的工程在实地上标出，作为施工的依据。地形图上的长度是地面长度先归化到参考椭球面上，再经过高斯投影化算到高斯平面上的长度。而施工放样时测设的是地面长度。当地面高程较大，测区离中央子午线较远时，高程归化改正和高斯投影变形均较大，使施工测量时所标定的地面长度与设计图上的长度有较大差别，同样也使测图时所测长度与地形图上所绘长度差别较大，给测图和施工测量带来不便。为了便于地形图测绘和施工测量，使地面长度与图上长度一致或接近，有必要根据测区的高程和测区到中央子午线的距离，建立适合于测区的独立的地方坐标系。常见的地方坐标系有城市坐标系和工程坐标系。其建立方法将在单元7中介绍。

5. ITRF国际参考框架

国际地球参考框架ITRF（International Terrestrial Reference Frame）是由国际地球自转服务局（IERS international earth rotation service）根据一定要求，建立分布全球的地面观测站，采用甚长基线干涉测量、卫星激光测距、全球定位系统、激光测月和卫星多普勒定轨定位等空间大地测量技术的观测数据，由IERS中央局对其进行综合分析处理，得到框架点（地面观测站）的坐标和速度及相应的地球定位定向参数（EOP）。自1988年起，IERS已经发布了ITRF88、ITRF89、ITRF90、ITRF91、ITRF92、ITRF93、ITRF94、ITRF96、ITRF97和ITRF2000等全球坐标参考框架。各个框架之间可以通过下式进行转换

$$\begin{bmatrix} X \\ Y \\ Z \end{bmatrix}_{\text{ITRFYY}} = \begin{bmatrix} T_1 \\ T_2 \\ T_3 \end{bmatrix} + (1+D)\begin{bmatrix} 1 & -R_3 & R_2 \\ R_3 & 1 & -R_1 \\ -R_2 & R_1 & 1 \end{bmatrix}\begin{bmatrix} X \\ Y \\ Z \end{bmatrix}_{\text{ITRFXX}} \tag{5-32}$$

6. 高程基准

（1）高程基准面　为了建立全国统一的高程系统，必须确定一个高程基准面。高程基准面就是全国统一的地面点高程起算面，通常以大地水准面作为高程基准面。大地水准面是通过平均海水面的水准面。因实际海水面受日月引力引起的潮汐、风力、大气压等因素的影响而不断地升降。因而，必须建立验潮站来测量实际海水面的瞬时位置，然后取平均值得到平均海水面的位置。

验潮站的位置应符合下列要求：

1）应位于海岸线中部。由沿海各验潮站的实测数据可知，沿海岸各地的平均海水面并不一致，在百公里的距离内，平均海面有几厘米的变化。我国海岸线呈南高北低的倾斜趋势。所以，将验潮站设在海岸线中部，对沿海海面具有代表性。

2）避开江河入海口。

3）外海海面开阔，无密集岛屿和浅滩，海底平坦，水深10m。

4）历史上无强烈地震，无明显升降运动。

5）地质结构坚硬，点位稳固。

根据这些要求，我国将验潮站选在青岛。

（2）水准原点　为了能将测得的平均海水面位置长期、牢固地标志出来，并便于高程基准面与国家高程控制网连接，需建立坚固、精度可靠、能长期保存的国家水准原点。为了能够检验水准原点是否移动，水准原点应由多个点位组成。我国的水准原点设在青岛观象山，由六个点组成。其中一个是原点，两个为附点，另有三个参考点。

（3）1956年黄海高程系　1957年，我国决定以青岛验潮站1950年～1956年这7年的观测数据计算的平均海水面作为我国的高程基准面。据此测得水准原点高程为72.289m，定名为1956年黄海高程系。

（4）1985年国家高程基准　1956年黄海高程系由于历史原因，存在下列不足。

1）观测时间短，不能消除月球引力的周期性变化影响（周期为18.6年）。

2）1950年和1951年两年观测数据有明显系统差。

3）对沿海各验潮站未进行联测，不能反映我国沿海海面南高北低的具体数值。

基于上述原因，我国采用1952～1979年这19年的观测数据重新计算黄海平均海水面，据此求得水准原点高程为72.260m。于1987年经国务院批准，1988年1月正式启用。

1985年国家高程基准与1956年黄海高程系之间的转换关系为

$$H_{85} = H_{56} - 0.029 \tag{5-33}$$

5.4.5　大地测量基准的转换

GPS测量采用WGS—84坐标系，而在工程测量中所采用的是北京54坐标系或西安80坐标系或地方坐标系。因此需要将WGS—84坐标系转换为工程测量中所采用的坐标系。

1. 空间直角坐标系统的转换

如图5-13所示，WGS—84坐标系的坐标原点为地球质量中心，而北京54和西安80坐标系的坐标原点是参考椭球中心。所以在两个坐标系之间进行转换时，应进行坐标系的平移，平移量可分解为Δx_0、Δy_0和Δz_0。又因为WGS—84坐标系的三个坐标轴方向也与北京54或西安80的坐标轴方向不同，所以还需将北京54或西安80坐标系分别绕x轴、y轴和z轴旋转ω_x、ω_y、ω_z。此外，两坐标系的尺度也不相同，还需进行尺度转换。两坐标系间转换的公式如下

$$\begin{bmatrix} x \\ y \\ z \end{bmatrix}_{84} = \begin{bmatrix} \Delta x_0 \\ \Delta y_0 \\ \Delta z_0 \end{bmatrix} + [1+m]\begin{bmatrix} 1 & \omega_z & -\omega_y \\ -\omega_z & 1 & \omega_x \\ \omega_y & -\omega_x & 1 \end{bmatrix}\begin{bmatrix} x \\ y \\ z \end{bmatrix}_{54/80} \tag{5-34}$$

式中　m——尺度比因子。

要在两个空间直角坐标系之间转换，需要知道三个平移参数（Δx_0，Δy_0，Δz_0）、三个旋转参数（ω_x，ω_y，ω_z）以及尺度比因子m。为求得七个转换参数，在两个坐标系中至少应有三个公共点，即已知三个点在WGS—84中的坐标和在北京54或西安80坐标系中的坐标。在求解转换参数

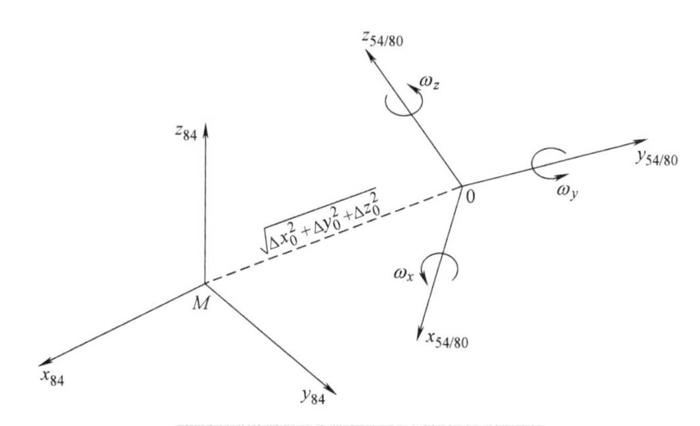

图 5-13 空间直角坐标系统的转换

时，公共点坐标的误差对所求参数影响很大，因此所选公共点应满足下列条件。

1）点的数目要足够多，以便检核。

2）坐标精度要足够高。

3）分布要均匀。

4）覆盖面要大，以免因公共点坐标误差引起较大的尺度比因子误差和旋转角度误差。

在 WGS—84 坐标系与北京 54 或西安 80 坐标系的大地坐标系之间进行转换，除上述七参数外，还应给出两坐标系的两个椭球参数，一个是长半径 a，另一个是扁率 α。以便由此求得法线长度 N 和椭球第一偏心率的平方 e^2，再代入式（5-16）和式（5-17）进行大地坐标系的转换计算。具体步骤是：首先将北京 54 或西安 80 的大地坐标按式（5-16）换算为空间直角坐标，计算时应注意不要用错了椭球参数；其次是将北京 54 或西安 80 的空间直角坐标按式（5-34）换算为 WGS—84 空间直角坐标；最后根据 84 椭球参数按式（5-17）将 WGS—84 的空间直角坐标换算为 WGS—84 的大地坐标。

目前，基准转换计算大多是用 GPS 数据处理软件进行的。由于用 GPS 进行测量时，我们测得的点的坐标多是以大地坐标系表示，所以在此利用南方中海达软件介绍 WGS—84 大地坐标系至国家西安 80 坐标系的七参数转换方法。

【例 5-4】 已知 3 个 WGS—84 大地坐标系和国家西安 80 坐标系 G01、G02、G03 坐标见表 5-2，试求出两个坐标系间的七参数，并把 WGS—84 大地坐标系中的 G04 点转换至国家西安 80 坐标系。

表 5-2 【例 5-4】已知数据

点名	WGS—84 大地坐标系			国家西安 80 坐标系		
	经度 B (°:′:″)	纬度 L (°:′:″)	大地高 H/m	X /m	Y /m	H /m
G01	34:42:56.19185	116:55:18.08436	30.633	3843048.109	492709.220	37.232
G02	34:42:52.52496	116:55:19.45190	32.481	3842935.086	492743.930	39.079
G03	34:42:01.29889	116:55:47.25695	31.984	3841356.020	493450.342	38.554
G04	34:41:54.78810	116:55:50.24749	32.046	—	—	—

1）打开南方中海达坐标转换软件 COORD GM，如图 5-14 所示。

2）单击“设置”菜单，选择“地图投影”，选择投影方式，设置投影参数，如图 5-15 和图 5-16 所示。

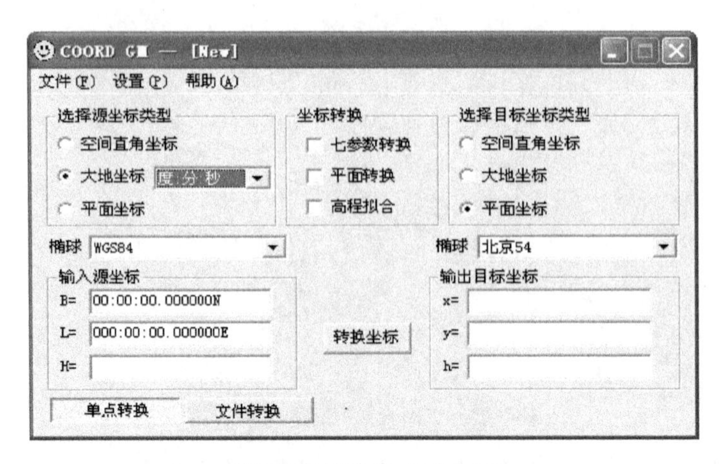

图 5-14 打开 COORD GM

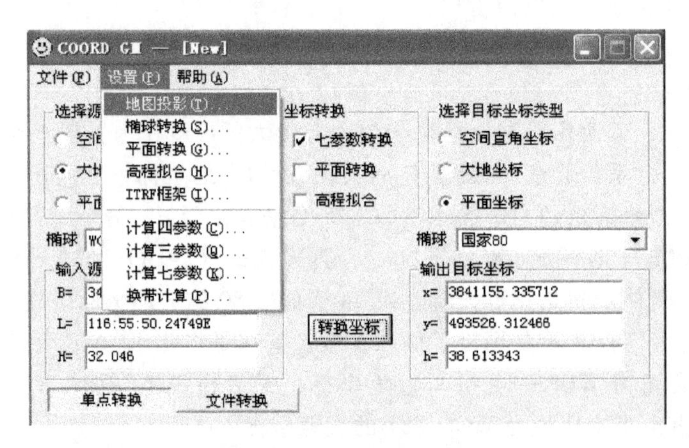

图 5-15 打开“设置”菜单

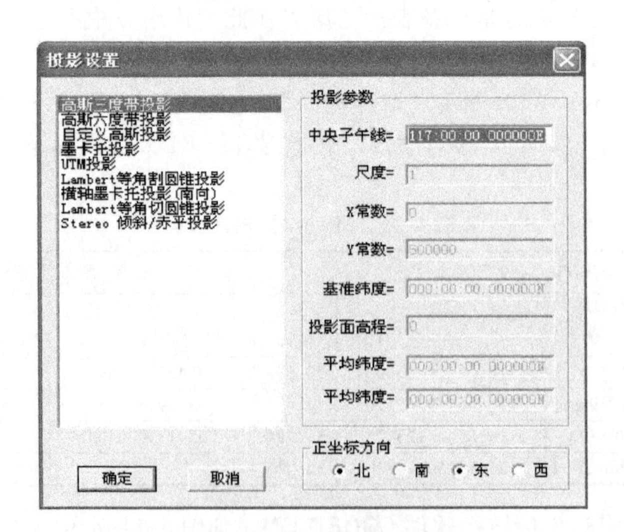

图 5-16 进行投影设置

3）单击菜单“设置”，选择“计算七参数”，如图 5-17 所示。

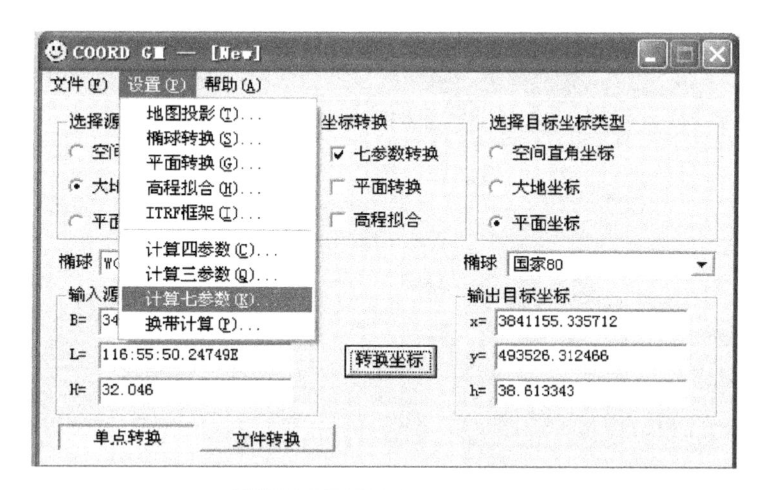

图 5-17　选择“计算七参数”

4）选择相应的“输入源坐标”“输入目标坐标”“椭球”，输入公共点 G01、G02、G03 的坐标，至少 3 个校正点，在工程中为了提高转换精度，常用多于 3 个点求转换参数，如图 5-18 所示。

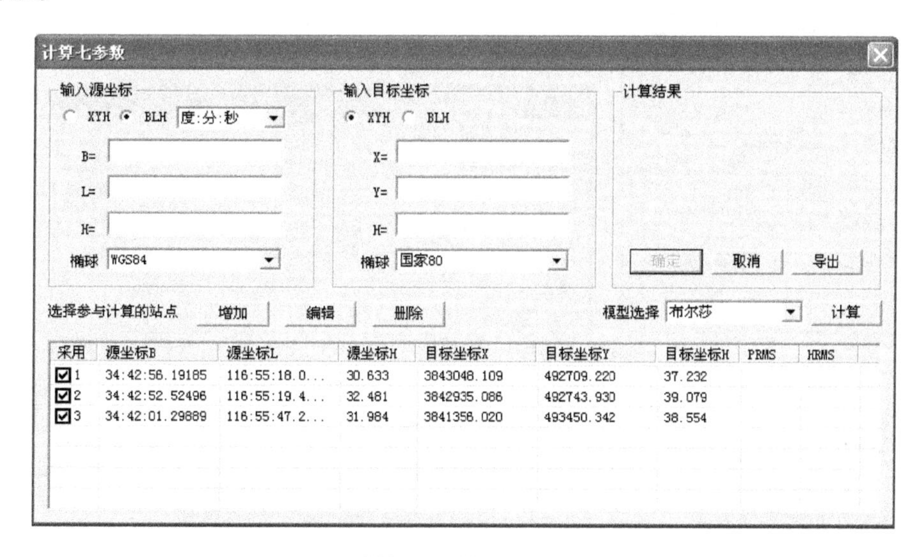

图 5-18　输入公共点

5）模型选择“布尔莎”，单击“计算”，求出七参数值，如图 5-19 所示。

6）单击“确定”，保存七参数。

7）选择“七参数转换”（图 5-20），选择正确的源坐标类型、目标坐标类型及相应椭球，输入 G04 源坐标，单击“转换坐标”，求得国家西安 80 坐标系坐标 $X=3841155.336$，$Y=493526.313$，$Z=38.613$，如图 5-21 所示。

在 WGS—84 坐标系与地方坐标系之间进行转换的方法与北京 54 或西安 80 坐标系类似，但有如下三点不同。

1）地方坐标系的参考椭球长半径是在北京 54 或西安 80 坐标系的椭球长半径上加上测区平均高程面的高程 h_0。

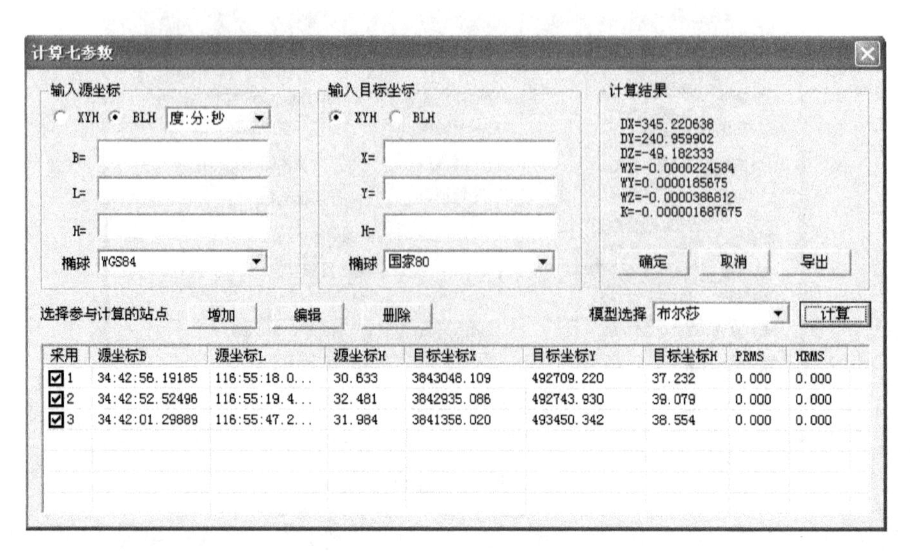

图 5-19　计算七参数

图 5-20　七参数转换

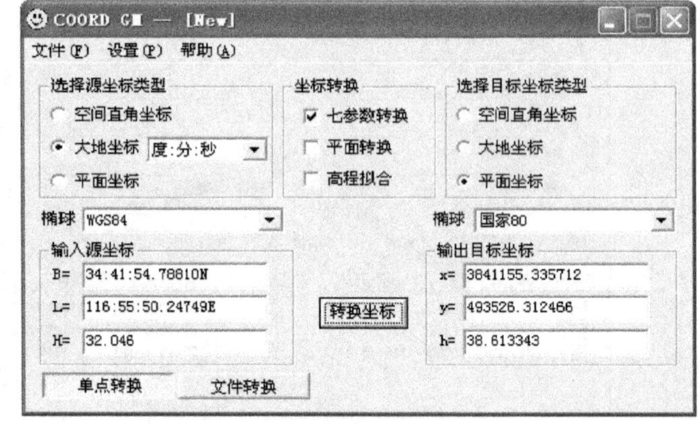

图 5-21　转换坐标

2）中央子午线通过测区中央。

3）平面直角坐标 x、y 的加常数不是 0 和 500，而另有加常数。

2. 平面直角坐标系的转换

如图 5-22 所示，在两平面直角坐标系之间进行转换，需要有四个转换参数，其中两个平移参数（Δx_0，Δy_0），一个旋转参数 α 和一个尺度比因子 m。转换公式如下

$$\begin{bmatrix} x \\ y \end{bmatrix}_{84} = [1+m]\left[\begin{bmatrix} \Delta x_0 \\ \Delta y_0 \end{bmatrix} + \begin{bmatrix} \cos\alpha & \sin\alpha \\ -\sin\alpha & \cos\alpha \end{bmatrix}\begin{bmatrix} x \\ y \end{bmatrix}_{54/80}\right] \tag{5-35}$$

为求得四个转换参数，应至少有两个公共点。

【例 5-5】 已知 WGS—84 坐标系和国家西安 80 坐标系的两个公共点 G01、G02，试求出两坐标系间四参数，并求出 G03 的西安 80 坐标，具体数据见表 5-3。

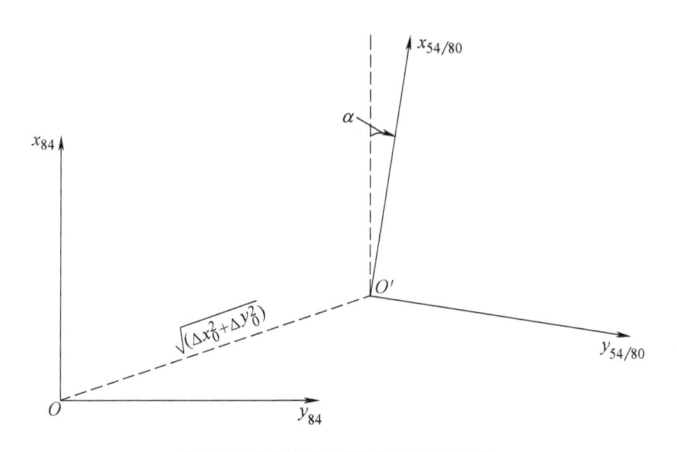

图 5-22　平面直角坐标的转换

表 5-3　【例 5-5】已知数据

点名	WGS—84 坐标系		国家西安 80 坐标系	
	X/m	Y/m	X/m	Y/m
G01	3843045.915	492826.586	3843048.109	492709.220
G02	3841353.821	493567.710	3841356.020	493450.342
G03	3846795.663	491358.176		

1）打开南方中海达坐标转换软件 COORD GM。

2）打开菜单设置，选择“计算四参数”，如图 5-23 所示。

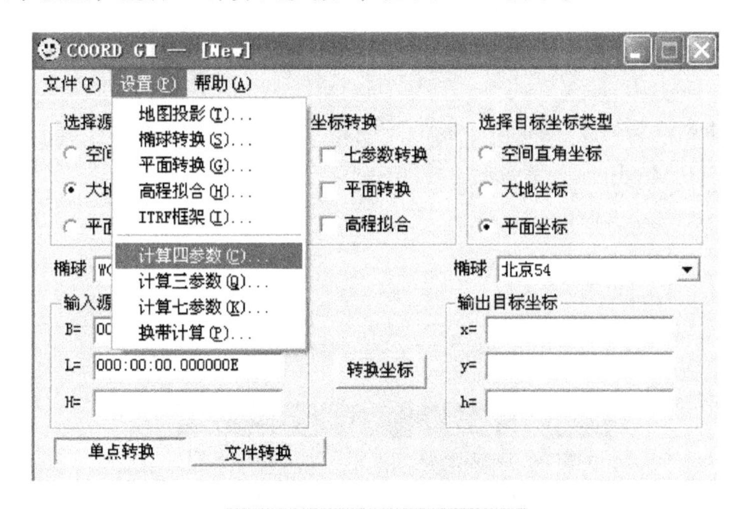

图 5-23　选择“计算四参数”

3）添加公共点 G01、G02，源坐标中输入 WGS—84 坐标，目标坐标中输入国家西安 80 坐标，公共点至少 2 个，如图 5-24 所示。

4）单击“计算”，求得四参数，如图 5-25 所示。

5）单击“确定”，保存四参数。

6）选择“平面转换”（图 5-26），选择正确的源坐标类型、目标坐标类型及相应椭球，源坐标中输入 G03 点 WGS—84 坐标，单击“转换坐标”，求得 G03 西安 80 坐标，$X=3846797.846$，$Y=491240.814$，如图 5-27 所示。

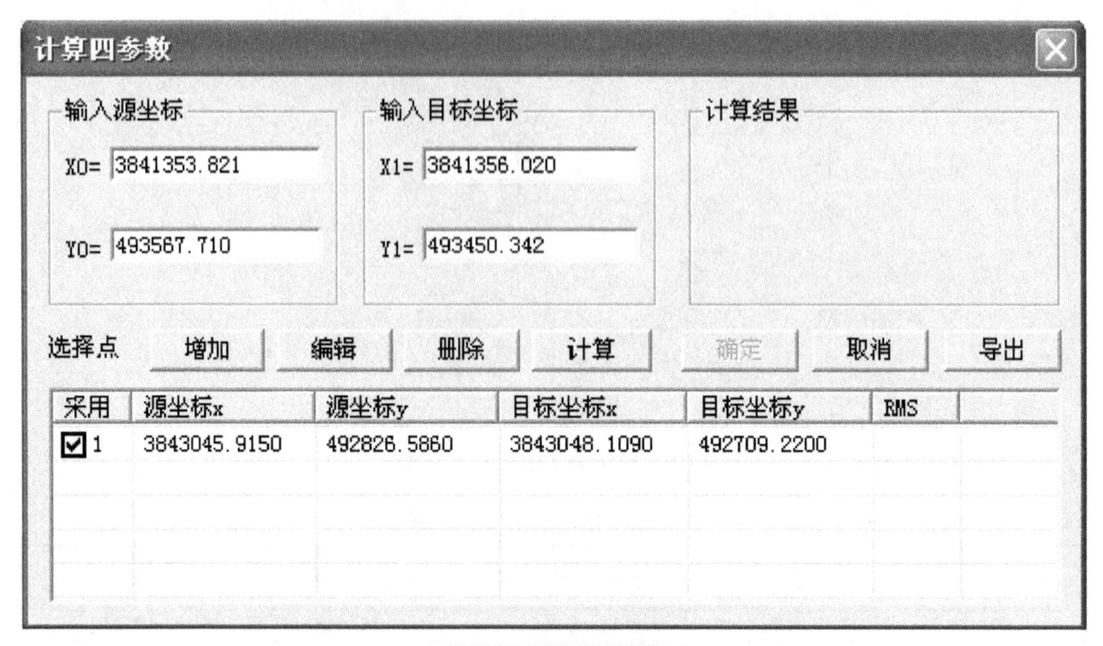

图 5-24 计算四参数

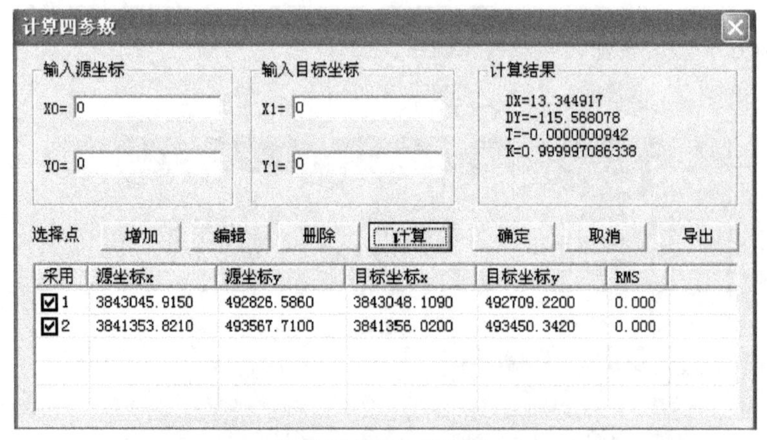

图 5-25 求出四参数

图 5-26 平面转换

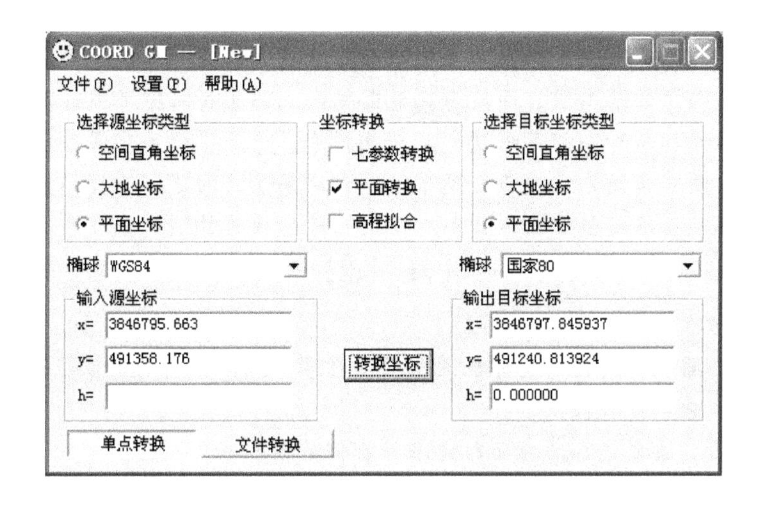

图 5-27　求出 G03 西安 80 坐标

3. 高程基准的转换

GPS 所测得的地面高程是以 WGS—84 椭球面为高程起算面的，而我国的 1956 年黄海高程系和 1985 年国家高程基准是以似大地水准面作为高程起算面的，所以必须进行高程基准的转换。使用较多的高程基准转换方法是高程拟合法、区域似大地水准面精化法和地球模型法。因目前还没有适合于全球的大地水准面模型，所以此处只介绍前两种方法。

（1）高程拟合法　虽然似大地水准面与椭球面之间的距离变化极不规则，但在小区域内，用斜面或二次曲面来确定似大地水准面与椭球面之间的距离还是可行的。

1）斜面拟合法。由式（5-26）知，大地高与正常高之差就是高程异常 ζ，在小区域内可将 ζ 看成平面位置 x、y 的一次函数，即

$$\zeta = ax + by + c \tag{5-36}$$

或

$$H - H_{常} = ax + by + c \tag{5-37}$$

如果已知至少三个点的正常高 $H_{常}$ 并测出其大地高 H，则可解出式（5-37）中的系数 a、b、c，然后便可根据任一点的大地高按式（5-37）求得相应的正常高。

$$H_{常} = H - ax - by - c \tag{5-38}$$

2）二次曲面拟合法。二次曲面拟合法的方程式为

$$H - H_{常} = ax^2 + by^2 + cxy + dx + ey + f \tag{5-39}$$

如已知至少六个点的正常高并测得大地高，便可解出 a，b，…，f 等六个参数，然后根据任一点的大地高便可求得相应的正常高。

（2）区域似大地水准面精化法　区域似大地水准面精化法就是在一定区域内采用精密水准测量、重力测量及 GPS 测量，先建立区域内精确的似大地水准面模型，然后便可根据此模型快速准确地进行高程系统的转换。精确求定区域似大地水准面是大地测量学的一项重要科学目标，也是一项极具实用价值的工程任务。我国高精度省级似大地水准面精化工作正在部分省市展开，如青岛、深圳、江苏等省市已建成 cm 级的区域似大地水准面模型。在具有如此高精度的似大地水准面模型的地方，用 GPS 测高程可代替三等水准。

【单元小结】

本单元首先介绍测量大地坐标系和大地测量基准建立的基础知识：大地水准面的概念和特性，参考椭圆体面上的基本线、面概念及椭圆体面上的几种曲率半径计算方法。然后重点介绍大地测量平面坐标系和高程系统建立及转换方法：平面坐标系空间直接坐标系、大地坐标系定义及转换方法，正高系统、正常高系统、大地高系统的建立及换算方法。最后介绍大地测量基准的建立及基准转换方法，并用中海达坐标转换软件演示基准间的转换方法。

【复习题】

1. 何谓大地水准面？它有哪些特性？

2. 何谓旋转椭圆体面？何谓参考椭圆体面？对参考椭圆体面的定位应满足哪些要求？

3. 何谓法线？它有何特性？

4. 何谓法截面、法截线？法截面与视准面有何关系？

5. 何谓大地线？它有何特性？

6. 克拉索夫斯基椭球面上 A、B、C、D 四点的大地纬度分别为 20°00′、20°01′、50°00′、50°01′，试计算相应的平均曲率半径（精确到 m，为保证计算精度，计算过程中各量均应取至 7 位有效数字）。

7. 上题中 A 点至 A_1、A_2、A_3 各方向的大地方位角分别为 30°00′、60°00′和 60°01′，分别计算其法截弧曲率半径。

8. 空间直角坐标系和大地坐标系是怎样定仪的？什么叫协议地球坐标系？

9. 已知地面点 A 在北京 54 坐标系中的大地经度、大地纬度和大地高分别为 106°21′16.3456″、29°30′28.3364″、308.226m，试计算该点的空间直角坐标。

10. 在上题中，如果已知的大地经纬度和大地高是西安 80 坐标系中的坐标，试计算 A 点在西安 80 坐标系中的空间直角坐标。

11. 何谓正高、正常高？何谓似大地水准面？何谓理论闭合差？

12. 大地测量基准与大地测量坐标系有何不同？

13. 将北京 54 大地坐标系转换为 WGS—84 大地坐标系的计算步骤有哪些？

单元 6

地球投影

单元概述

主要介绍高斯投影的概念及投影方法，高斯投影坐标的正算、反算，高斯投影换带的计算及横轴墨卡托投影的概念与高斯投影变形比较等。

学习目标

1. 了解投影的意义和作用、高斯投影的几何概念、投影变形概念。
2. 掌握高斯投影分带的方法及最大变形量的计算。
3. 掌握高斯投影坐标正、反算原理及软件计算步骤。
4. 掌握投影换带的计算方法。
5. 了解横轴墨卡托投影的概念、通用横轴墨卡托投影的概念，了解其变形情况。

6.1 高斯投影的概念

6.1.1 投影的意义和作用

椭球体面是个规则的数学表面，是测量计算的基准面，在这个面上可以计算各点的球面坐标。然而，我们使用的地形图是平面的，因此，作为测图控制的三角点和导线点的坐标也必须是平面坐标。否则，一个是平面系统，一个是球面系统，两者互不相干，自然起不到控制作用，所以需要投影。尽管椭圆体面是一个规则的数学表面，但是在它上面进行计算是比较麻烦的。如果能够把椭圆体面上的元素（点、方向、距离等）化算到平面上来，在平面上进行计算，问题就简单多了。由此可见，生产实践需要平面坐标来控制测图。

另外，采用平面坐标系统便于图形解算。椭球体面上的三角形是球面三角形，计算其边角关系十分复杂。而将其投影到平面上，就可以用平面三角的公式解算，这就简单多了。

最后，采用平面坐标系统还便于平差计算。如果在椭球体面上，要列出条件方程式是非常困难的，而将三角网投影到平面上，就可用平面图形的几何条件方便地列出条件方程式。

由上述可见，研究投影问题就很有必要了。

所谓投影，简单来说就是将椭圆体面上的各元素按照一定的规律化算成平面上的对应元

素。这里所说的规律，用数学方程式表示为

$$\begin{cases} x = f_1(L,B) \\ y = f_2(L,B) \end{cases} \tag{6-1}$$

式中　L、B——椭圆体面上点的大地坐标；

　　x、y——该点的平面直角坐标。

这里所说的平面通常也叫投影平面。这个方程的具体形式将在后面给出。两个面上方向、距离的函数关系也将在后面给出。

6.1.2　高斯投影的几何概念

如图 6-1 所示，设想将平面卷成一个扁圆筒，再把它横套在椭圆体的外面，使扁圆筒恰好与椭圆体的某一条子午线相切，这条子午线称为中央子午线或轴子午线。然后将轴子午线附近椭圆体面上的点沿着法线方向投射到圆筒上（实际是按一定的计算公式算出它们在圆筒上的对应点位），把圆筒展平便得到各点的平面位置。由点的投影不难扩展到线和图形的投影。这种投影方式就是高斯-克吕格投影，在英美国家通常称为横轴墨卡托投影（Transverse Mercator，简称 TM）。

从图 6-2 可以看到，中央子午线投影到扁圆筒上以后，展平了是一条直线，而且与椭圆体面上的子午线等长，赤道投影后是一条与轴子午线的投影正交的直线。这两条投影线正好适合作为平面上的坐标轴，于是形成了平面上的直角坐标系。x 轴是中央子午线的投影，y 轴是赤道的投影，两投影线的交点就是坐标原点，这就是通常所说的高斯投影平面直角坐标系。这样一来，就构成了椭圆体面上点的纬度和相对于中央子午线的经差与投影平面上点的纵横坐标之间的一一对应关系。

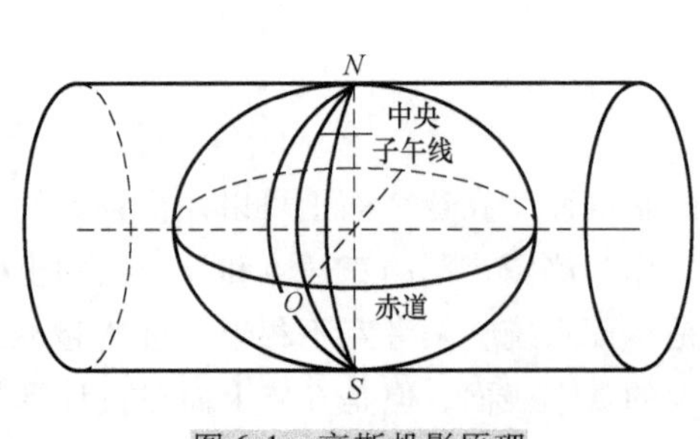

图 6-1　高斯投影原理

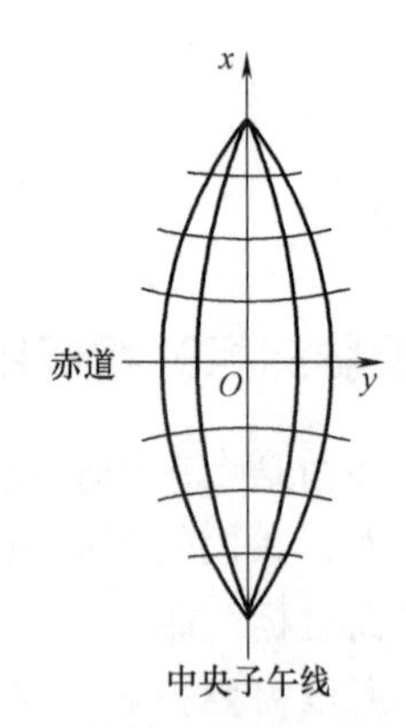

图 6-2　高斯投影

6.1.3　投影变形的概念

椭圆体面是一个不能展平的曲面。因此，将这个曲面上的元素投影到平面上去，就必然要产生所谓的变形（距离、角度、面积等的变化统称为变形）。实践证明，对于各种变形，人们是能够控制的，可以使某种变形等于零，也可以使各种变形都减小到某一适当程度。

测量学对投影变形提出的要求是：角度投影以后不产生变形，这种投影称为等角投影，也称为正形投影。因为，在地面上的测量工作中，大量的工作是测角，角度投影后不产生变形，整个投影变形的计算工作就会大大减少。另一方面，从地形测量来看，也要求投影后角度不变，因为它可能使球面图形与平面图形相似，即是地形图保持与实地相似。如图6-3所示，$\triangle ABC$ 为椭圆体面上的三角形，$\triangle A'B'C'$ 为投影后平面上（地形图上）的三角形，因为投影后角度保持不变，所以，$\triangle ABC \backsim \triangle A'B'C'$。只有保持相似，测图时才可以直接从地面按比例缩绘，用图时才可以直接从图面按比例量取，否则就要进行许多计算工作。

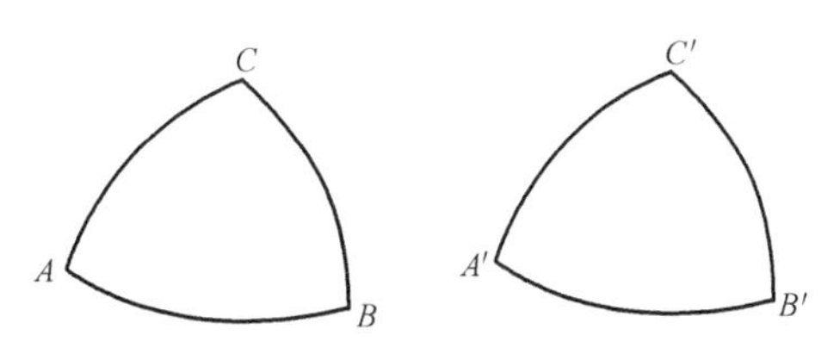

图 6-3　高斯投影变形

高斯投影的角度变形为零而长度变形却很大，而且距离中央子午线越远长度变形越大。这对于测图、用图和计算都是不利的，必须设法加以限制。

6.1.4　高斯投影的分带

分带是限制长度变形的一种方法，即把投影元素限制在中央子午线两旁狭窄的区域之内。例如，我国目前采用的6°带和3°带就是把椭圆体面沿子午线划分成若干个经差为6°或3°的长条，每个长条称为一个投影带。各带有自己的坐标轴和坐标原点，自成一个独立的平面直角坐标系统。从几何意义上看，就是分别使扁圆筒与各带的中央子午线相切进行投影。

分带的具体规定是：6°带自0°子午线起每隔经差6°自西往东划分，依次编以带号1，2，3，…，60。我国的位置处在第12～23投影带内。3°带自1.5°子午线起每隔经差3°自西往东划分，依次编以带号1，2，3，…，120。我国的位置处在第24～45投影带内。两种分带的编号及中央子午线经度如图6-4所示。

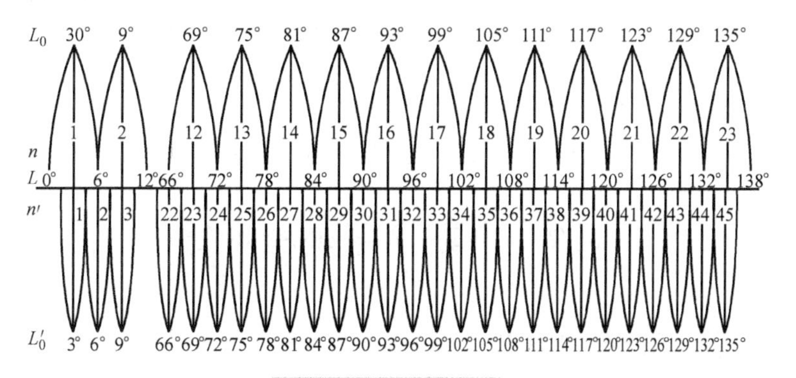

图 6-4　高斯投影分带

3°带的中央子午线，半数与6°带的中央子午线相重合，半数与6°带的分带子午线相重合。3°带带号与中央子午线经度的关系为

$$L_0 = 3n' \tag{6-2}$$

6°带带号与中央子午线经度的关系为

$$L_0 = 6n - 3 \tag{6-3}$$

每个投影带内，坐标有正有负，这在使用上不便，所以应将每个 y 坐标与500千米取代数和，以避免 y 坐标的负值。至于 x 坐标，我国地处北半球，不会有负值。此外，为了区别不同带的点的坐标，应在 y 坐标的前面冠以带号。例如，某三角点的坐标为

$$x = 4171623.1\text{m}$$
$$y = 19276299.7\text{m}$$

其 y 坐标的前面两位数 19 就是指 6°带的第 19 带。国家成果表中和地图上的坐标都是这种坐标。为了与这种坐标相区别，我们把尚未加上 500 千米和带号的坐标叫做坐标的自然值。与前面这组坐标对应的坐标自然值是

$$x = 4171623.1\text{m}$$
$$y = -223700.3\text{m}$$

在投影计算中算得的或者使用的坐标都是这种自然值。

尽管分带投影限制了高斯投影的长度变形，但是每个投影带中仍然存在着一定的长度变形量，长度变形量可用如下公式计算

$$\frac{\delta_1}{s} = \frac{l''^2}{2\rho''^2}\cos^2 B(1 + \eta^2) \tag{6-4}$$
$$\eta^2 = e'^2\cos^2 B$$

式中　B——投影点的大地纬度（°）。

由此计算而得，各种投影分带中，变形量最大的位置在分带子午线且 $B = 0°$处，6°带的最大长度变形有 1/730，3°带的最大长度变形有 1/2900，1.5°带的最大变形量有 1/11600。因此在工区一般采用任意带的 1.5°带投影，中央子午线通过测区中央。

用分带办法限制了长度变形但又产生了新的矛盾，在一个区域内同时存在着多个互相独立的坐标系统，这又给测量工作带来许多不方便，例如，三角网中有些三角形的边会横跨投影带的分带子午线，这种边两端点的坐标不是同一个坐标系统，不能直接用坐标反算边长和方位角。所以，在分带子午线附近的国家点要提供两套直角坐标成果，既要提供它在本投影带中的坐标，又要提供它在相邻投影带中的坐标。这样一来，就像把每个投影带的范围扩大，而扩大部分和邻带重叠，所以又称为投影带的重叠。我国规定，西带重叠东带（即每一带向东扩展）为经差 30′，东带重叠西带（即每一带向西扩展）为经差 7.5′或 15′。这就是说，在分带子午线以东 30′以西 7.5′或 15′的范围内，国家三角点有两个带的坐标成果。

6.2 高斯投影坐标计算

6.2.1 高斯投影坐标计算的意义

前面我们从几何上解释了高斯投影的意义，并且指出由点的投影不难扩展到方向、距离的投影。这一节讨论高斯投影的坐标计算问题，即点的投影。

椭圆体面上一个点的大地坐标（L，B）一定对应着一组高斯平面坐标（x，y）。反之，在投影平面上一个点的平面坐标（x，y）一定对应着椭圆体面上的一组大地坐标（L，B）。由（L，B）计算（x，y）叫**高斯投影正算**，由（x，y）计算（L，B）叫**高斯投影反算**。高斯投影坐标计算可根据计算公式用计算机计算，也可根据计算公式编制成表格，通过查表来计算。目前一般采用软件进行坐标投影正反算，下面主要介绍正反算公式，以便帮助同学们开发计算程序。同时用部分算例介绍了几种高斯投影坐标正反算程序的使用方法，并对解算结果进行了比较。

6.2.2　高斯投影坐标正算

1. 高斯投影正算公式

用计算机计算时，可按如下高斯投影正算公式编程计算

$$
\begin{cases}
x = X + \dfrac{N}{2\rho^2}\sin B\cos Bl^2 + \dfrac{N}{24\rho^4}\sin B\cos^3 B(5 - t^2 + 9\eta^2 + 4\eta^4)l^4 + \dfrac{N}{720\rho^6}\sin B\cos^5 B(61 - 58t^2 + t^4)l^6 \\
y = \dfrac{N}{\rho}\cos Bl + \dfrac{N}{6\rho^3}\cos^3 B(1 - t^2 + \eta^2)l^3 + \dfrac{N}{120\rho^5}\cos^5 B(5 - 18t^2 + t^4 + 14\eta^2 - 58\eta^2 t^2)l^5
\end{cases}
\tag{6-5}
$$

$$t = \tan B$$

式中　N——该点的卯酉圈曲率半径（m）；

X——该点的子午线弧长（m）。

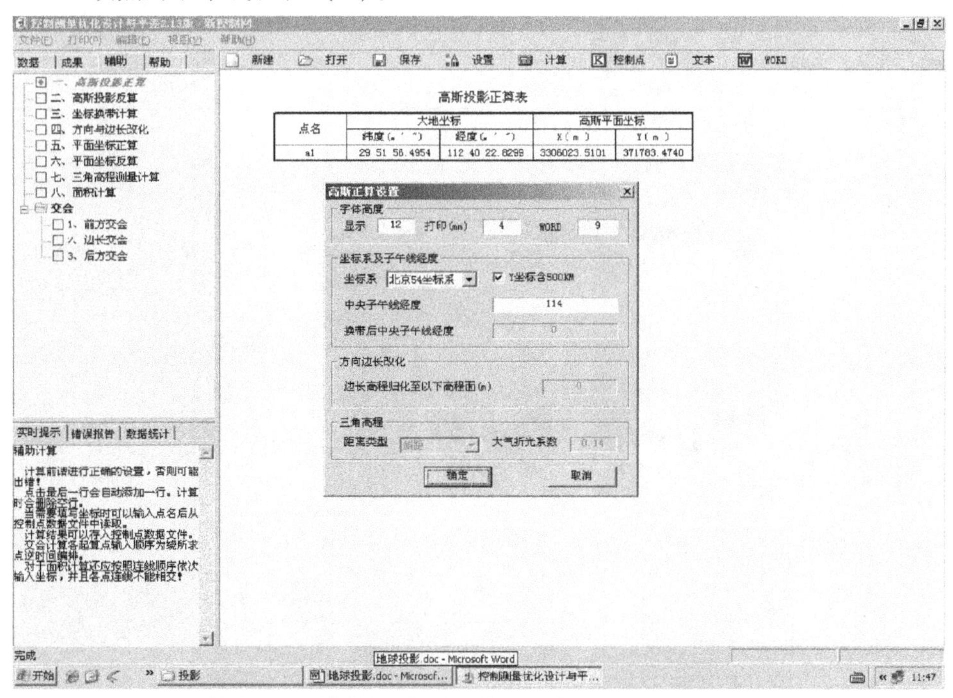

图 6-5　“控制测量优化设计与平差”软件投影正算

式（6-5）是无穷级数取至前四项 x 或前三项 y 的形式，当大地经纬度的精度达到 0.0001″时，该式的计算精度为 0.001m，可满足工区控制网的精度要求。可以看出，y 坐标计算式中只含经差 l 的奇次项，其正负号与经差 l 相同。而 x 的计算式中只含经差 l 的偶次项，其值恒为正。

2. 子午线收敛角的计算公式

公式如下

$$\gamma = \sin Bl + \frac{\sin B}{3\rho^2}\cos^2 B(1 + 3\eta^2 + 2\eta^4)l^3 + \frac{\sin B}{15\rho^4}\cos^4 B(2 - t^2)l^5 \tag{6-6}$$

【例 6-1】　某点的大地坐标，$B = 29°51'56.4954''$，$L = 112°40'22.8299''$，求这点的 3°带北京 54 高斯平面直角坐标。

1）“控制测量优化设计与平差”软件投影正算解算步骤。打开软件，进入“辅助”选项卡，单击左上角的“高斯投影正算”，单击上方的“设置”命令，在“高斯正算设置”对话框中，填写坐标系（此处选择北京54坐标系），中央子午线项填该投影带的中央子午线（本例为第38带，因此此处填114），在“Y坐标含500KM”项填“√”，单击“确定”。

在“高斯投影正算表”中填写点名及该点的大地坐标，单击上方的“计算”命令，在高斯投影正算表中的“高斯平面坐标”项中显示解算结果为（3306023.5101，371783.4740）如图6-5所示。

因此该点的3°带北京54高斯平面直角坐标通用值为：3306023.5101，38371783.4740。

2）“PA2005”软件投影正算解算步骤。打开软件，单击“工具—大地正反算”命令，进入“大地正反算”对话框。该对话框中，“计算方案”栏选择“正算”，“投影带”框中选择“3°带”，“坐标系统”栏的“转换前”和“转换后”框中均选择“北京54坐标系”，“Y坐标含500公里”项填“·”。在左上方的“已知数据”栏中，填写该点的点名及该点的54大地坐标，单击左下方的“计算”命令，在“计算结果”中显示解算结果为(3306023.510079，371783.474048)，如图6-6所示。

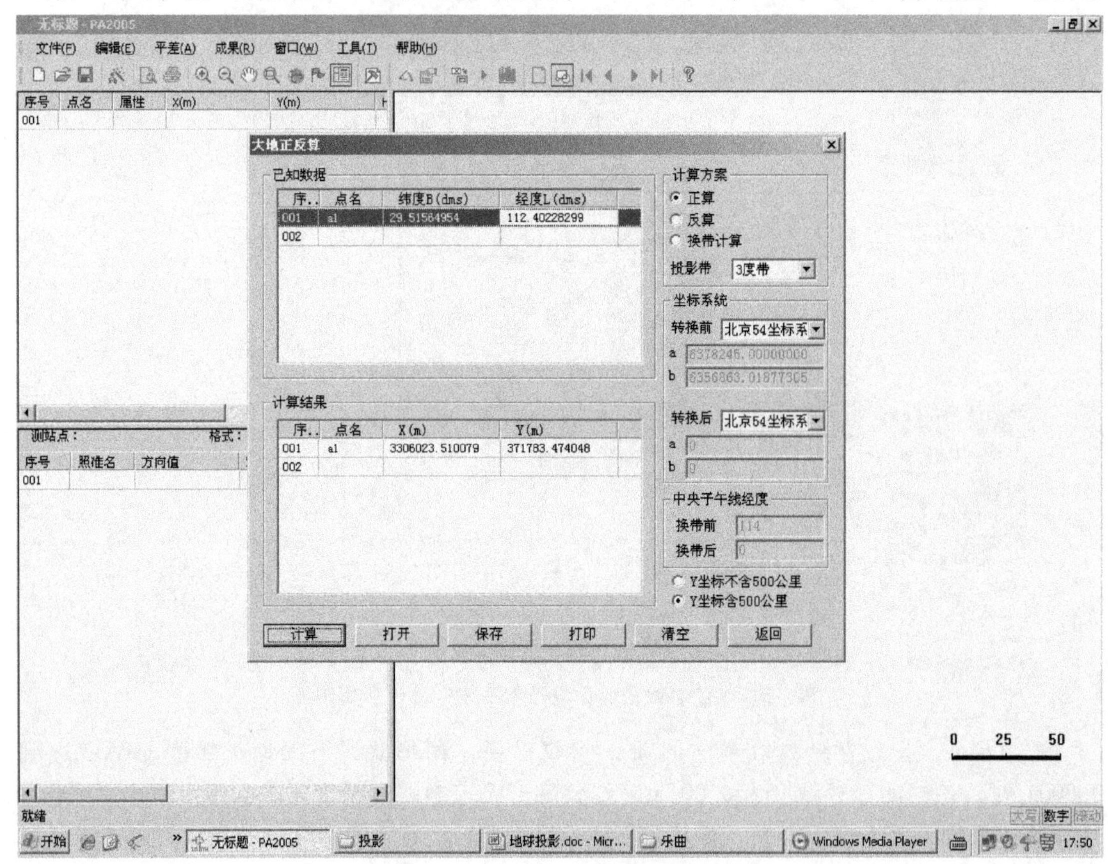

图6-6 “PA2005”软件投影正算

因此该点的高斯平面坐标值为：（3306023.510079，371783.474048）。该点的3°带北京54高斯平面直角坐标通用值为：（3306023.5101，38371783.4740）。

6.2.3 高斯投影坐标反算

高斯投影坐标反算公式如下

$$
\begin{cases}
B = B_{\mathrm{f}} - \dfrac{\rho\tan B_{\mathrm{f}}}{2M_{\mathrm{f}}N_{\mathrm{f}}}y^2 + \dfrac{\rho\tan B_{\mathrm{f}}}{24M_{\mathrm{f}}N_{\mathrm{f}}^3}(5 + 3t_{\mathrm{f}}^2 + \eta_{\mathrm{f}}^2 - 9\eta_{\mathrm{f}}^2 t_{\mathrm{f}}^2)y^4 - \dfrac{\rho\tan B_{\mathrm{f}}}{720M_{\mathrm{f}}N_{\mathrm{f}}^5}(61 + 90t_{\mathrm{f}}^2 + 45t_{\mathrm{f}}^4)y^6 \\
l = \dfrac{\rho}{N_{\mathrm{f}}\cos B_{\mathrm{f}}}y - \dfrac{\rho}{6N_{\mathrm{f}}^3\cos B_{\mathrm{f}}}(1 + 2t_{\mathrm{f}}^2 + \eta_{\mathrm{f}}^2)y^3 + \dfrac{\rho}{120N_{\mathrm{f}}^5\cos B_{\mathrm{f}}}(5 + 28t_{\mathrm{f}}^2 + 24t_{\mathrm{f}}^4 + 6\eta_{\mathrm{f}}^2 + 8\eta_{\mathrm{f}}^2 t_{\mathrm{f}}^2)y^5
\end{cases}
\tag{6-7}
$$

式中　B_{f}——垂足纬度（°）；

M_{f}——纬度 B_{f}处的子午线曲率半径（m）；

N_{f}、η_{f}、t_{f}——纬度 B_{f}处的相应值（m）。

【例 6-2】 某点的高斯平面直角坐标，$x = 3306023.510$，$y = 38371783.474$，求这点的大地坐标。

1）“控制测量优化设计与平差”软件投影反算解算步骤。打开软件，进入“辅助”选项卡，单击左上角的“高斯投影反算”项，单击上方的“设置”命令，在“高斯反算设置”对话框中，填写坐标系（此处选择北京 54 坐标系），中央子午线项填该投影带的中央子午线（本例为第 38 带，因此此处填 114），在“Y 坐标含 500KM”项填“√”，单击“确定”。

在高斯投影反算表中填写点名及该点的高斯平面坐标，单击上方的“计算”命令，在高斯投影反算表中的“大地坐标”项中显示解算结果为（29°51′56.4954″，112°40′22.8299″），如图 6-7 所示。

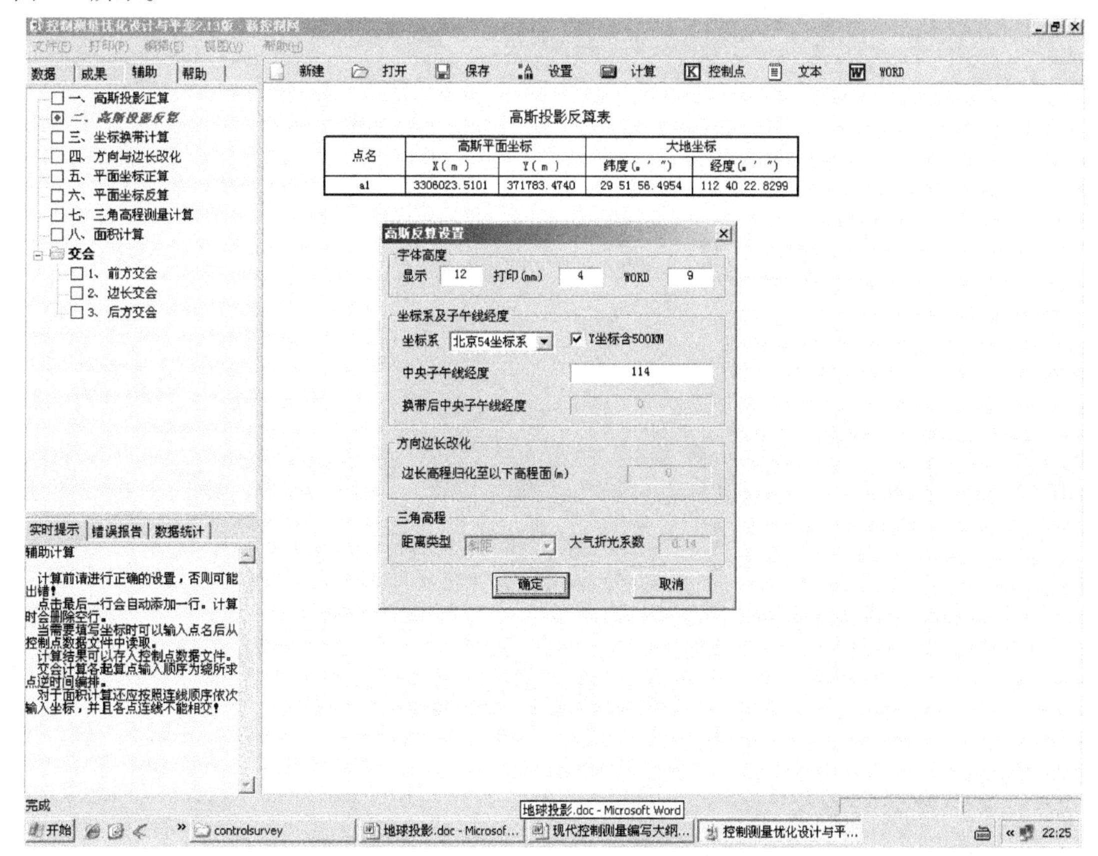

图 6-7　“控制测量优化设计与平差”软件投影反算

因此该点的大地坐标值为：(29°51′56.4954″, 112°40′22.8299″)。

2）“PA2005”软件投影反算解算步骤。打开软件，点击“工具—大地正反算”命令，进入“大地正反算”对话框。该对话框中，“计算方案”栏选择“反算”，“投影带”框中选择“3°带”，“坐标系统”栏的“转换前”和“转换后”框中均选择“北京54坐标系”，“中央子午线经度”栏中填写该点所在的投影带中央子午线经度（本例为第38带，因此此处填114），在“Y坐标含500公里”项填“·”。在左上方的“已知数据”栏中，填写该点的点名及该点的高斯平面坐标，点击左下方的“计算”命令，在“计算结果”中显示解算结果为（29°51′56.4954″，112°40′22.8299″），如图6-8所示。

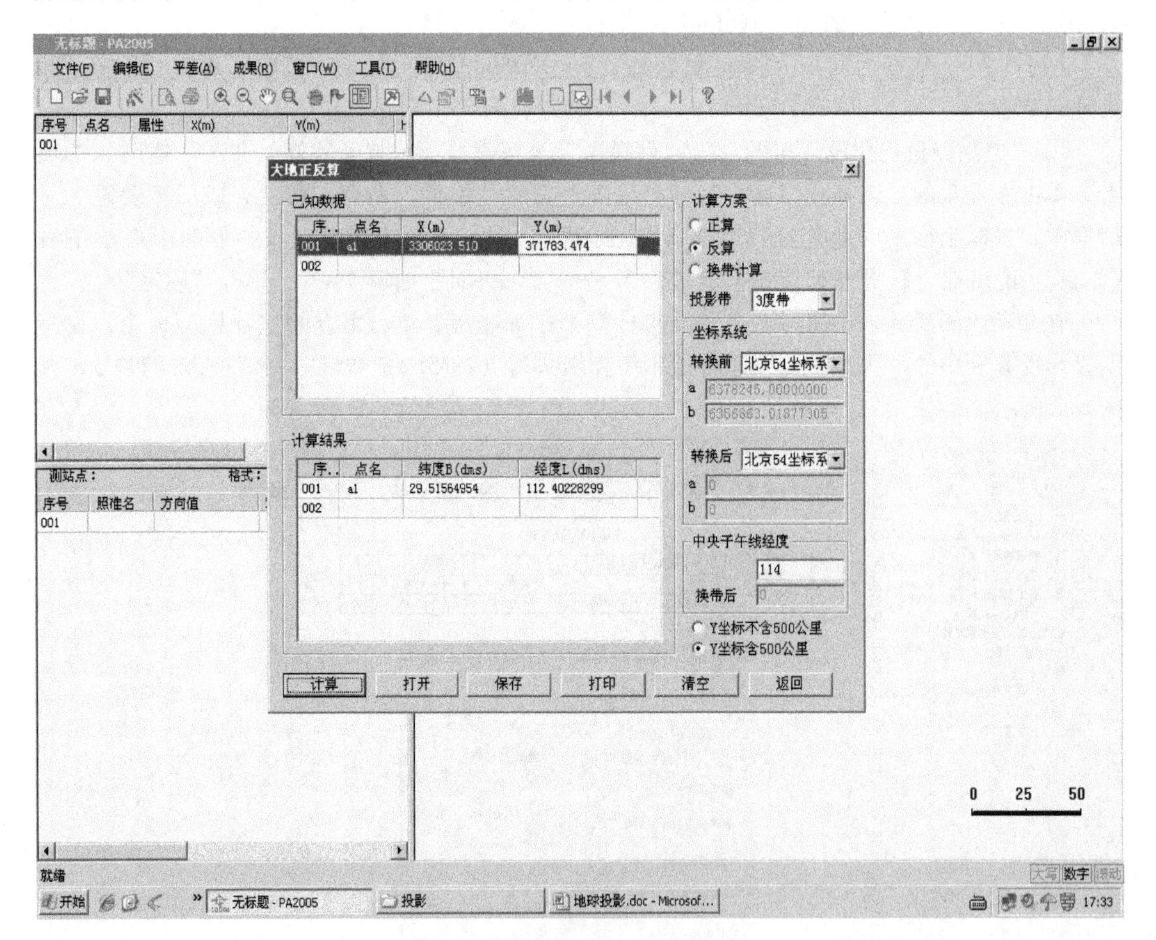

图6-8 “PA2005”软件投影反算

因此该点的大地坐标值为：(29°51′56.4954″, 112°40′22.8299″)。

6.3 高斯投影换带计算

6.3.1 换带计算的意义

由于分带，使同一地区存在多个互相独立的坐标系统，给测量工作带来了许多不便，因而规定分带子午线附近一定范围内的国家点要提供两带的坐标。尽管如此，由于范围有限，所以，我们还是常常需要进行相邻带坐标的换算。

在下列四种情况下需要进行换带计算：

1）当三角网或导线网横跨两个投影带时，为了进行整体平差，需要将不同带的起始数据（主要是坐标）换算成同一带的数据，包括 6°带与相邻 6°带之间的坐标换算以及 3°带与相邻 3°带之间的坐标换算。

2）在投影带边缘地区测图时，往往需要用到另一带的平面控制点作为起算数据。因此必须将它们换算到同一带中，也包括 6°带的邻带换算和 3°带的邻带换算。

3）大比例尺测图和工程测量要求采用 3°带，而国家平面控制点是 6°带的坐标，因此需要 3°带和 6°带相互间的换算。

4）在高精度的测量工作中，必须采用 1.5°带的坐标。因此，就需要将 6°带或 3°带的坐标换算为 1.5°带坐标。

综上所述，换带计算是分带所带来的必然结果，是生产实践的需要。

6.3.2　换带计算的方法

换带计算就是将不同系统的坐标换算成为同一系统的坐标。从高斯投影的几何概念可知，不同带的投影面是既不重合又不平行的。所以，这里所说的不同系统不是同一平面上的不同系统。因而这里的换带不同于平面解析几何上的坐标变换。

如果知道了某三角点的高斯平面直角坐标同时又知道了它的轴子午线经度，要计算它以另一条子午线作为轴子午线的高斯平面直角坐标，就可以先由已知的平面坐标反算出大地坐标，再由大地坐标按新的轴子午线算出新的经差，进而求得新的平面坐标。这就是说，能掌握了正反算，换带计算就能够解决了。但是对于邻带换算，轴子午线之间的经差是 3°或 6°，属于特定情况。针对这种特定情况，已经有了由一带的平面坐标直接计算其邻带平面坐标的方法，不经过大地坐标转换，并且已经编算好了计算用表，这就使邻带换算工作大为简化。

由此可见，换带计算的方法有两种：一是利用高斯投影坐标反算公式将原带坐标 x_1、y_1 换算为大地坐标 L、B，再利用高斯投影坐标正算公式将大地坐标 L、B 换算为所求带坐标 x_2、y_2；对于 6°带邻带换算、6°带换 3°带以及 3°带的邻带换算均可采用此法，而 6°带或 3°带换算为 1.5°带必须采用此法。二是利用换带计算表计算：由于 6°带的邻带中央子午线经差为 6°，而 3°带邻带中央子午线经差为 3°，所以应当注意，6°带的邻带换算应采用 6°带表，而 6°带换 3°带和 3°带的邻带换算应采用 3°带表。

换带计算软件开发一般根据第一种方法编制换算程序，当前的换带计算软件已经比较成熟，在作业过程中一般使用投影换带计算程序进行投影坐标的换带计算，因此下面将主要利用算例来介绍部分换带计算程序的使用，并比较解算结果。

【例 6-3】 某点的 6°带坐标（第 19 带）为：$x_1 = 2973898.85$，$y_1 = 666267.95$。试用换带表计算它的相邻 3°带坐标。

1）“控制测量优化设计与平差”软件坐标换算解算步骤。打开软件，进入“辅助”选项卡，单击左上角的“坐标换带计算”项，单击上方的“设置”命令。

在“换带计算设置”对话框中，填写坐标系（此处选择北京 54 坐标系），在“Y 坐标含500KM”项填“√”；“换带前中央子午线经度”项填该点的6°投影带的中央子午线经度（本例为第19带，故中央子午线经度为111），“换带后中央子午线经度”项填该点相邻3°投影带的中央子午线经度（本例推算其相邻3°投影带为第38带，故中央子午线经度为114），单击“确定”。

在坐标换带计算表中填写点名及该点的换带前平面坐标，点击上方的“计算”命令，在该表中的“换带后”坐标项中显示解算结果为（2973491.8692，368124.2260），如图6-9所示。

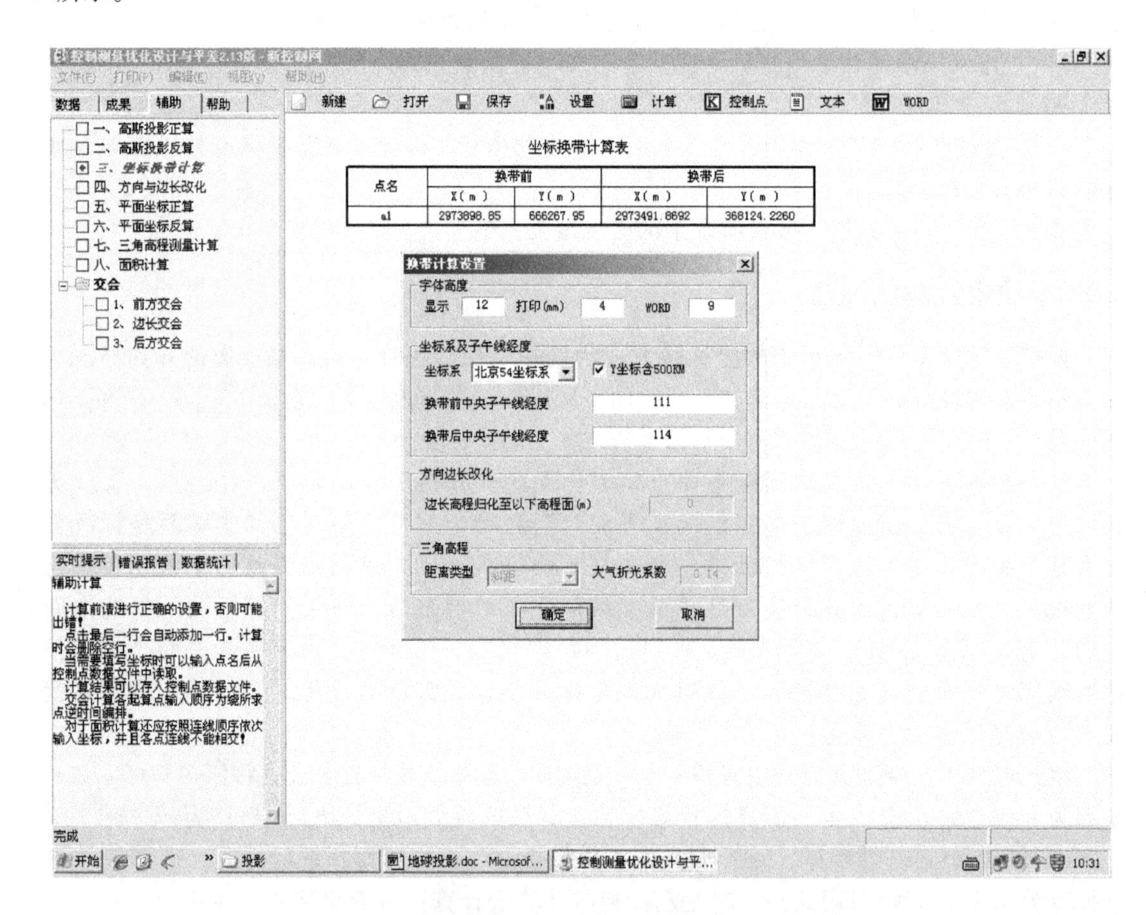

图6-9 “控制测量优化设计与平差”软件换带计算

2）“PA2005”软件坐标换算解算步骤。打开软件，进入“辅助”选项卡，单击“工具-大地正反算”命令，弹出“大地正反算”对话框。

在“大地正反算”对话框中，于“计算方案”栏中选“换带计算”项；“坐标系”栏中选择“北京54坐标系”；“换带”栏中选择“6°带→3°带”；“中央子午线经度”栏中填该点的6°带中央子午线经度（本例为第19带，故中央子午线经度为111）；选中“Y含500公里”项；在“已知数据”栏中填写该点的点名和该点的6°带平面坐标。单击下方的“计算”命令，在“计算结果”栏中显示解算结果为（2973491.8692，368124.2260），如图6-10所示。

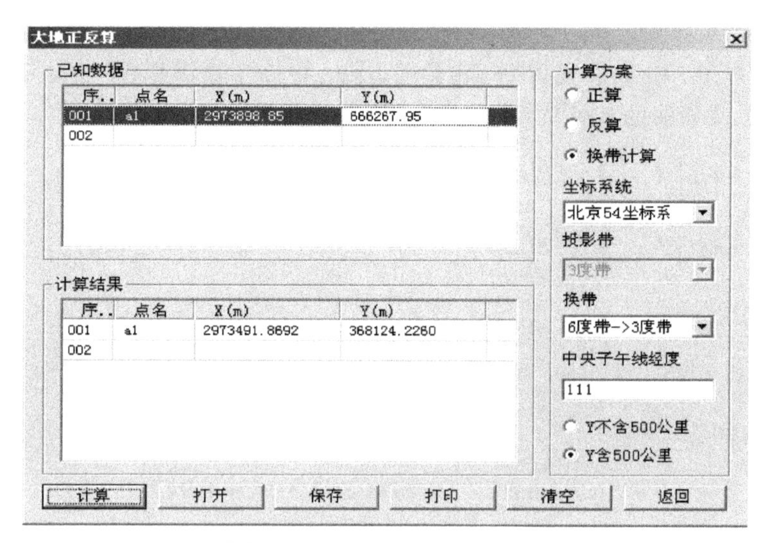

图 6-10　“PA2005”软件换带计算

6.4　横轴墨卡托投影

6.4.1　墨卡托投影的概念

墨卡托（Meractor）投影是一种“等角正圆柱投影”，是荷兰地图学家墨卡托（Gerhardus Mercator）所创，从 1569 年起就用于编制海图。常用的是等角正割圆柱投影。如图 6-11 所示。墨卡托投影的原理是：假设圆球形的地球被围在一中空的的圆柱里，圆柱割于 ± B_0 的两条标准纬线上，这两条标准纬线投影后不变形，两标准纬线间是负变形，两标准纬线以外是正变形，离标准纬线越远变形越大，赤道上的长度比最小，两极的长度比最大，若选取合适的标准纬线，割圆柱投影比切圆柱投影可减少一半左右的变形。

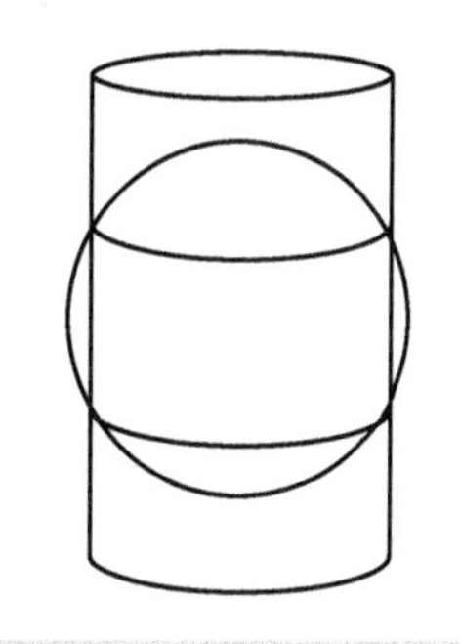

图 6-11　墨卡托投影原理

墨卡托投影有一个特性，即在地球椭球面上的等角航线投影后为直线。所谓等角航线是指地球椭球面上各点的大地方位角相等的一条曲线。因此普遍采用墨卡托投影编制海图，以便于领航。

6.4.2　通用横轴墨卡托投影

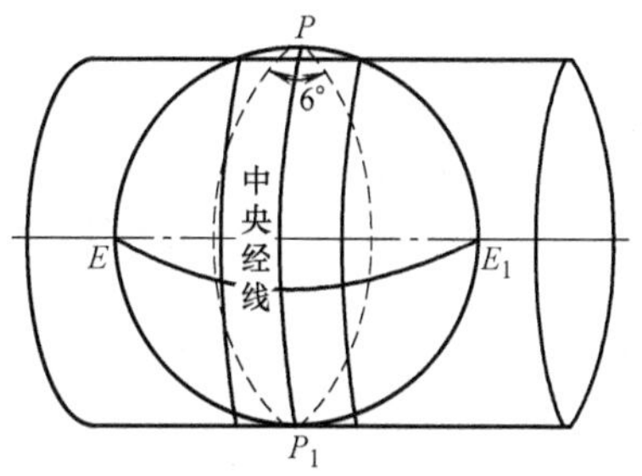

图 6-12　UTM 投影原理

通用横轴墨卡托投影（Universal Transverse Mercator Projection）取其前面三个英文单词的大写字母而称 UTM 投影。从几何意义上讲，UTM 投影属于横轴等角割椭圆柱投影，如图 6-12 所示。椭圆柱割地球椭球于两条与中央子午线经差大小相等、符号相反的经线上，投影后两条相割的经线上没有变形，而中央经线上长度比为 0.9996。它的平面直角系与高斯投影相同，且和高斯投影坐标有一个简单的比例关系，因而有的文献上也称它为 $m_0=0.9996$ 的高斯投影。该投影于1938年由美国军事测绘局提出，1945年开始采用。

因此，设UTM投影的直角坐标为（x，y），长度比以及子午线收敛角等计算公式如下

$$\begin{cases} x=0.9996\left[X+\dfrac{l^2N}{2}\sin B\cos B+\dfrac{l^4}{24}N\sin B\cos^3B(5-t^2+9\eta^2+4\eta^4)+\cdots\right] \\ y=0.9996\left[lN\cos B+\dfrac{l^2N}{6}\cos^3B(1-t^2+\eta^2)+\dfrac{l^5N}{120}\cos^5B(5-18t^2+t^4)+\cdots\right] \end{cases} \tag{6-8}$$

长度比公式为

$$m=0.9996\left[1+\frac{1}{2}\cos^2B(1+\eta^2)l^2+\frac{1}{6}\cos^4B(2-t^2)-\frac{1}{8}\cos^4Bl^4+\cdots\right] \tag{6-9}$$

子午线收敛角公式为

$$\gamma=l\sin B+\frac{l^3}{3}\sin B\cos^2B(1+3\eta^2)+\cdots \tag{6-10}$$

式（6-8）中的 X 是从赤道开始的子午线弧长由于式（6-8）~式（6-10）为级数展开式，故只列前几项。

与高斯投影坐标公式比较可知，这里 y 坐标只有一个常系数0.9996的差异，而 x 坐标除也有这样的一个系数外，高次项也有不同。我国的卫星影像资料常采用UTM投影。

6.4.3 通用横轴墨卡托投影与高斯投影的比较

高斯-克吕格投影与UTM投影都是横轴墨卡托投影的变种，目前一些国外的软件或国外进口仪器的配套软件往往不支持高斯-克吕格投影，但支持UTM投影，因此常有把UTM投影当做高斯-克吕格投影的现象。

从投影几何方式看，高斯-克吕格投影是“等角横切圆柱投影”，投影后中央子午线保持长度不变，即比例系数为1；UTM投影是“等角横轴割圆柱投影”，中央子午线长度比为0.9996。高斯-克吕格投影与UTM投影可近似采用 $X_{[UTM]}=0.9996X_{[高斯]}$ 和 $Y_{[UTM]}=0.9996Y_{[高斯]}$ 进行坐标转换（注意：如坐标纵轴西移了500000m，转换时必须将 Y 值减去500000乘上比例因子后再加500000）。

与高斯-克吕格投影相似，UTM投影角度没有变形，长度和面积均有变形，投影后中央经线为直线，且为投影的对称轴，中央经线的投影长度变形为−0.00040，即长度比例因子取0.9996。这是为了保证经差0°和3°处的最大变形值小于0.001。两条割线在赤道上，它们位于离中央子午线大约±180km，即约±1°40′处没有长度变形，离开这两条割线越远变形越大。在两条割线以内长度变形为负值，在两条割线以外长度变形为正值。表6-1给出了不同纬度和经差情况下的长度变形值。

表6-1 UTM投影变形值

纬度 \ 长度变形 \ 经差	0°	1°	2°	3°
90°	−0.00040	−0.00040	−0.00040	−0.00040
80°	−0.00040	−0.00040	−0.00038	−0.00036

（续）

长度变形 经差 / 纬度	0°	1°	2°	3°
70°	-0.00040	-0.00038	-0.00033	-0.00024
60°	-0.00040	-0.00036	-0.00025	-0.00006
50°	-0.00040	-0.00034	-0.00015	+0.00017
40°	-0.00040	-0.00031	-0.00004	+0.00041
30°	-0.00040	-0.00028	+0.00006	+0.00063
20°	-0.00040	-0.00027	+0.00014	+0.00081
10°	-0.00040	-0.00026	+0.00019	+0.00094
0°	-0.00040	-0.00025	+0.00021	+0.00098

从分带方式来看，UTM投影分带方法与高斯-克吕格投影相似，但是两者的分带起点不同。高斯-克吕格投影自0°子午线起每隔经差6°自西向东分带，第一带的中央子午线经度为3°；UTM投影自西经180°起每隔经差6°自西向东分带，将地球划分为60个投影带，带号用1，2，3，…，60连续编号。此外，两投影的东伪偏移都是500km，高斯-克吕格投影北伪偏移为零，UTM北半球投影北伪偏移为零，南半球则为10000km，即UTM投影的实用坐标与理论坐标的关系为

$$\begin{cases} y_{实} = y + 500000(\text{轴之东用}) & x_{实} = 10000000 - x(\text{南半球用}) \\ y_{实} = 500000 - y(\text{轴之西用}) & x_{实} = x(\text{北半球用}) \end{cases}$$

【单元小结】

本单元首先介绍了高斯投影的概念及投影方法，重点介绍了高斯投影坐标的正算、反算，高斯投影换带的计算，并用两种测量软件演示高斯投影坐标的正算、反算及换带计算方法。由于国外很多国家主要采用横轴墨卡托投影，所以本单元最后也介绍了横轴墨卡托投影的概念及与高斯投影的变形比较。

【复习题】

1. 椭球面上一点A的大地经度和大地纬度分别为126°21′25.2239″和29°31′48.4832″，分别用计算机程序计算该点所在6°带、3°带和中央子午线经度为126°21′的1.5°带的高斯平面直角坐标。

2. 用计算机程序对上述计算结果进行高斯投影坐标反算。

3. 某点A的54坐标系的3°带高斯坐标为（3597360.333，35613557.185），用计算机程序计算其以106°21′0.00″为中央子午线的3°带高斯坐标。

4. 高斯投影与UTM投影有何联系与区别？

5. 运用本单元所学知识和VB编程语言编写高斯投影正算、反算和换带计算程序。

观测数据的改化计算

单元概述

平面控制测量观测数据的改化计算主要包括两项任务：一是将地面上的观测方向值和观测距离化算到参考椭圆体面上，二是将参考椭圆体面上的方向值和长度化算到高斯投影平面上。高程控制测量观测数据在化算中要考虑到正常水准面的不平行性，才能准确地将高程实测数据转化为以大地水准面为基准的高程控制成果。本单元将主要介绍方向（角度）、距离和高差观测数据的改化计算原理与方法流程，并在最后简要介绍地方坐标系建立的相关知识。

学习目标

1. 理解角度改化计算概述知识。
2. 掌握地面上的观测角度化算到参考椭圆体面上的原理和相关公式。
3. 理解参考椭圆体面上的角度化算到高斯投影平面上的原理和相关公式。
4. 了解方位角化算相关知识。
5. 理解地面上的观测距离化算为参考椭圆体面上的大地线长度的原理及相关公式。
6. 理解参考椭圆体面上的大地线长度化算为高斯平面上大地线投影曲线的弦线长度的原理及相关公式。
7. 理解正常位水准面不平行性的改正方法。
8. 掌握投影带的选择方法。
9. 理解测区平均高程面的选择方法。
10. 掌握地方坐标系的建立方法。

7.1 角度改化计算

7.1.1 地面上的观测角度化算到参考椭圆体面上

地面上的方向观测值化算到参考椭圆体面上，就是将以铅垂线为准的地面观测方向值，归算成椭球面上以法线为准的大地线方向值。为此需要加入三项改正：垂线偏差改正、标高差改正和截面差改正，合称“三差改正”。

1. 垂线偏差改正 δ_1

地面控制点是沿法线投影到椭球面上的，而水平方向观测的结果是以铅垂线为依据的。铅垂线与法线之间的夹角称为垂线偏差，以 u 表示，如图7-1所示。它使地面方向观测值与椭球面上的方向值产生偏差。由垂线偏差引起的水平方向差值 δ_1，称为垂线偏差改正。其计算公式为：

$$\delta_1 = -(\xi\sin A_{12} - \eta\cos A_{12})\tan\alpha_{12} \tag{7-1}$$

式中　ξ——u 的子午分量（″）；

η——u 的卯酉分量（″）；

A_{12}——观测方向的大地方位角（°）；

α_{12}——观测方向的垂直角（′）。

设 $A_{12}=0°$，$\tan\alpha_{12}=0.01$（$\alpha_{12}=34'$），当 $\xi=\eta=5''$或 $10''$时，δ_1 值约为 $0.05''$或 $0.1''$。可见，这项改正是很小的，只有在国家一、二等三角测量计算中，才进行改正。

2. 标高差改正 δ_2

如图7-2所示，A 为测站点。测站点观测方向中加入垂线偏差改正后，就可认为铅垂线同法线一致。这时测站点在椭球面上或高出椭球面某一高度，对水平方向是没有影响的。为简单起见，设 A 在椭球面上，如果照准点 B 高出椭球面某一高度 H_2，则在 A 点照准 B 点时，视准面为 ABK_a，得到的法截线为 Ab'。然而，B 点沿法线至椭球面的投影点为 b，观测方向归算至椭球面上应该是 Ab 方向。为此，将 Ab'方向化算为 Ab 方向所加的改正称为标高差改正。

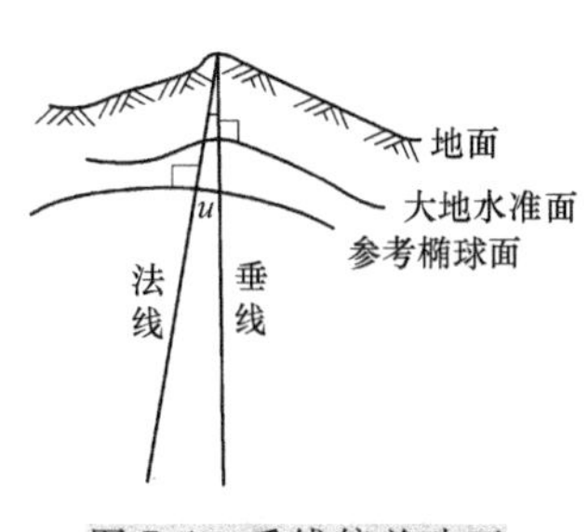

图7-1　垂线偏差改正

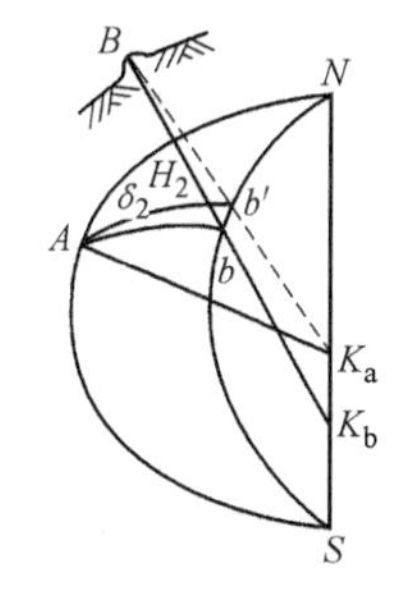

图7-2　标高差改正

不难看出，标高差改正是由于测站点和照准点的两条法线不位于同一平面内，且照准点高出椭球面一定高程所产生的。它的计算公式是

$$\delta_2 = \frac{\rho'' e^2}{2M_2}H_2\cos^2 B_2\sin 2A \tag{7-2}$$

式中　B_2——照准点的大地纬度（°）；

A——测站点至照准点的大地方位角（°）；

H_2——照准点高出椭球面的高程（m）；

e——第一偏心率；

M_2——过照准点的子午圈曲率半径（m）。

例如，设 $A=45°$，$B_2=45°$，当 $H_2=200\text{m}$ 时，$\delta_2=0.01''$，当 $H_2=2000\text{m}$ 时，$\delta_2=0.1''$。可见，δ_2 数值微小，工区三、四等三角测量中可不加此项改正。

3. 截面差改正 δ_3

经过前面两项改正，已将地面观测的水平方向化为椭球面上相应的法截线方向。这时，还须将法截线方向化为大地线方向，这项改正叫截面差改正，以 δ_3 表示。

图 7-3 中，AaB 和 ASB 分别是 A 至 B 的法截线和大地线，它们在 A 点的大地方位角分别是 A_1' 和 A_1。A_1' 与 A_1 之差，就是截面差改正 δ_3。

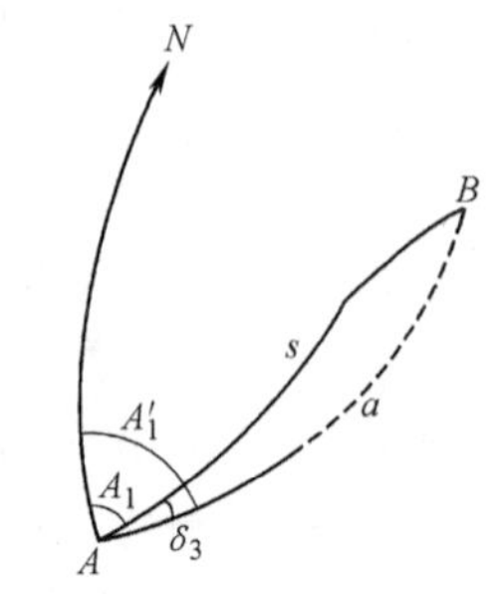

图 7-3　截面差改正

截面差改正的计算公式为

$$\delta_3 = \frac{\rho}{12} \cdot \frac{s^2}{N_m^2} e^2 \cos^2 B_m \sin 2A \tag{7-3}$$

式中　s——测站点与照准点之间法截线长度（km）；

N_m——法截线中点处卯酉圈曲率半径（km）；

e——第一偏心率；

B_m——测站点与照准点的平均纬度（°）；

A——正法截线的大地方位角（°）。

当 $A = 45°$、$B = 45°$时，若 $s = 30\text{km}$，δ_3 只有 0.001″。所以，截面差改正只有在一等三角测量中，才进行此项改正。

以上我们介绍了方向观测值化算为椭球面上的大地线方向值时所加的三项改正。这三项改正数值都较小，对于工区三、四等三角测量来说，计算误差允许为 0.05″，故通常都不计算这三差改正。但是，有了这些概念，从理论上讲就比较严格了。

7.1.2　参考椭圆体面上的角度化算到高斯投影平面上

1. 曲率改正的意义

所谓观测方向的化算，就是将椭圆体面上两点之间的大地线方向，化算为高斯投影平面上两点之间的直线方向。前面讲过，椭圆体面上两点之间的最短距离称为大地线，连接相邻点间的大地线便形成了椭圆体面上的三角网。地面观测方向经三差（垂线偏差、标高差、截面差）改正后，成为椭圆体面上的方向值，也就是大地线在测站点的切线方向，如图 7-4 所示。边长就是指大地线的长度。将椭圆体面上两点之间的大地线方向，化算为平面上两点之面的直线方向，必须加入一项改正数，此项改正数称为方向改正或曲率改正。

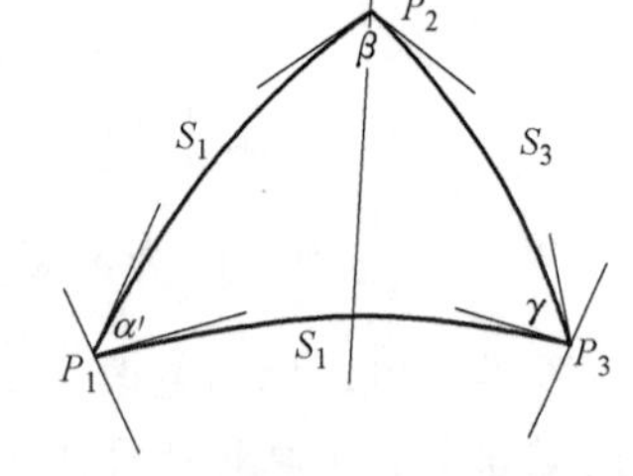

图 7-4　方向改化

按照高斯投影的规律，大地线投影到平面上以后，除中央子午线和赤道外，都是曲线，且离开中央子午线越远，投影后曲率越大。

在图 7-5 中，a 图表示椭圆体面上的三角形 $P_1P_2P_3$，b 图表示投影到高斯平面上以后的形状。P_1P_2 投影后为曲线 $P_1'P_2'$，P_1P_3 投影后为曲线 $P_1'P_3'$，P_2P_3投影后为曲线 $P_2'P_3'$，P_1 点的子午线 P_1N 投影后为 $P_1'N'$。因为高斯投影是正形投影，故椭圆体面上的角度 α、β、γ 投影后仍然是 α、β、γ。从图 7-5 可以看出，大地线投影后弯曲方向都是凹向中央子午线的曲线，平面上的三角网是曲线边三角网，因此给计算带来了困难。为了用直线边组成三角网以便于计算，就需要将两点之间的曲线方向化算为直线方向。曲率改正就是大地线的投影曲线（切线）与其弦线之间的夹角，如图中的 δ_{12} 等。研究证明，这个改正的大小与两点的位置以及两点之间的坐标差有关：两点离开中央子午线越远，改正越大，两点之间的纵坐标差越大，改正也越大。

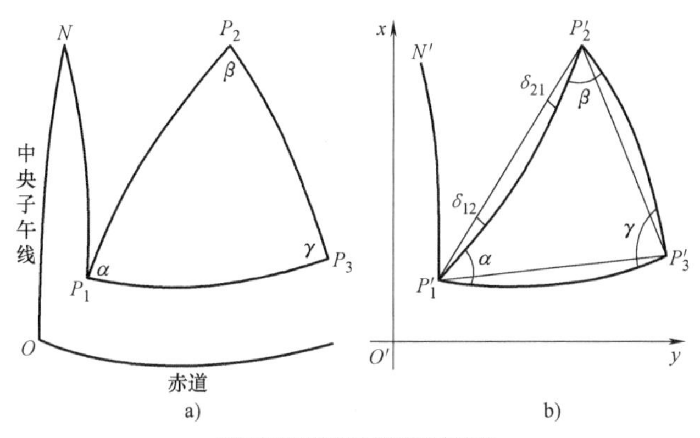

图 7-5　曲率改正示意图

2. 曲率改正的计算公式

曲率改正的计算公式如下

$$\begin{cases} \delta_{12} = \dfrac{\rho}{2R^2}(x_1 - x_2)\left(y_m + \dfrac{y_1 - y_2}{6}\right) \\ \delta_{21} = \dfrac{\rho}{2R^2}(x_2 - x_1)\left(y_m + \dfrac{y_2 - y_1}{6}\right) \end{cases} \tag{7-4}$$

式中　R——测区平均曲率半径（km）；

　y_m——三角边两端点的平均横坐标（km），取自然值。

当 $y_m < 250$km 时，由式（7-4）计算的误差小于 0.01″，故常用于二等三角测量计算。对于三、四等三角测量，边长不超过 10km，可采用如下简化公式计算

$$\begin{cases} \delta_{12} = \dfrac{\rho}{2R^2}(x_1 - x_2)y_m \\ \delta_{21} = \dfrac{\rho}{2R^2}(x_2 - x_1)y_m \end{cases} \tag{7-5}$$

当边长为 10km 时，用此式计算的误差为 0.3″。

由式（7-5）可以看出，同一条边的对向曲率改正绝对值相等，符号相反。

3. 方向改正计算正确性的检验

椭球面上的球面三角形的内角和为 $180° + \varepsilon$，ε 为球面角超。投影后高斯平面上大地线投影曲线围成的曲边三角形，其内角和不变，而经过方向改正后，直边三角形的内角和为 180°。因此，由方向改正引起的三角形内角改正数之和，应与三角形的球面角超 ε 绝对值相等，符号相反。因凑整误差的影响，其间的差值应不超过末位数的 2 个单位。

图 7-6 中，以 δ_A、δ_B、δ_C 表示角 A、B、C 的方向改正，则有

$$\delta_A + \delta_B + \delta_C = -\varepsilon$$

将 $\delta_A = \delta_{AC} - \delta_{AB}$，$\delta_B = \delta_{BA} - \delta_{BC}$，$\delta_C = \delta_{CB} - \delta_{CA}$ 代入上式得

$$(\delta_{AC} - \delta_{AB}) + (\delta_{BA} - \delta_{BC}) + (\delta_{CB} - \delta_{CA}) = -\varepsilon$$

又因 $\delta_{BA}=-\delta_{AB}$，$\delta_{CB}=-\delta_{BC}$，$\delta_{AC}=-\delta_{CA}$，代入上式得：

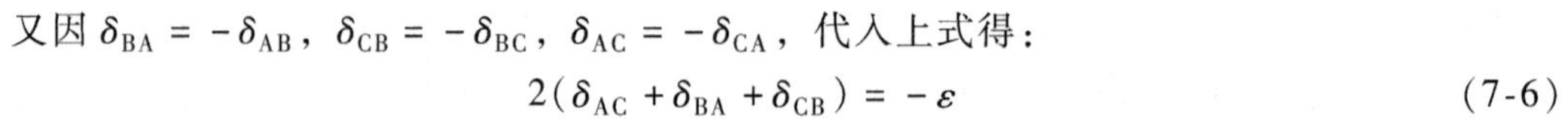

$$2(\delta_{AC}+\delta_{BA}+\delta_{CB})=-\varepsilon \tag{7-6}$$

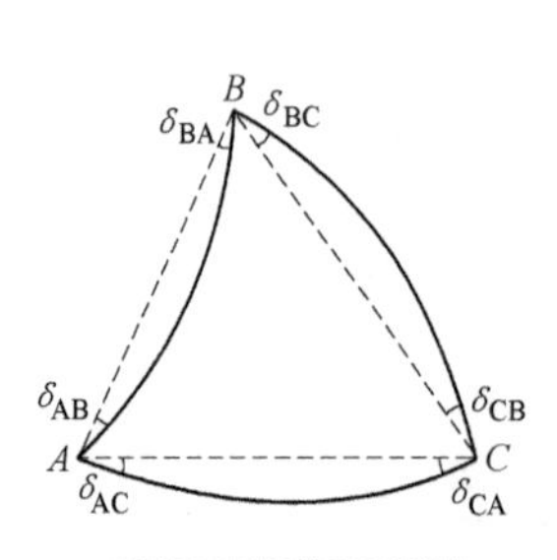

图 7-6　曲率改正

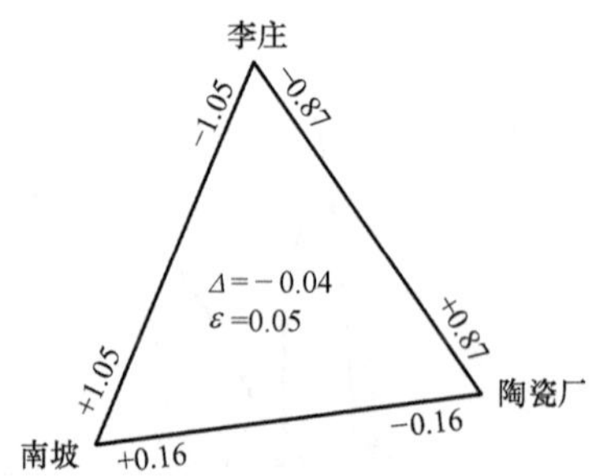

图 7-7　曲率改正的检核

此项检验是在图上进行的，如图 7-7 所示。将角度曲率改正的总和（不是方向曲率改正的总和）用 Δ 表示，记于三角形当中，球面角超 ε 用红色记于 Δ 下面，二者绝对值之差应不大于 0.1″。应当注意式（7-6）中左端的 A、C、B 是按逆时针方向计算的。如按顺时针方向计算，则为

$$2(\delta_{AB}+\delta_{BC}+\delta_{CA})=\varepsilon$$

对于三角网来说，根据已知边长和观测角度，推算网中每条边的近似边长，进而推算网中每个点的近似坐标。由中比例尺地形图上查取测区平均纬度 B_m，根据式（7-2）、（7-3）、（7-4）计算平均曲率半径 R。将上述数据带入式（7-5）计算三角网中每条边方向的曲率改正数，根据式（7-6）在三角网略图上检核曲率改正数的正确性。

对于导线网来说，其曲率改正数正确性的检核与三角网相似。首先根据已知数据和观测角度、观测边长，计算导线网中每个点的近似坐标。然后按照三角网中方向改化检核的步骤进行检核。

4. 球面角超的计算

由球面三角学知，球面角超的计算式为

$$\varepsilon=\frac{s}{R^2}\rho \tag{7-7}$$

式中　s——球面三角形的面积（km^2），可用平面三角形的面积代替；

R——测区平均曲率半径（km）。

因三角形的面积为

$$s=\frac{1}{2}ab\sin C=\frac{1}{2}ac\sin B=\frac{1}{2}bc\sin A$$

将此式代入式（7-7），得

$$\varepsilon=\frac{\rho}{2R^2}ab\sin C=\frac{\rho}{2R^2}ac\sin B=\frac{\rho}{2R^2}bc\sin A \tag{7-8}$$

球面角超的计算与近似边长计算在同一表格中进行。

5. 算例

设 Δx 分别为 2km、5km、10km，y_m 为 45km、90km、135km，取 $R=6371$km。$\frac{\rho}{2R^2}=0.00254$，试计算曲率改正数，见表 7-1。

表 7-1　曲率改正数计算算例

Δx/km	y_m/km	δ
2	45	0.2286
	90	0.4572
	135	0.6858
5	45	0.5715
	90	1.1430
	135	1.7145
10	45	1.1430
	90	2.2860
	135	3.4290

可见，当 Δx 和 y_m 越小，曲率改正越小。因此，当椭球面上的方向线靠近中央子午线，且 x 向坐标差较小时，可根据测角精度要求和测区范围等因素适当省略曲率改正。

7.1.3　方位角化算

实际作业中会遇到方位角的化算问题。如图 7-8 所示，设 P_1 和 P_2 为椭圆体面上两点，过 P_1 的子午线为 P_1N，弧线 P_1P_2 为 P_1 和 P_2 之间的大地线。P_1 点上子午线方向与 P_1 至 P_2 大地线方向所夹的角度就是大地方位角，现在用符号 A_{12} 表示。在投影平面上 P_1' 点的坐标北方向与 P_1' 至 P_2' 直线方向的夹角就是坐标方位角。现在用 T_{12} 表示。所谓坐标北方向就是平面上纵坐标轴的正方向。

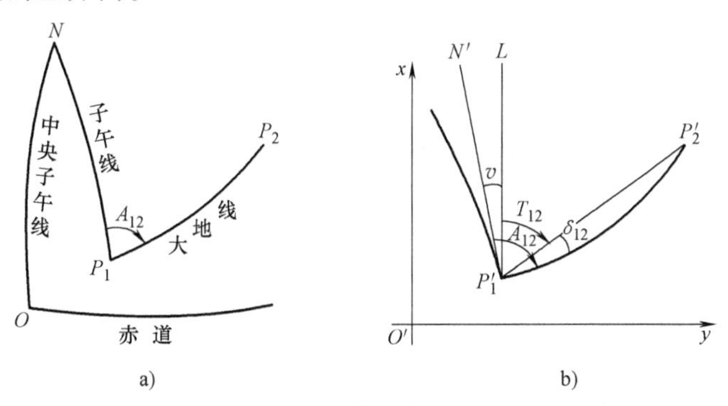

图 7-8　方位角的化算

A_{12} 与 T_{12} 的关系，随投影方法而定。在高斯投影中，子午线 P_1N 投影到平面上以后产生弯曲，大地线 P_1P_2 投影后也产生弯曲，在平面上用两条弧线 $\overset{\frown}{P_1'N'}$ 和 $\overset{\frown}{P_1'P_2'}$ 来表示。因为是等角投影，它们的夹角实际上还是 A_{12}（在平面上，A_{12} 是用弧线 $\overset{\frown}{P_1'N'}$ 及 $\overset{\frown}{P_1'P_2'}$ 在 P_1' 点上的切线之间的夹角来量度的）。过 P_1' 点作一条平行于纵坐标轴的直线 $P_1'L$，可以看出，在 P_1' 点上真北方向（子午线方向）与坐标北方向相差一个微小角度，这就是通常所说的子午线收敛角 γ。显然，γ 随投影方法而定。另外，P_1' 和 P_2' 两点间的大地线方向与直线方向之间还相差一个微小角度，这就是前面所讲的曲率改正 δ_{12}。

图 7-8 所表示的情况结合式（7-5）可知，这里的 δ_{12} 是负值，γ 是正值。可写出 T_{12} 和 A_{12} 的关系式

$$T_{12} + \gamma_1 = A_{12} + \delta_{12}$$

一般地，在同一点上，有

$$T + \gamma = A + \delta \tag{7-9}$$

由式（7-9）可见，T 和 A 互相换算时，需要知道 γ 和 δ。γ 和 δ 的计算前面已经讲过，在此不再赘述。

7.2 距离改化计算

7.2.1 地面上的观测距离化算为参考椭圆体面上的大地线长度

1. 化算到参考椭圆体面上

将地面电磁波测距长度化算至椭球面上的问题，在前述内容中已作了详细阐述，在这不再赘述。地面基线尺丈量长度化算到椭球面上的长度，可按下式进行

$$S = S_0\left(1 + \frac{H_m}{R}\right)^{-1} + \frac{u_1'' + u_2''}{2\rho''}(H_B - H_A) \tag{7-10}$$

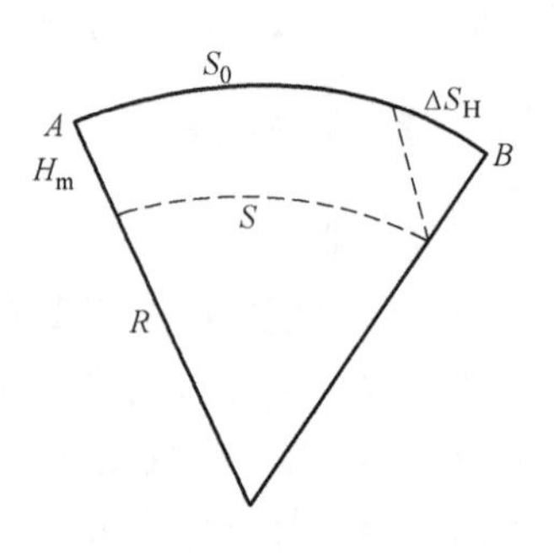

图 7-9 基线尺量距化算到椭球面上的长度

式中 S_0——基线尺丈量长度（km）（已经过尺段倾斜改正）；

H_m——基线端点平均大地高（km），$H_m = \frac{1}{2}(H_A + H_B)$；

R——基线方向法截线曲率半径（km）；

$\frac{u_1'' + u_2''}{2\rho''}(H_B - H_A)$——垂线偏差对长度化算的影响（km），$u_1''$ 和 u_2'' 为基线端点处垂线偏差在基线方向上的分量。此项改正数值很小，是否需要根据测区及计算精度要求的实际情况作具体分析。

由于长度化算和方向化算相比较，其改正数值较大，因此在任何等级的控制测量中，都必须予以考虑。这里需要说明的是，将地面测量的长度化算为椭球面上的长度，严格来说，应该确切地知道当地的高程异常 ζ，以便用下列公式计算地面至椭球面的高程

$$H = H_{常} + \zeta \tag{7-11}$$

不过，对于工区控制测量来说，通常可以忽略高程异常的影响。这就是说，在工程平面控制测量实际计算中，可以忽略似大地水准面与椭球面的差异对计算结果的影响，而使用正常高代替大地高。但在高程控制测量中不能忽略两者的差别。

2. 化算到测区平均高程面上

测区平均高程面上的长度与参考椭球面上的长度之间近似存在着下列关系（忽略高程异常）

$$\frac{S_M}{R_A + H_M} = \frac{S}{R_A}$$

式中 H_M——测区平均大地高程（km）；

S_M——测区平均高程面上的长度（km）。

考虑到式（7-10），地面距离观测值化算到平均高程面上的长度为

$$S_{M}=\left(1+\frac{H_{M}}{R_{A}}\right)\left(D-\frac{1}{2}\frac{\Delta h^{2}}{D}-D\frac{H_{m}}{R_{A}}+\frac{D^{3}}{24R_{A}^{2}}\right) \tag{7-12}$$

或

$$S_{M}=\left(1+\frac{H_{M}}{R_{A}}\right)\left[S_{0}\left(1+\frac{H_{m}}{R}\right)^{-1}+\frac{u_{1}''+u_{2}''}{2\rho''}(H_{B}-H_{A})\right] \tag{7-13}$$

3. 算例

某测线两端点 A、B 的高程分别为2000m、3000m，测线 A 端法截线的曲率半径为6371km（视为平均曲率半径），电磁波测定平距为100m、500m、2km、5km时，试计算其在参考椭球体面上的大地线长度。

光电测距仪测距化算到参考椭球体面上的公式为

$$S=D-\frac{1}{2}\frac{\Delta h^{2}}{D}-D\frac{H_{m}}{R_{A}}+\frac{D^{3}}{24R_{A}^{2}}$$

其中，第二项为高差引起的倾斜改正，此处距离已经经过了此项改正，故本例中的化算公式为

$$S=D-D\frac{H_{m}}{R_{A}}+\frac{D^{3}}{24R_{A}^{2}}$$

其中，$R_{A}=6371\text{km}$。

分别取 $H_{m}=2\text{km}$、2.5km、3km，$D=100\text{m}$、500m、2000m、5000m进行计算，结果见表7-2。

表7-2 距离化算算例

	H_{m}/km	电磁波测距 D/m			
		100	500	2000	5000
椭球面上的长度/m	2	99.969	499.843	1999.372	4998.430
	2.5	99.961	499.804	1999.215	4998.038
	3	99.953	499.765	1999.058	4997.646

对以上计算结果进行分析可知，将电磁波测距化算到参考椭球面上的长度总是缩短的。且当 H_{m} 的值相同时，随着电磁波测距长度 D 的增加，缩短值越大；当电磁波测距长度 D 的值相同时，随着 H_{m} 值的增加，缩短值越大。

7.2.2 参考椭圆体面上的大地线长度化算为高斯平面上大地线投影曲线的弦线长度

长度的化算是将椭圆体面上两点之间的大地线长度化算为高斯投影平面上两点之间的直线长度。如图7-10所示，以 S 表示椭圆体面上两点 P_{1}、P_{2} 之间的大地线长度，以 s 表示大地线的投影曲线的长度，以 D 表示投影曲线的弦长。在平面上解算三角形必须用直线边，不能用曲线边，因此要将 s 化为 D。由此可见，长度的改化包括两项任务：一是将参考椭圆体面上的大地线长度化算为高斯投影平面上的大地线投影曲线长度；二是将高斯投影平面上的大地线投影曲线长度化算为其弦线长度。

1. 将参考椭圆体面上的大地线长度化算为高斯投影平面上的大地线投影曲线长度

在高斯投影的几何意义中，投影面（即椭圆柱面）是套在椭圆体面之外的，所以投影后长度变长，故此项改正一定为正值。

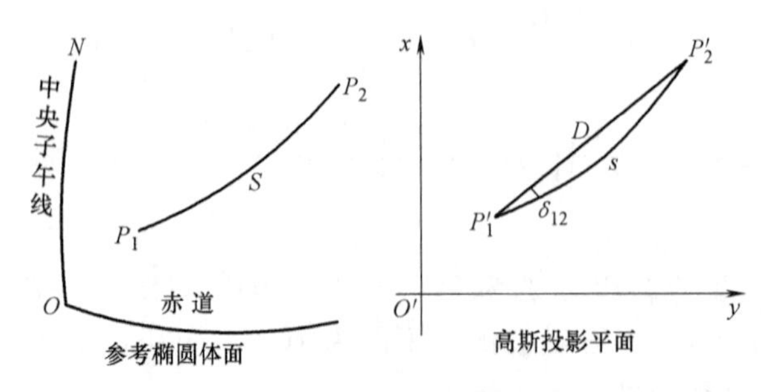

图 7-10 长度的化算

长度改化与大地线的位置和长度都有关系，大地线离中央子午线越远，改正数越大，大地线越长，改正数也越大。下面不加推导地给出计算距离改正的公式

$$s = S\left(1 + \frac{y_m^2}{2R^2} + \frac{\Delta y^2}{24R^2}\right) \tag{7-14}$$

式中 R——测区的平均曲率半径（km），可根据测区的平均纬度（取到分即可）。

这是比较精确的公式，对于四等三角一般可略去公式中的第三项，得

$$s = S\left(1 + \frac{y_m^2}{2R^2}\right) \tag{7-15}$$

2. 将高斯投影平面上的大地线投影曲线长度化算为其弦线长度

图 7-11 中，s 为大地线在平面上投影曲线的长度，因为这个曲线上弧度 ds 和弦线 D 之间的夹角 δ 在任何情况下均是微小值，以致可以忽略 s 和 D 的长度差异。

例如，在图 7-11 中过 1 点和 2 点作大地线投影曲线 $1T2$ 的切线 $1K$ 和 $2K$，即可看出

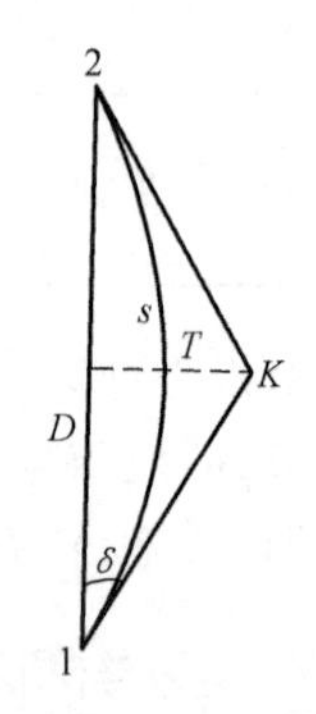

图 7-11 曲线化弦线

$$D < s < \overline{1K} + \overline{2K} \approx 2 \times \overline{1K} = D\sec\delta$$

即

$$s < D\sec\delta$$

$$s - D < D\sec\delta - D$$

因而

$$\frac{s-D}{D} < \sec\delta - 1$$

将上式右端展开成级数形式并取至 2 次项得

$$\sec\delta - 1 = \frac{\delta^2}{2\rho^2}$$

即

$$\frac{s-D}{D} < \frac{\delta^2}{2\rho^2}$$

当长度 s 达 30km 时，δ 最大不过 20″，此时

$$\frac{s-D}{D} < 1:200000000$$

对于最精密的长度测量，其中误差不超过 1:1000000，所以在任何情况下均可取 $s = D$。故式（7-15）可改写为

$$D = S\left(1 + \frac{y_m^2}{2R^2}\right) \tag{7-16}$$

或者

$$\begin{cases} D = S + \Delta s \\ \Delta s = \dfrac{y_m^2}{2R^2}S \end{cases} \tag{7-17}$$

3. 算例

假定测线两端点 A、B 在参考椭球面上的大地线长度 S 分别为 1000m、2000m、5000m，y_m 分别为 45km、90km、135km，测区平均曲率半径为 6371km，试计算其在高斯平面上的弦线长度。

根据式（7-16），将椭球面上的大地线长度 S 和相应的 y_m 分别代入该公式，计算高斯平面上的弦线长度，计算结果见表 7-3。

表 7-3　距离化算算例

	椭球面上的长度 S/m			y_m/km
	1000	2000	5000	
高斯平面上的弦线长度/m	1000.025	2000.050	5000.125	45
	1000.100	2000.200	5000.499	90
	1000.225	2000.449	5001.123	135

对以上计算结果进行分析可知，将椭球面上的大地线长度化算到高斯平面上的弦线长度总是增大的。且当 y_m 的值相同时，随着椭球面上的长度 S 的增加，增长值越大；当椭球面上的长度 S 的值相同时，随着 y_m 值的增加，增长值越大。

7.3　高差改化计算

7.3.1　正常位水准面不平行性的改正

1. 正常高高差的计算

由于水准面的不平行性，致使经不同路线观测高差推算的同一点高程不相同，因而，必须采用正高系统或正常高系统来确定地面点的高程。我国采用的是正常高系统。在正常高系统的计算公式中，必须在野外观测时同时观测水准路线上各点的重力加速度 g，比较烦锁。所以，在实际工作中，用正常重力加速度 γ 代替正常高系统的计算公式中的实测重力加速度 g，可以得到正常高的近似值

$$H_{近}^{B} = \frac{1}{\gamma_m^B}\int_{OAB} \gamma \cdot dh \tag{7-18}$$

近似正常高相当于将地球视为理想的正常椭球，而没有顾及地壳内部质量分布不均匀所产生的重力异常的影响。

式（7-18）中的正常重力加速度值 γ 可根据前述公式求得。因此，不需要经过重力测量就能算出一个改正数，将这个改正数与观测高差相加，便可求得近似正常高。这个改正数称为“正常位水准面不平行改正”。

根据观测高差计算正常高高差的公式为

$$H^{B}_{常} - H^{A}_{常} = (H^{B}_{测} - H^{A}_{测}) + \varepsilon + \lambda \tag{7-19}$$

式中右边第一项为水准观测高差，第二项为沿水准路线的正常位水准面不平行改正；第三项为沿水准路线的重力位与正常位水准面不一致所引起，称其为重力异常项改正。其中前两项通常在水准测量概算中计算，取其和即为概略高程。只有在内业平差水准网时，才加入重力异常项改正。

2. 正常位水准面不平行的改正

如上所述，为求得正常高的高程，对观测高差必须进行正常位水准面不平行改正和异常项改正。在外业概算中，仅对三等以上水准测量结果进行正常位水准面不平行改正，因为四等水准测量的路线较短，且精度要求较低，可不进行此项改正。这样，三等以上的观测高差加入正常位水准面不平行改正后，即可算出水准点的概略高程。在对水准网进行内业平差时，再根据沿线实测的重力资料对观测高差进行异常项改正，随即进行平差，算出最后高程。

正常位水准面不平行改正在表7-4中进行计算。例如表7-4中的“Ⅱ北天1甲”至“Ⅱ北天2”测段，此项改正为

$$\varepsilon_i = -AH_i\Delta\varphi'_i = [-1509 \times 10^{-9} \times 716 \times (-5)]\text{mm} = 5.40\text{mm}$$

其中，A 是用整个水准路线的平均纬度，$\varphi_m = 39°32'$，按式 $A = \dfrac{2\alpha}{\rho'}\sin2\varphi_m$ 算出的；$H_i = 716$ 为该测段始、末两点之近似高程平均值，以m为单位；$\Delta\varphi'_i = 39°46' - 39°51' = -5'$ 为测段始末点纬度 φ_1 与 φ_2 之差，即 $\Delta\varphi'_i = \varphi_2 - \varphi_1$，以′为单位。计算结果以mm为单位，取至0.1mm，将其写在表7-4相应位置中。

表7-4 近似正高改正与路线闭合差计算

二等水准路线：自至　　　　计算者：

测段编号	水准点编号	纬度 φ (°′)	观测高差 h /m	近似高程 /m	平均高程 /m	Δφ (′)	H×Δφ	近似正高改正 ε = −A×H×Δφ /mm	附记
	Ⅱ北天1甲	39 51		692					
1			+47.121		716	−5	−3580	+5.40	
	Ⅱ北天2	46		739					已知：
2			−41.049		718	−4	−2872	+4.35	
	Ⅱ北天3	42		698					Ⅱ北天1甲高
3			−16.346		690	−5	−3450	+5.21	程为：
	Ⅱ北天4	37		682					692.443 18m
4			+11.399		688	−6	−4128	+6.23	
	Ⅱ北天5	31		693					Ⅱ北天11乙高
5			+28.895		708	−3	−2124	+3.21	程为：
	Ⅱ北天6	28		722					811.843 07m
6			−20.744		712	−3	−2136	+3.22	
	Ⅱ北天7	25		701					$\varphi_{甲均} = 39°32'$
7			+25.618		714	−5	−3570	+5.39	
	Ⅱ北天8	20		727					$A = 1509 \times 10^{-9}$
8			+20.103		737	−3	−2211	+3.34	
	Ⅱ北天9	17		747					
9			+36.473		765	+1	+765	−1.16	
	Ⅱ北天10	18		783					
10			+27.885		797	−4	−3118	+4.82	
	Ⅱ北天11乙	14		811			Σ	+40.01	

7.3.2 水准路（环）线闭合差的改正

若水准路线附合于已知高程的水准点上，或自成独立的闭合环，则此路线闭合差 w 需按与测段长度 R 成比例地配赋于各测段之高差中。此时按下式计算第 i 个测段（设路线中共有 n 个测段）的高差改正数 v_i

$$v_i = -\frac{R_i}{\sum_1^n R_i}w = (H_0 - H_n) + \sum_1^n h + \sum_1^n \varepsilon \tag{7-20}$$

式中 H_0、H_n——起始点与终点之已知高程（mm），在闭合路线中 $H_0=H_n$；

$\sum_1^n h$——各测段观测高差之和（mm）；

$\sum_1^n \varepsilon$——整个路线之正常位水准面不平行改正数（mm）。

在表 7-5 中，$w=-11.25\text{mm}$，对于测段 1 两水准点间的闭合差改正为

$$v_1=\left[-\frac{5.6}{60.0}\times(-11.25)\right]\text{mm}=+1.05\text{mm}$$

表 7-5　二等水准测量外业高差与概略高程计算

路线名称：Ⅱ北天线自　　至　　　　　　编算者：　　　　　　检查者：

测段编号	水准点编号	测段距离 R/km	距起始点距离 /km	观测高差 h / 标尺长度改正 δ 往测 /m	观测高差 h / 标尺长度改正 δ 返测 /m	往返测高差不符值 /mm	不符值积累 /mm	加 δ 后往返测高差中数 h / 近似正高改正 ε / 闭合差改正 v /mm	概略高程 H/mm
	Ⅱ北天 1 甲		0.0				0.00		692 443.2
1		5.6		+47.121 48 − 2 83	−47.120 13 + 2 83	+1.35		+47 117.98 + 5.40 + 1.05	
	Ⅱ北天 2		5.6				+1.35		739 567.6
2		6.4		−41.048 34 + 2 46	+41.049 35 − 2 46	+1.01		−41 046.38 + 4.35 + 1.20	
	Ⅱ北天 3		12.0				+2.36		698 526.8
3		7.3		−16.347 12 + 98	+16.345 08 − 98	−2.04		−16 345.12 + 5.21 + 1.37	
	Ⅱ北天 4		19.3				+0.32		682 188.3
4		6.2		+11.400 96 − 68	−11.398 01 + 68	+2.95		+11 398.80 + 6.23 + 1.16	
	Ⅱ北天 5		25.5				+3.27		693 594.4
5		5.2		+28.894 10 − 1 73	−28.896 06 + 1 73	−1.96		+28 893.35 + 3.21 + 0.97	
	Ⅱ北天 6		30.7				+1.31		722 492.0
6		4.8		−20.743 68 + 1 24	+20.744 19 − 1 24	+0.51		−20 742.70 + 3.22 + 0.90	
	Ⅱ北天 7		35.5				+1.82		701 753.4
7		7.4		+25.617 47 − 1 54	−25.619 21 + 1 54	−1.74		+25 616.80 + 5.39 + 1.39	
	Ⅱ北天 8		42.9				+0.08		727 377.0
8		5.6		+20.102 41 − 1 21	−20.103 92 + 1 21	−1.51		+20 101.96 + 3.34 + 1.05	
	Ⅱ北天 9		48.5				−1.43		747 483.4
9		6.3		+36.472 34 − 2 19	−36.473 08 + 2 19	−0.74		+36 470.52 − 1.16 + 1.18	
	Ⅱ北天 10		54.8				−2.17		783 953.9
10		5.2		+27.886 02 − 1 67	−27.884 18 + 1 67	+1.84		+27 883.43 + 4.82 + 0.97	
	Ⅱ北天 11 乙		60.0				−0.33		811 843.1

注：$\omega=\sum h+(H_Ⅰ-H_Ⅱ)+\sum\varepsilon=(+119348.64-119399.90+40.01)\text{ mm}=-11.25\text{mm}$

7.3.3 概略高程计算

算出水准点间高差改正数以后，各水准点的概略高程可按下式计算

$$H_i = H_{i-1} + h_i + \varepsilon_i + v_i$$

直接在表7-5中计算。例如Ⅱ北天2点水准点概略高程为

$$H = (692443.2 + 47117.98 + 5.40 + 1.05)\text{mm} = 739567.6\text{mm}$$

概略高程最后以m为单位表示，取位至10^{-4}m。

7.4 地方坐标系的建立

我国《国家三角测量规范》（GB/T 17942—2000）规定采用的坐标系统，我们通常称作国家统一坐标系统。换句话说，国家统一坐标系统就是指国家规定的高斯投影6°带或3°带坐标系统。这样规定，不但符合高斯投影的分带原则和计算方法，与国际惯例相一致，而且也便于大地测量成果的统一、使用和互算。

工区采用国家统一坐标系统的结果，常常改变工区控制网各边的真实长度，引起长度变形，这对工区大比例尺测图和工程测量是十分不利的。在工程测量中，如何选择合适的投影面和投影带，亦即经济合理地建立工区局部坐标系，使其既满足测制大比例尺图的任务，又满足各种工程建设施工放样的要求，目前尚缺乏统一的规定和明确条文。这里只是就有关的一般性问题，如工程测量中选择投影面和投影带的基本出发点以及几种可能采用的坐标系等问题作一些介绍。

7.4.1 有关投影变形的基本概念

众所周知，平面控制测量投影面和投影带的选择，主要解决长度变形问题，这种投影变形主要是由于以下两种因素引起的。

一是将实地测得的真实长度归化到国家统一的椭球面上时的变形影响，应加如下改正数

$$\delta_H = -\frac{H}{R_A}s_H \tag{7-21}$$

式中 R_A——长度所在方向的椭球曲率半径（km）；

H——长度所在高程面对于椭球面的高差（km）；

s_H——实地测量的长度（km）。

二是将椭球面上的长度投影至高斯平面的变形影响，加入如下改正数

$$\delta_1 = \frac{y_m^2}{2R^2}s \tag{7-22}$$

式中符号的意义同式（7-21）。

这样，地面上的一段距离，经过上列两次改正计算，被改变了真实长度。这种高斯投影平面上的长度与地面真实长度之差，就称为长度综合变形，其计算公式为

$$\delta = +\frac{y_m^2}{2R^2} - \frac{H}{R_A}s_H$$

为了实际计算方便，又不致损害其必要的精度，可以将椭球视为圆球。取圆球的半径$R\approx$

$R_A \approx 6371\text{km}$，又取不同投影面上的同一距离近似相等，即 $s \approx s_H$，将上式写成相对变形的形式，则为

$$\frac{\delta}{s} = (0.00123y^2 - 15.7H) \times 10^{-5} \tag{7-23}$$

式中　y——测区中心的横坐标（km）。

上式表明，采用国家统一坐标系统所产生的长度综合变形，与测区所处投影带内的位置和测区平均高程有关。利用式（7-23）可以方便地计算已知测区内相对变形的大小。可见，将地面实测长度归算到参考椭球面上总是缩短的，且随着 H 的增大而增大；将参考椭球面上的长度归算到高斯平面上的变形总是增大的，且与 y_m 的平方成正比，即离中央子午线越远变形越大。

7.4.2　工区控制网的精度要求

工区控制网应该满足大比例尺测图的需要，同时还应满足一般工程施工放样的需要。以下我们从这两个方面分析长度综合变形的容许数值。

首先，我们从测图精度方面考虑。通常，工区地形测图的基本比例尺为 1∶2000。这种比例尺的地形图，可以满足大多数工程设计的需要。从对图样的基本要求来说，长度综合变形应该无损于成图和用图的精度。为此，必须使长度变形小于人眼的鉴别能力，以致人眼无法察觉，在图样上反映不出长度变形。因为人眼所能鉴别的最小角距一般为 60″，正常眼睛的最明视距离为 250mm，这就要求图样上的长度变形量应该小于

$$\frac{60''}{\rho''} \times 250\text{mm} = 0.073\text{mm}$$

对于 1:2000 比例尺图，相应于实地 $0.073\text{mm} \times 2000 \approx 150\text{mm}$。只有在成图和用图范围以内，规定长度变形不超过 150mm，才具有实际意义。

按照《煤炭工业矿井设计规范》（GB 50215—2005）规定，矿井井田走向长度一般为："小型矿井不少于 1.5km；中型矿井不少于 4.0km，大型矿井不少于 7.0km"。根据"井田两翼储量大致均衡，井下运输、通风、开采比较合理"的原则，井筒大多位于井田沿走向全长的中点处，而且矿井初期采区尽量布置在井筒附近，先近后远，逐步向井田边界扩展。因此，井上下对照图的成图过程，实际是从井筒开始向两翼边界逐渐测绘的。对图样的使用，亦更多地局限在井筒至井田边界的单翼长度内。我们分别按小型矿井、中型矿井、大型矿井的单翼长（分别为 0.75km、2.0km、3.5km）计算出相对变形的容许值，即

小型矿井　$$\frac{\delta}{s} = \frac{150\text{mm}}{0.75\text{km}} = \frac{1}{5000}$$

中型矿井　$$\frac{\delta}{s} = \frac{150\text{mm}}{2.0\text{km}} = \frac{1}{13000}$$

大型矿井　$$\frac{\delta}{s} = \frac{150\text{mm}}{3.5\text{km}} = \frac{1}{23000}$$

根据上列计算结果，为适应不同规模矿井的共同需要，而又不致对投影区域限制过小，长度综合变形的容许数值应该定为 1/20000。

其次，工区控制网还需作为各种工程施工放样的依据。为便于施工放样测量工作的进行，

要求控制点之间坐标反算的边长与实地测量长度相符，即要求投影所引起的长度变形应小于施工放样的测量误差。一般来说，施工放样的方格网和建筑轴线的测量精度为1/5000～1/20000，由投影归算引起的控制网长度变形应小于施工放样允许误差的1/2，即相对误差为1/10000～1/40000。因此，将长度综合变形容许值定为1/20000，与绝大多数施工放样的测量精度也是相适应的。

7.4.3 工程测量投影面和投影带的选择

1）在满足工程测量上述精度要求的前提下，为使得测量结果的一测多用，这时应采用国家统一3°带高斯平面直角坐标系，将观测结果归算至参考椭球面上。这就是说，在这种情况下，工程测量控制网要同国家测量系统相联系，使二者的测量成果相互利用。

2）当边长的两次归算投影改正不能满足上述要求时，为保证工程测量结果的直接利用和计算方便，可以采用任意带的独立高斯投影平面直角坐标系，归算测量结果的参考面可以自己选定。为此，可采用下面三种手段来实现：

① 通过改变H_m从而选择合适的高程参考面，将抵偿分带投影变形，这种方法通常称为抵偿投影面的高斯正形投影。

② 通过改变y_m，从而对中央子午线作适当移动，来抵偿由高程面的边长归算到参考椭球面上的投影变形，这就是通常所说的任意带高斯正形投影。

③ 通过既改变H_m（选择合适高程参考面），又改变y_m（移动中央子午线），来共同抵偿两项归算改正变形，这就是所谓的具有高程抵偿面的任意带高斯正形投影。

如上例中，将长度综合变形的容许数值1/20000代入式（7-23），即可得到下列方程

$$H = 0.78y^2(10^{-4}) \pm 0.32 \tag{7-24}$$

对于某已知高程面的测区，利用上式可以计算出相对变形不超过容许数值的3°带内y坐标的取值范围；同理，对于不同的投影区域（用y坐标表示最为直观和简便），可以算出综合变形不超过容许数值时的测区平均高程的取值范围。

如果取测区中心的$\pm y$坐标为横轴，取测区平均高程H为纵轴，根据式（7-24）就可以画出相对变形恒为容许数值的两条曲线。这两条曲线就是适合于工区使用的投影带范围的临界线，两曲线包围的部分就是适用于工区测图和工程测量的投影带范围，如图7-12所示。

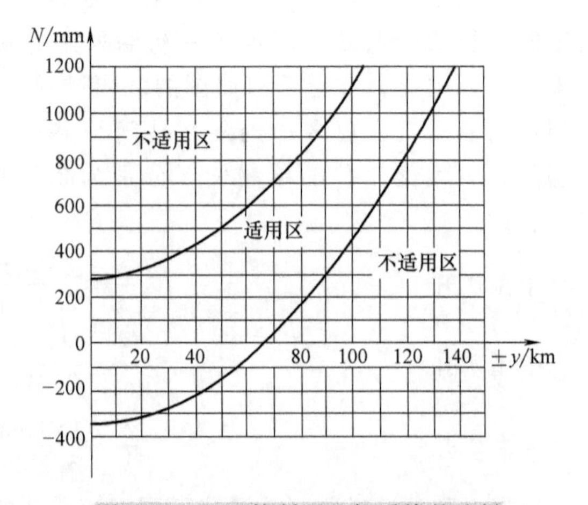

图7-12 工区控制网坐标系统的选择

利用图7-12可以直观地判定国家统一坐标系统是否适合于本工区的需要。如果工区位于图中的“不适用区”，就应该考虑另行选择坐标系统。

国家统一坐标系统是选择椭球面作为投影面，按高斯正形投影3°分带计算坐标的。如果对投影面或投影带作出其他的选择，计算出的坐标就不再是国家统一坐标系统的“统一值”，我们称这种坐标系统为“局部坐标系统”，有时也称为独立坐标系统。

7.4.4　工程测量中几种可能采用的局部坐标系统

下面具体讨论工区局部坐标系统的几种可供选择的方案。对每一种方案，均应注意与国家统一坐标系统取得可靠联系和相互换算的方法。

1. 选择工区平均高程面作为投影面，通过测区中心的子午线作为中央子午线，按高斯正形投影计算平面直角坐标

选择这种局部坐标系统的实质，在于保证测区中心处 $y=0$，$H=0$，使得按式（7-23）计算得到 $\delta=0$，做到测区广大范围内的长度变形尽可能小。此时，应对用作工区控制测量起算数据的国家控制点的坐标进行如下处理。

1）利用高斯投影坐标正反算的方法，将国家点坐标换算成大地坐标（B，L），并由大地坐标计算这些点在选定的中央子午线投影带内的平面直角坐标（x，y）。

2）选择其中一个国家点作为工区控制网的“原点”，保持该点在选定的中央子午线投影带内的坐标（设为 x_0、y_0）不变，其他的国家点应按下式化算到工区平均高程面相应的坐标系中去

$$\begin{cases} x' = x + (x - x_0)\dfrac{H}{R} \\ y' = y + (y - y_0)\dfrac{H}{R} \end{cases} \tag{7-25}$$

式中　H——测区平均高程（m）；

R——测区平均纬度处的椭球平均曲率半径（km），单位需要换算。

按上式化算的坐标值（x'，y'），作为工区控制网的起算数据，平差时视作固定值。

2. 选择“抵偿高程面”作为投影面，按高斯正形投影 3°带计算平面直角坐标

选择“抵偿高程面（图 7-13）”作为投影面，按高斯正形投影 3°带计算平面直角坐标。式（7-21）表明，将边长由较高的高程面化算至较低的椭球面时，长度总是减小的；式（7-22）又表明，将椭球面上的边长投影到高斯平面上，长度总是增加的。根据它们的抵偿性质，如果适当选择椭球的半径，使长度化算到这个椭球面上所减小的数值，恰好等于由这个面投影到高斯平面上所增加的数值，那么高斯平面上的距离同实地距离就一致了。这个适当半径的椭球面，就称为“抵偿高程面”。

欲使长度综合变形得以抵偿，必须保证

$$\frac{H}{R_A}s_H = \frac{y_m^2}{2R^2}s$$

将相关数据代入，则

$$H = \frac{y^2}{2 \times 6371000}$$

其中，y 以 10km 为单位，H 以 m 为单位，则有

$$H = 785y^2 \tag{7-26}$$

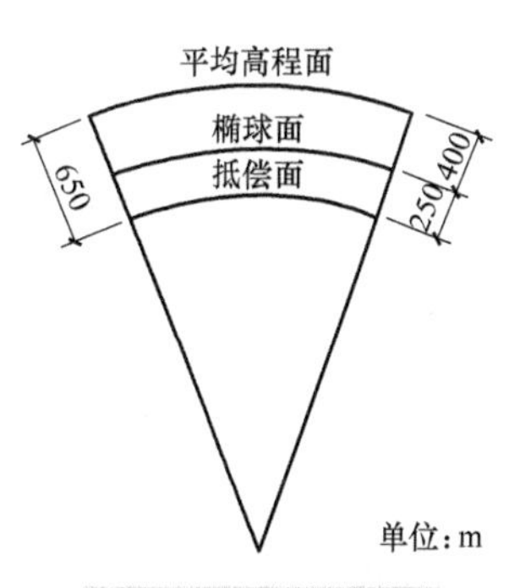

图 7-13　抵偿高程面

利用上式可确定抵偿高程面的位置。例如，某工区中心在高斯投影 3°带的坐标 $y = +91$km，工区平均高程为 400m，按式（7-26）算得

$$H = 785 \times 0.91^2 \text{m} = 650\text{m}$$

即抵偿面应比平均高程面低650m，如图7-13所示。于是，抵偿面的高程为

$$H_{抵} = (400 - 650)\text{m} = -250\text{m}$$

抵偿面位置确定后，就可以选择其中一个国家点作“原点”，保持它在3°带内的国家统一坐标不变，而将其他国家点坐标化算到抵偿高程面相应的坐标系中去，即

$$\begin{cases} x_{抵} = x + (x - x_0)\dfrac{H_{抵}}{R} \\ y_{抵} = y + (y - y_0)\dfrac{H_{抵}}{R} \end{cases} \tag{7-27}$$

这样，经过上式换算的国家点坐标就可以作为工区控制测量的起始数据。

需要时，可将控制点在工区局部坐标系中的坐标，用下式换算成国家统一坐标系统内的坐标

$$\begin{cases} x = x_{抵} - (x_{抵} - x_0)\dfrac{H_{抵}}{R} \\ y = y_{抵} - (y_{抵} - y_0)\dfrac{H_{抵}}{R} \end{cases} \tag{7-28}$$

3. 保持国家统一的椭球面作投影面不变，选择“抵偿投影带”，按高斯正形投影计算平面直角坐标

不同投影带的出现，是因为选择了不同经度的中央子午线的缘故。如果我们合理选择中央子午线的位置，使长度投影到该一投影带所产生的变形，恰好抵偿这一长度投影到椭球面所产生的变形，则高斯投影平面上（即图样上）的长度也能够和实地长度保持一致，避免长度变形。我们特称这种能够抵偿长度变形的投影带为“抵偿投影带”。

为了确定抵偿带的中央子午线位置，可以在式（7-26）中引入经度差1″。取高斯投影正算公式，则有

$$y = \frac{l}{\rho} N\cos B = b_1 l$$

代入式（7-26），并略加变换，则得

$$\begin{cases} l = \dfrac{3570}{b_1}\sqrt{H} \\ L_0 = L - l \end{cases} \tag{7-29}$$

式中 b_1——纬度B处单位经差所对应的平行圈弧长（m/″），$b_1 = \dfrac{N}{\rho}\cos B$；

H——测区平均高程（m）；

L——测区中心的经度（″），可以由已知的国家统一坐标算得；

L_0——抵偿投影带的中央子午线经度（″）；

l——测区中心的纬度L与抵偿带中央子午线经度L_0之差（″）。

根据测区的已知平均高程和中心位置的经纬度，利用式（7-20）就可以确定抵偿投影带的中央子午线位置。抵偿带选定后，应用高斯投影坐标计算的方法，将国家点坐标换算成大地坐标（B，L），再由大地坐标计算这些点在抵偿带内的平面直角坐标（x，y）。这实际上仅仅是一个换带计算问题。反之，已知某点在抵偿带内的平面直角坐标，也可以方便地求

出它在国家统一坐标系统内的坐标值。

将上述三种选择局部坐标系统的方法作一比较可以看出：第一种方法是用既改变投影面，又改变投影带来限制长度变形的。这种局部坐标系统和国家统一坐标系统之间的换算工作，不够直观，不够简便。第二种方法是用变更投影面的方法限制长度变形，具有换算直观、简便的优点。但是，为了解决与国家统一坐标系统的联系问题，这种方法需要选取一个国家点作为局部坐标系统的“原点”。第三种方法是选择抵偿带，通过换带计算来实现国家坐标系统与局部坐标系统的转化工作。这种方法，概念清晰，简便易行，实质上就是用选取中央子午线最佳位置的方法来限制长度的综合变形。

7.4.5　建立地方坐标系算例

某测区位于东经 106°12′~106°30′，北纬 32°30′~32°38′，地面高程为 1500~1800m，测区有 A、B、C 三个已知点，它们在 54 坐标系中 3°带的坐标分别为：A（3597360.333，35613557.185）、B（3598454.256，35619466.228）、C（3605432.018，35614772.066）。试建立地方坐标系并求 A、B、C 三点在地方坐标系中的坐标。

选择工区平均高程面作为投影面，通过测区中心的子午线作为中央子午线，按高斯正形投影计算平面直角坐标，建立地方独立坐标系。

1）选择通过测区中心的子午线 106°21′作为本坐标系的中央子午线。对 A、B、C 进行换带计算，求得三点的坐标为

$$A'(3596717.064, 499832.492)$$
$$B'(3597743.691, 505752.578)$$
$$C'(3604773.136, 501138.759)$$

2）选择测区平均高程面的高程为 $h_0 = 1650\text{m}$，并根据测区纬度求得平均曲率半径 $R = 6369200\text{m}$。

选择 A 点为本坐标系的坐标原点，由式（7-25）计算改正后的坐标增量为

$$\begin{cases} \Delta x'_{AB} = (x'_B - x'_A)\dfrac{R+h_0}{R} = +1026.893\text{m} \\ \Delta y'_{AB} = (y'_B - y'_A)\dfrac{R+h_0}{R} = +5921.620\text{m} \end{cases}$$

$$\begin{cases} \Delta x'_{AC} = (x'_C - x'_A)\dfrac{R+h_0}{R} = +8058.159\text{m} \\ \Delta y'_{AC} = (y'_C - y'_A)\dfrac{R+h_0}{R} = +1306.605\text{m} \end{cases}$$

取 A 点的地方坐标系坐标为

$$\begin{cases} x''_A = 50000.000\text{m} \\ y''_A = 50000.000\text{m} \end{cases}$$

则 B、C 点在本坐标系中的坐标为

$$\begin{cases} x''_B = x''_A + \Delta x'_{AB} = 51026.893\text{m} \\ y''_B = y''_A + \Delta y'_{AB} = 55921.620\text{m} \end{cases}$$

$$\begin{cases} x''_C = x''_A + \Delta x'_{AC} = 58058.159\text{m} \\ y''_C = y''_A + \Delta y'_{AC} = 51306.605\text{m} \end{cases}$$

改化后的 A、B、C 点坐标在实际观测解算过程中作为已知数据使用。

这里要说明的是，我们也可以选择“抵偿高程面”作为投影面，而保持中央子午线不变，按高斯正形投影 3°带计算建立地方独立平面直角坐标系，或者保持国家统一的椭球面作投影面不变，选择“抵偿投影带”，按高斯正形投影计算建立地方独立平面直角坐标系。这两种建立地方坐标系的方法与第一种方法相似，可参照本节中所讲述的方法和步骤进行。

【单元小结】

本单元角度改化计算首先简要阐述角度改化计算的概述知识，接着重点阐述地面上的观测角度化算到参考椭圆体面上、参考椭圆体面上的角度化算到高斯投影平面上的原理和相关公式，最后简单介绍了方位角化算的相关知识。通过一些算例，详细介绍了这些算例的计算方法和结论，为同学们理解本单元的知识提供了帮助。

本单元距离改化计算首先详细阐述了地面上的观测距离化算为参考椭圆体面上的大地线长度的原理及相关公式，接着详细阐述了参考椭圆体面上的大地线长度化算为高斯平面上大地线投影曲线的弦线长度的原理及相关公式。最后通过一些算例，详细介绍了这些算例的计算方法和结论。

本单元高差改化计算重点阐述了正常位水准面不平行性的改正方法的相关知识，并通过一些算例，详细介绍了其计算方法及结论。

本单元地方坐标系的建立主要阐述了投影带的选择方法、地方坐标系建立方法的相关知识，简要介绍了测区平均高程面的选择方法。

【复习题】

1. 三差改正包括哪些内容？

2. 什么是曲率改正，为什么要进行曲率改正？

3. 地面上的距离观测值化算包括哪两大步骤？每个步骤中主要包括哪些内容？

4. 对水准测量的外业观测成果，应添加哪些改正项？

5. 椭球面上一点 A 的大地经度和大地纬度分别为 126°21′25.2239″、29°31′48.4832″，A 点和另一点 B 的概略高程分别为 2888m、2868m，AB 方向的大地方位角为 45°28′，用测距仪观测的地面水平距离为 6688.222m，试求 AB 在北京 1954 坐标系中参考椭球面上的长度，以及 3°带和 1.5°带的高斯平面长度。

6. 某水准路线的平均纬度为 29°31′，A 点的已知高程为 542.246m，A、B 两点的纬度分别为 29°11′和 29°17′，实测高差 $h_{AB} = 36.369\text{m}$，试求正常水准面不平行改正后的高差。

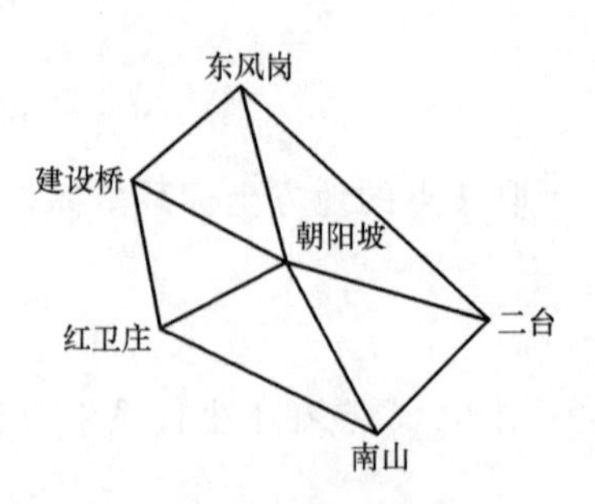

图 7-14 7. 题图

7. 在如图 7-14 所示的三角网中，已知边长和概略角值列于表 7-6 中，已知东风岗至二台的坐标方位角为 142°

30′35″，二台点的坐标为：$x=3590484$，$y=-78761$，测区平均纬度为 32°28′，试作方向改正计算并在图上完成检核计算，填写表 7-6（长半径 $a=6378245$m，扁率 $f=1/298.3=0.003352329869$）。

表 7-6　近似边长和球面角超计算

三角形编号	点名	角号	概略角值 (° ′ ″)	近似边长 /m	球面角超 (″)	备注
1	朝阳坡	B	108 43 20			
	二台	C	32 06 30	11427		
	东风岗	A	39 10 10			
	Σ					
2	南山	B	76 52 20			
	朝阳坡	C	47 45 35			
	二台	A	55 22 05			
	Σ					
3	红卫庄	B	64 21 55			
	朝阳坡	C	63 58 30			
	南山	A	51 39 35			
	Σ					
4	建设桥	B	43 35 30			
	朝阳坡	C	74 32 25			
	红卫庄	A	61 52 05			
	Σ					
5	东风岗	B	62 27 35			
	朝阳坡	C	65 00 15			
	建设桥	A	52 32 10			
	Σ					

8. 某测区位于东经 106°22′～106°26′，北纬 29°00′～29°30′，地面高程为 200～600m，测区有 A、B、C 三个已知点，它们在北京 1954 坐标系中 3°带的坐标分别为：A（3266408.365，35637742.016），B（3268067.157，35637751.916），C（3268155.321，35634286.066）。工程施工中的长度变形容许值为 1/2000，试问可直接使用北京 1954 坐标系吗？若不能，则如何建立地方独立坐标系。

单元 8

观测质量的检核

单元概述

本单元重点介绍观测质量的检核相关知识，其中包括三角网观测质量检核、导线网观测质量检核和水准网观测质量检核的基本原理、公式和方法等内容。

学习目标

1. 理解三角形闭合差的计算原理与方法。
2. 理解测角中误差的计算原理与方法。
3. 理解方位角条件闭合差及其限差的计算原理与方法。
4. 了解极条件闭合差及其限差的计算。
5. 了解基线条件闭合差及其限差的计算。
6. 掌握方位角条件闭合差及其限差的计算原理与方法。
7. 理解测角中误差的计算原理与方法。
8. 理解测边中误差的计算原理与方法。
9. 掌握导线全长相对闭合差的计算原理与方法。
10. 理解测段往返测高差不符值及其限值的计算方法。
11. 掌握路线高差闭合差及其限差的计算原理与方法。
12. 理解 M 和 M_W 的计算方法。
13. 了解三角高程测量观测质量检核计算相关知识。

8.1 三角网观测质量检核

对于观测成果的质量，虽然曾按测站上各项观测限差进行过检查，但它仅反映测站上观测值的内部符合程度，不能反映整个成果的质量。因此还必须根据三角网中各点成果间的内在联系和规律，即三角网的几何条件进行全面的质量检核。例如：平面三角形内角之和应等于180°，这个条件称为图形条件；中点多边形或大地四边形，从一条边出发按正弦公式推算其他边，最后仍推算回起始边，其结果应与原来的边长相等，这种条件称为极条件。由于外业观测结果不可避免地含有误差，观测值不可能完全满足这些理论条件而产生闭合差，这些闭合差的大小反映了观测成果的质量。

按照相关规范中检核要求，下面分别讨论三角形闭合差、测角中误差、坐标方位角条件闭合差、极条件闭合差和基线条件闭合差的计算方法和限差规定。

8.1.1　三角形闭合差的计算

假设在三角网中有 n 个三角形，设第 i 个三角形的三内角观测值分别为 A_i、B_i、C_i，则三角形闭合差为

$$W_i = A_i + B_i + C_i - 180° \tag{8-1}$$

设各角的观测精度相同，且其中误差均为 m_β，由误差传播定律有

$$m_\beta = \sqrt{3}m \tag{8-2}$$

式中　m_β——三角形闭合差的中误差，取两倍中误差为闭合差的限差，则

$$W_{限} = 2m_\beta = 2\sqrt{3}m \tag{8-3}$$

对于三、四等三角测量，《国家三角测量规范》（GB/T 17942—2000）规定，测角中误差 m_β 分别为1.8″和2.5″，代入式（8-3）算得闭合差限差分别为6.2″和8.7″。三、四等三角测量三角形闭合差的限差分别为7.0″和9.0″。在执行时应注意，接近于限差的闭合差应是极少数，实践证明绝大多数应控制在限差的一半以内。

8.1.2　测角中误差的计算

三角形闭合差只能衡量某个三角形的测角精度。对整个三角网，通常采用测角中误差来衡量其测角精度。

设在三角网中有 n 个三角形，由于各角的观测精度相同，且三角形的闭合差 W 具有真误差的性质，根据中误差的定义，可知三角形闭合差的中误差为

$$m_\beta = \pm\sqrt{\frac{[WW]}{n}}$$

顾及式（8-2）得

$$m_\beta = \pm\sqrt{\frac{[WW]}{3n}} \tag{8-4}$$

这就是著名的菲列罗公式。

《国家三角测量规范》（GB/T 17942—2000）规定，三、四等三角测量的角度观测精度，用20个以上的三角形闭合差计算的测角中误差来衡量。但由于工区控制范围较小，三角形个数不多，当 $n<10$ 时按式（8-4）计算的测角中误差就不可靠，计算的数值只能作参考。

8.1.3　方位角条件闭合差及其限差的计算

三角网中有两个以上起始方位角时，还应进行方位角条件闭合差检核。图8-1中，T_1、T_2 为已知坐标方位角，坐标方位角条件式为

$$T_1 \pm 180° - \bar{c}_1 \pm 180° + \bar{c}_2 \pm 180° - \bar{c}_3 \pm 180° + \cdots \pm \bar{c}_n = T_2 \tag{8-5}$$

用观测值代入，得坐标方位角条件闭合差计算公式为

$$W_f = T_1 - T_2 + \sum c_L - \sum c_R \pm n \cdot 180° \tag{8-6}$$

若 T_1、T_2 的中误差为 m_T，则

$$m_{Wf}^2 = nm^2 + 2m_T^2 \tag{8-7}$$

由此得坐标方位角条件闭合差的限值为

$$W_{f限} = \pm 2\sqrt{nm^2 + 2m_T^2} \tag{8-8}$$

式中 m_β——测角中误差（″）；

n——推算方位角时转折角的个数。

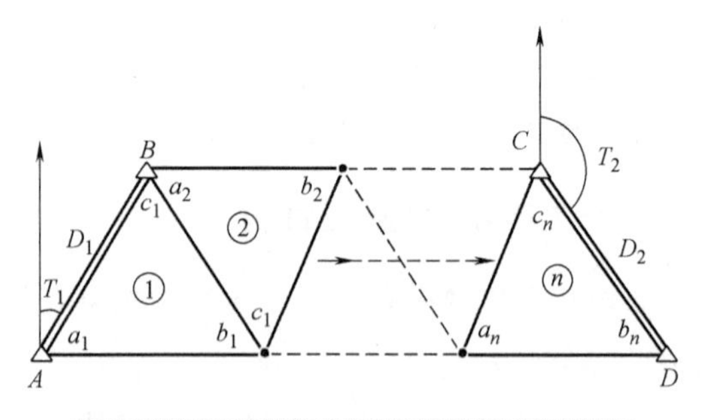

图 8-1　三角网中方位角条件闭合差检核

按三角网几何条件检核观测质量的方法，这些检核是衡量外业成果质量的主要标准。因此，每完成一期作业后，必须进行。如果在检核计算中发现某些闭合差超限，应对此进行全面的分析研究，找出产生较大误差的原因，以便有的放矢地进行返工。

8.1.4　极条件闭合差及其限差的计算

在中点多边形和大地四边形中，除了有三角形内角和条件外，还有边的几何关系构成的条件，即从任何一边出发，以一共同的顶点为极，沿着一定的推算路线闭合至原来边上，由于观测角有误差，使其推算值与原有值不相等，其差值称为**极条件闭合差**。这一闭合差的大小反映了传距角的观测质量。

1. 中点多边形极条件闭合差

在图 8-2 中，以 O 点为极，自 AO 边可依次推算出 BO、CO 等的边长，最后闭合到 AO 边。如果测角没有误差，则 AO 边的推算值必然与其已知值相等，即闭合差为零。所以边闭合差的大小也能检查观测角的质量。

根据三角网按条件平差列立条件方程式的方法得，极条件方程式为

$$\frac{\sin\bar{a}_1 \sin\bar{a}_2 \cdots \sin\bar{a}_n}{\sin\bar{b}_1 \sin\bar{b}_2 \cdots \sin\bar{b}_n} = 1$$

式中 $\bar{a}_i$、$\bar{b}_i$——相应角的平差值，若用观测值 a_i、b_i 及其改正数 v_{a_i}、v_{b_i}代之，并对上式进行线性化，经化简得极条件式的线性形式为

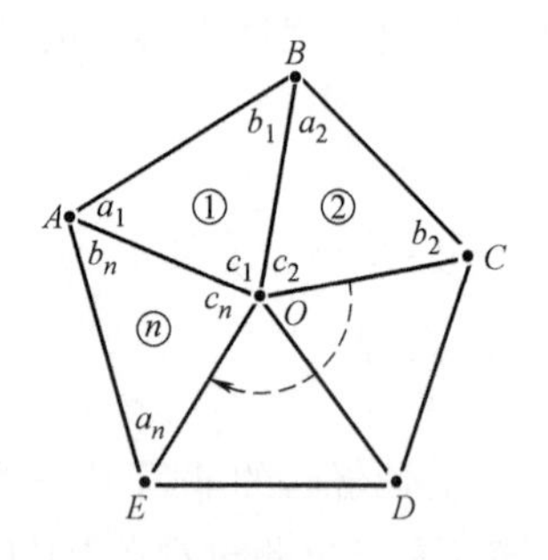

图 8-2　中点多边形极条件闭合差

$$\cot a_1 v_{a_1} + \cot a_2 v_{a_2} + \cdots + \cot a_n v_{a_n} - \cot b_1 v_{b_1} - \cot b_2 v_{b_2} - \cdots - \cot b_n v_{b_n} + W_{极} = 0 \tag{8-9}$$

其中

$$W_{极} = \left(1 - \frac{\sin b_1 \sin b_2 \cdots \sin b_n}{\sin a_1 \sin a_2 \cdots \sin a_n}\right)\rho \tag{8-10}$$

根据误差传播定律不难得出 $W_{极}$ 的中误差为

$$m_{\beta_{极}} = m_\beta \sqrt{\sum(\cot^2 a_i + \cot^2 b_i)} \tag{8-11}$$

若统一用 β 表示传距角 a 和 b，且取两倍中误差作为限差，则极条件闭合差的限值为

$$W_{极_{限}} = 2m_\beta \sqrt{\sum \cot^2\beta} \tag{8-12}$$

由式（8-12）可见，极条件闭合差的限差不仅与测角精度有关，还取决于三角网中传

距角的大小和个数。由式（8-10）算得的极条件闭合差 $W_{极}$ 若超过由式（8-12）所求的限差 $W_{极_限}$，则说明角度观测的质量不符合要求。

2. 大地四边形极条件闭合差

大地四边形的极条件只有一个，但极条件式有多种形式，可以对角线交点为极，也可以任意顶点为极，如图 8-3 所示。

以对角线交点为极的极条件闭合差和限差的计算方法与中点多边形的计算方法相同。下面介绍以顶点 C 为极的极条件闭合差和限差的计算方法。

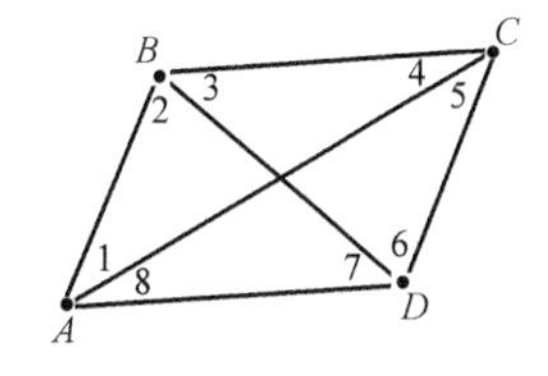

图 8-3 大地四边形极条件闭合差

以顶点 C 为极的极条件式为

$$\frac{\sin(\overline{1})\sin(\overline{3})\sin(\overline{6}+\overline{7})}{\sin(\overline{2}+\overline{3})\sin(\overline{6})\sin(\overline{8})}=1$$

式中 $(\overline{i})$——相应角的平差值（°），若用观测值及其改正数代之，并将上式线性化后整理，得

$$\cot(1)v_1+\cot(3)v_3+\cot(6+7)(v_6+v_7)-\cot(2+3)(v_2+v_3)-\cot(6)v_6-\cot(8)v_8+W_{极}=0 \tag{8-13}$$

式（8-13）为大地四边形条件式的线性形式。其中

$$W_{极}=\left[1-\frac{\sin(2+3)\sin(6)\sin(8)}{\sin(1)\sin(3)\sin(6+7)}\right]\rho \tag{8-14}$$

由误差传播定律，得

$$m_{\beta_{极}}=m_{\beta}\sqrt{\sum\cot^2(i)} \tag{8-15}$$

取两倍的中误差为限差，则

$$W_{极_限}=2m_{\beta}\sqrt{\sum\cot^2(i)} \tag{8-16}$$

应用式（8-16）时，应注意式中 i 的取值，它仅取在条件方程式中出现的角值。

8.1.5 基线条件闭合差及其限差的计算

在三角网中，如果有两条以上的已知边，除了应满足图形条件和极条件外，还应满足从一已知边起，经过角度推算到另一条已知边时，其推算值与已知值相符合的条件，这个条件称为**基线条件**。它与极条件一样，也能根据闭合差的大小来评定角度观测的质量。

如图 8-1 所示，若 D_1、D_2 为已知边长，基线条件方程式为

$$D_1\frac{\sin\overline{a}_1\sin\overline{a}_2\cdots\sin\overline{a}_n}{\sin\overline{b}_1\sin\overline{b}_2\cdots\sin\overline{b}_n}=D_2$$

式中 $\overline{a}_i$、$\overline{b}_i$——为角度平差值（°）。

将上式化为线性形式，且用观测角值及其改正数代入，得

$$\begin{aligned}&\cot a_1v_{a_1}+\cot a_2v_{a_2}+\cdots+\cot a_nv_{a_n}-\cot b_1v_{b_1}\\&-\cot b_2v_{b_2}-\cdots-\cot b_nv_{b_n}+W_i=0\end{aligned} \tag{8-17}$$

其中

$$W_i=\left(1-\frac{D_2\sin b_1\sin b_2\cdots\sin b_n}{D_1\sin a_1\sin a_2\cdots\sin a_n}-1\right)\rho \tag{8-18}$$

根据误差传播定律，不难求得其闭合差的中误差 m_{W_i} 为

$$m_{W_i}=\pm\rho\sqrt{\left(\frac{m_{D_1}}{D_1}\right)^2+\left(\frac{m_{D_2}}{D_2}\right)^2+\frac{m^2}{\rho^2}(\sum\cot^2 a+\sum\cot^2 b)}$$

式中 $\frac{m_{D_1}}{D_1}$——已知边 D_1 的相对中误差；

$\frac{m_{D_2}}{D_2}$——已知边 D_2 的相对中误差。

若用统一符号 β 表示传距角 a 和 b，并取两倍的中误差为限差，则基线条件闭合差的限差为

$$W_{i限}=\pm 2\rho\sqrt{\left(\frac{m_{D_1}}{D_1}\right)^2+\left(\frac{m_{D_2}}{D_2}\right)^2+\frac{m_\beta^2}{\rho^2}\sum\cot^2\beta} \tag{8-19}$$

8.1.6 算例

表 8-1 中所列的相邻高斯平面方向值相减即得水平角观测值。

表 8-1 水平方向整理表

测站点	照准点	等级	方向观测值 (° ′ ″)	归心改正 (″)	方向改正 (″)	高斯平面方向值 (° ′ ″)
宋家梁	小白山	三	0 00 00.0	+1.13	-1.00	0 00 00.0
	北 坡	四	272 31 20.4	+1.48	+0.37	272 31 19.2
	望江峰	四	327 53 27.5	+2.29	-0.29	327 53 29.4
小白山	宋家梁	三	0 00 00.0	+0.39	+1.00	0 00 00.0
	望江峰	四	39 10 12.8	-3.54	+0.69	39 10 08.6
	南洼子	四	101 37 45.1	+1.78	+0.34	101 37 45.8
望江峰	小白山	三	0 00 00.0	+2.00	-0.69	0 00 00.0
	宋家梁	三	108 43 18.7	+0.57	+0.29	108 43 18.2
	北 坡	四	156 28 51.7	-1.83	+0.65	156 28 49.2
	砖 厂	四	220 27 19.4	+4.43	+0.45	220 27 23.0
	南洼子	四	294 59 46.8	+0.27	-0.34	294 59 45.4
北 坡	砖 厂	四	0 00 00.0	+3.73	-0.20	0 00 00.0
	望江峰	四	51 39 30.9	+6.75	-0.65	51 39 33.5
	宋家梁	三	128 31 55.9	-1.45	-0.37	128 81 50.6
砖 厂	东 岭	四	0 00 0.00	-0.10	-0.17	0 00 00.0
	红石矿	四	33 29 02.0	-0.84	-0.86	33 29 00.6
	南洼子	四	57 00 19.7	-1.13	-0.78	57 00 18.1
	望江峰	四	118 52 23.6	+1.84	-0.45	118 52 25.3
	北 坡	四	183 14 20.5	-0.39	+0.20	183 14 20.6
南洼子	小白山	三	0 00 00.0	+2.75	-0.34	0 00 00.0
	望江峰	四	52 32 13.9	-1.34	+0.34	52 32 10.5
	砖 厂	四	96 07 43.1	+2.21	+0.78	96 07 43.7
	东 岭	四	151 10 23.9	-0.91	+0.60	151 10 21.2
	红石矿	四	215 06 36.1	-4.02	-0.08	215 06 29.6

（续）

测站点	照准点	等级	方向观测值（° ′ ″）	归心改正（″）	方向改正（″）	高斯平面方向值（° ′ ″）
红石矿	南洼子	四	0 00 00.0	-1.24	+0.08	0 00 00.0
	砖　厂	四	37 29 52.0	+1.10	+0.86	37 29 55.1
	东　岭	四	72 23 23.9	+1.63	+0.68	72 23 27.4
东　岭	红石矿	四	0 00 00.0	-1.28	-0.68	0 0 00.0
	南洼子	四	43 40 22.6	-2.13	-0.60	43 40 21.8
	砖　厂	四	111 37 26.8	-0.41	0.17	111 37 28.5

按表 8-2 中所列的方向值算出观测角值，进而算得三角形闭合差，并记入图 8-4 中，根据这些闭合差，按式（8-4）计算得整个三角网的测角中误差为

$$m_\beta = \pm\left(\sqrt{\frac{44.8}{3\times 9}}\right)'' = \pm 1.29''$$

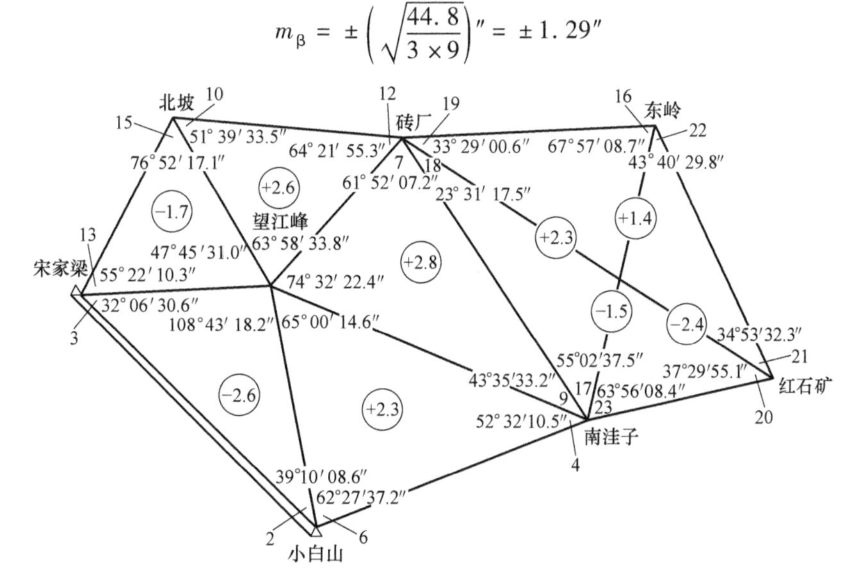

图 8-4　算例示意图

在图 8-4 的实例中，有中点多边形和大地四边形两个极条件。按式（8-10）、式（8-12）、式（8-14）和式（8-16），取 $m_\beta = \pm 2.5''$，算得它们的极条件闭合差及其限差分别为

中点多边形（以“望江峰”为极）$W_j = 0.90''$；$W_{j限} = \pm 13.86''$

大地四边形（以“砖厂”为极）$W_j = -5.78''$；$W_{j限} = \pm 11.04''$

8.2　导线网观测质量检核

各等级导线测量的主要技术要求，应符合表 8-2 的规定。

表 8-2　各等级导线测量的主要技术要求

等级	测角中误差（″）	测回数			方位角闭合差（″）
		J1	J2	J6	
三等	1.8	6	10	—	$3.6\sqrt{n}$
四等	2.5	4	6	—	$5\sqrt{n}$

（续）

等级	测角中误差（″）	测回数			方位角闭合有合差（″）
		J1	J2	J6	
一级	5	—	2	4	$10\sqrt{n}$
二级	8	—	1	3	$16\sqrt{n}$
三级	12	—	1	2	$24\sqrt{n}$

8.2.1 水平角观测的测角中误差的计算

导线网水平角观测的测角中误差，按下式计算

$$m_\beta=\sqrt{\frac{1}{N}\left[\frac{f_\beta f_\beta}{n}\right]} \tag{8-20}$$

式中 f_β——导线环的角度闭合差或附合导线的方位角闭合差（°′″）；

n——计算 f_β 时的相应测站数；

N——闭合环及附合导线的总数。

8.2.2 测边中误差的计算

根据每一条导线边的往、返测量结果不符值，可以计算导线的测边中误差。设 d_i 为往、返测水平距离的不符值，则根据双次观测列求中误差的公式有

$$m_D=\pm\sqrt{\frac{[dd]}{2n}} \tag{8-21}$$

由于不符值 d 中包含了多种因素对测距的影响，所以上式比较客观地反映了实际测距精度中的偶然误差部分。但是，对于与边长成比例的系统误差部分，却因为在不符值 d 中得到抵偿，而不能正确地反映出来。

8.2.3 导线全长相对闭合差的计算

当导线附合于两个高等级已知点时，按下式计算坐标闭合差

$$\begin{cases}f_x=x_1+[D_i\cos T_i]_1^n-x_{n+1}\\ f_y=y_1+[D_i\sin T_i]_1^n-y_{n+1}\end{cases} \tag{8-22}$$

进而可以计算导线全长的相对闭合差

$$\frac{f}{[D]}=\frac{\sqrt{f_x^2+f_y^2}}{[D]} \tag{8-23}$$

式中 $[D]$——导线全长（km）。

计算结果不应超出表 8-3 规定的限值。

表 8-3 各等级导线测量规格

等级	导线长度/km	平均边长/m	测距中误差/mm	测距相对中误差	测角中误差（″）	导线全长相对闭合差
三等	14	3000	20	1/150000	1.8	≤1/55000
四等	9	1500	18	1/80000	2.5	≤1/35000

（续）

等 级	导线长度 /mm	平均边长 /m	测距中误码差 /mm	测距相对中误差	测角中误差 (″)	导线全长相对闭合关差
一级	4	500	15	1/20000	5	≤1/15000
二级	2.4	250	15	1/15000	8	≤1/10000
三级	1.2	100	15	1/10000	12	≤1/5000

8.3 水准网观测质量检核

为了保证水准测量成果的精度，往返测高差不符值、路线或环闭合差的限差要符合一定要求，见表 8-4。下面根据各等水准测量的基本精度指标，介绍闭合差限差的制定和检核。

表 8-4 各等水准测量技术指标

等级	水准路线最大长度 /km	每公里高差中数全中误差 M_W /mm	不符值、闭合差限差/mm		
			测段往返高差不符值	附合路线或环线闭合差	检测已测测段高差的差
二等	400	2	$4\sqrt{R}$	$4\sqrt{L}$	$6\sqrt{K}$
三等	45	6	$12\sqrt{R}$	$12\sqrt{L}$	$20\sqrt{K}$
四等	15	10	$20\sqrt{R}$	$20\sqrt{L}$	$30\sqrt{K}$

注：表中 R 为测段长度，L 为附合路线或环线长度，K 为已测测段长度，均以 km 为单位。

8.3.1 测段往返测高差不符值及其限值的计算

水准测量一般是按测段进行往返观测，而往返观测所得出的高差绝对值不恰好相等，要产生不符值。

若已知往返测高差中数的每千米中误差为 M_Δ，则往测（或返测）单程高差的中误差便为$\sqrt{2}M_\Delta$，而往、返两个单程高差的差数中误差则为$\sqrt{2}\times\sqrt{2}M_\Delta$，即 $2M_\Delta$。取两倍中误差为最大误差，则 $\Delta_{限}=2m_{\Delta h}=4M_\Delta$。对一个测段而言，应有

$$\Delta_{限}=4M_\Delta\sqrt{R} \tag{8-24}$$

式中 M_Δ——相应等级水准测量每千米高差中数的偶然中误差（mm）；

R——测段的长度（km）。

由于一个测段的长度只有几千米，这时可不再考虑系统误差的影响。以此求得的不同等级水准测量的限差，列于表 8-5。

表 8-5 水准测量限差 （单位：mm）

等级	M_Δ	M_W	检测已知点测段闭合差 $\leqslant 2\sqrt{3}M_W\sqrt{K}$		路线往返测不符值 $\leqslant 4M_\Delta\sqrt{R}$	左、右路线高差不符值 $\leqslant 2\sqrt{2}M_\Delta\sqrt{R}$		路线闭合差 $\leqslant 2\sqrt{m_{已}^2+m_{测}^2}\sqrt{L}$		环线闭合差 $\leqslant 2M_W\sqrt{F}$
			计算值	采用值	计算、采用值	计算值	采用值	计算值	采用值	计算、采用值
二	1.0	2.0	$\pm 6.9\sqrt{K}$	$\pm 6\sqrt{K}$	$\pm 4\sqrt{R}$	—	—	$\pm 4.5\sqrt{L}$	$\pm 4\sqrt{L}$	$\pm 4\sqrt{F}$
三	3.0	6.0	$\pm 20.4\sqrt{K}$	$\pm 20\sqrt{K}$	$\pm 12\sqrt{R}$	$\pm 8.4\sqrt{R}$	$\pm 8\sqrt{R}$	$\pm 12.6\sqrt{L}$	$\pm 12\sqrt{L}$	$\pm 12\sqrt{F}$
四	5.0	10.0	$\pm 34.0\sqrt{K}$	$\pm 30\sqrt{K}$	$\pm 20\sqrt{R}$	$\pm 14.0\sqrt{R}$	$\pm 14\sqrt{R}$	$\pm 23.2\sqrt{L}$	$\pm 20\sqrt{L}$	$\pm 20\sqrt{F}$

8.3.2 路线高差闭合差及其限差的计算

1. 环线闭合差的限差

由于水准环线一般较长，这时考虑限差时，应该顾及系统误差的影响。设每千米高差中数的全中误差为 M_W，则环线全长 L 的全中误差为 $M_W\sqrt{L}$，同理，取其两倍作为环闭合差的最大限差。

$$W_{限}=2M_W\sqrt{L} \tag{8-25}$$

式中 L——水准环线的周长（km）。

2. 左、右路线高差不符值的限差

此种高差的不符值，就是双转点观测高差的不符值。由于左右路线相继观测，所受系统误差影响基本相同，因此规定此项限差时，也只需考虑偶然误差影响即可，故有

$$\Delta_{左右}=2\sqrt{2}M_{\Delta}\sqrt{R} \tag{8-26}$$

式中符号的意义同式（8-24）。

3. 附合路线闭合差的限差

当水准路线两端点为已知水准点时，已知高差 $h_{已}$ 与新测高差 $h_{测}$ 的闭合差 W'也应不超过一定限值。此种限差可按下列函数关系式推出

$$W'=h_{已}-h_{测}$$

按协方差传播律有

$$M_{W'}^2=M_{已}^2+M_{测}^2$$

取中误差的两倍为最大误差，则

$$W'_{限}=2M_{W'}\sqrt{L}$$

即

$$W_{限}=2\sqrt{M_{已}^2+M_{测}^2}\sqrt{L} \tag{8-27}$$

式中 $M_{已}$——高级点的每公里高差中数的中误差（mm）；

$M_{测}$——新测水准路线的每公里高差中数的中误差（mm）；

L——新测路线长度（km）。

考虑到附合水准路线与已测路线构成闭合环，故式（8-27）中的 $M_{已}$ 与 $M_{限}$ 均应以相应等级的全中误差代入。

4. 检测已知点测段高差的限差

设已测的测段高差为 $h_{已}$，单程的检测高差为 $h_{单程测}$，则检测高差的闭合差为

$$W''=h_{已}-h_{单程测}$$

设已测每公里高差中数的中误差为 M_W，因为是同等级的检测，则单程检测高差的中误差为$\sqrt{2}M_W$。如果测段长为 K，则可按协方差传播律写出：

$$M_{W''}^2=(M_W^2+2M_W^2)K=3M_W^2K$$

取两倍中误差为最大误差，则有

$$W''_{限} = 2\sqrt{3}M_{W}\sqrt{K} \tag{8-28}$$

按式（8-24）至（8-28）各式计算的限差，列入表 8-6。从表中所列数值可以看出，计算值和采用值（限差规定值）几乎相等，而且采用值略微偏小，这对保证成果质量是必要的，同时又是符合作业实际的，这已被多年来的水准测量实践所证实。

8.3.3 m_{Δ}和m_{W}的计算

水准测量的精度，是用每千米高差中数的偶然中误差 m_{Δ} 和每千米高差中数的全中误差 M_{W} 来衡量的。各等水准测量所算得的 M_{Δ} 和 M_{W} 均不得超过表 8-6 规定的数值。

表 8-6 各等水准测量的精度要求

水准测量等级	一等/mm	二等/mm	三等/mm	四等/mm
m_{Δ} 的限值	≤0.5	≤1.0	≤3.0	≤5.0
m_{W} 的限值	≤1.0	≤2.0	≤6.0	≤10.0

下面对 m_{Δ} 和 m_{W} 的计算式作一说明。

因为水准测量中观测高差的权与路线的距离成反比，若每千米单程观测高差的权为 1，则距离为 R_i 的测段单程观测高差的权便为$\frac{1}{R_i}$。而测段往返测高差不符值 Δ_i 是往返测高差的函数，根据求观测值函数权的公式，可求出往返测高差不符值的权为 $P_i = \frac{1}{2R_i}$。对于 n 个测段而言，考虑到测段往返测高差不符值具有真误差的性质，根据真误差计算单位权中误差的公式，可求得每千米单程高差的偶然中误差为

$$\mu = \pm\sqrt{\frac{[P\Delta\Delta]}{n}} = \pm\sqrt{\frac{\frac{1}{2}\left[\frac{\Delta\Delta}{R}\right]}{n}}$$

而往返测高差中数的每千米中误差为

$$M_{\Delta} = \frac{\mu}{\sqrt{2}} = \pm\sqrt{\frac{1}{4n}\left[\frac{\Delta\Delta}{R}\right]} \tag{8-29}$$

根据同样的理由，若设水准路线每公里往返测高差中数的权为 1，则周长为 F_i 的水准环线的高差中数的权便为$\frac{1}{F_i}$，而环线闭合差 W 可视为环线高差中数的真误差。当有 N 个水准环时，利用求单位权中误差的公式直接求出每公里往返测高差中数的中误差为

$$M_{W} = \pm\sqrt{\frac{1}{N}\left[\frac{WW}{L}\right]} \tag{8-30}$$

各等级水准测量结束后，每条水准路线都必须以测段往返测高差不符值按式（8-29）计算每千米高差中数的偶然中误差 M_{Δ}，当构成水准网的水准环超过 20 个时，还须以环闭合差按式（8-30）计算每千米高差中数的全中误差 M_{W}。这里的全中误差，包括偶然误差和系统误差的联合影响。

8.3.4 三角高程测量观测质量检核计算

1. 对向高差中数的中误差

三角高程测量的精度，受垂直角观测误差、量测仪器高和觇标高误差、大气折光误差等

多种因素的影响。其中大气折光误差的影响，是随地区和观测条件的不同而变化的，而且变化可能很大（大气折光系数在0.1~1.0变化）。因此，不可能从理论上推导出一个普遍适用的估算公式。只有根据大量实测资料，按正确方法进行统计和分析，才有可能求得一个大体上足以代表三角高程测量平均精度的经验公式。

根据地理条件不同的20个测区的实测资料和24条一等锁的改算资料，求得了大量不同边长（1~40km）的三角形高差闭合差。然后利用下式计算对向高差中数的中误差

$$m = \pm\sqrt{\frac{[\Delta\Delta]}{3n}}$$

式中 Δ——三角形高差闭合差（m）；

n——三角形个数。

统计计算的结果表明，m（单位为m）大体上是与边长D（单位为km）成比例增长的，作为平均数值可以认为

$$m = \pm 0.02D$$

以此作为三角高程测量平均精度与边长的关系式。但是，考虑到三角高程精度在不同类型的地区和不同的观测条件下，可能有较大的差异。从最不利的观测条件来考虑，取三角高程测量对向高差中数的中误差为

$$m = \pm 0.025D \tag{8-31}$$

以此作为规定限差和设计高程起算点密度的基本公式。

2. 观测高差质量的检核

高差计算之后，必须对高差进行质量检核，以决定哪些高差可以参与平差。

（1）对向高差闭合差的检核　式（8-31）为对向高差中数的中误差，因此单向高差的中误差为$\sqrt{2}m$，而对向高差互差的中误差为$\sqrt{2}\times\sqrt{2}m = 2m$，极限误差$d_{限}$取中误差之二倍（单位为m），则

$$d_{限} = \pm 4m = \pm 0.1D \tag{8-32}$$

所以同一边由对向垂直角按本地区大气折光和地球曲率的综合影响系数C值分别计算的高差值，应当符合在$0.10D$以内，D为边长的千米数。

（2）两个单方向算得同一点高程不符值的检核　设两个单向高差的中误差分别为$\sqrt{2}m_1$和$\sqrt{2}m_2$，则由它们算得同一点高程不符值的中误差为

$$m = \pm\sqrt{(\sqrt{2}m_1)^2 + (\sqrt{2}m_2)^2}$$

以式（8-31）代入上式，并取两倍中误差为限差（单位为m），则

$$f_{限} = 2m = \pm 2\times\sqrt{(\sqrt{2}\times 0.025D_1)^2 + (\sqrt{2}\times 0.025D_2)^2}$$

$$f_{限} = \pm 0.07\sqrt{D_1^2 + D_2^2} \tag{8-33}$$

式中 D_1、D_2——为两个单向边长（km）。

（3）闭合图形和高程起算点间高差之和的闭合差检核　用对向观测的高差中数沿闭合图形各边求和，或从一个高程起算点沿三角边推算高程至另一个高程起算点，其高程闭合差的中误差平方，应该等于各边高差之中误差平方和。若按式（8-31）计算各边高差之中误

差，则闭合差的中误差为

$$m_{\Delta} = \pm 0.025\sqrt{[D^2]}$$

式中　$[D^2]$——参与计算的各边边长千米数的平方和（km^2）。

按二倍中误差规定限差，则

$$\Delta_{限} = \pm 0.05\sqrt{[D^2]} \tag{8-34}$$

该式即为计算闭合图形或附合路线之高差闭合差限差的公式。

3. 高差检核中超限原因的分析

1）当往、返测高差闭合差超限，且出现系统性规律，如大多数的正高差绝对值均大于或小于负高差绝对值，这往往是 C 值确定不当所致。因为在单向高差计算公式中，CD^2 永为正值。若 C 取值过大，则正高差的绝对值必然大于负高差的绝对值；反之，若 C 取值过小，则正高差的绝对值必然小于负高差的绝对值，这时必须检查 C 值的正确性。

2）当个别往、返高差闭合差超限时，应结合图形闭合差的检验，进行具体分析。难以作出判断时，可将不合要求的高差中数舍去，不参与平差。但如果保留其中一个单向高差能使闭合差不超限，则可取该单向高差参与平差，只不过它的权与其他对向观测高差的权不同。而另一个单向高差很可能是垂直角观测时瞄错或记错照准部位。

3）如果一个三角点至相邻各三角点的对向高差闭合差数值都较大，且具有相同的符号，此时很可能是本点仪器高或觇标高量测存在粗差。

4）对于边长相差悬殊的三角网，可以酌情舍弃某些边长的成果，否则反而会降低最后成果的精度。

【单元小结】

本单元三角网观测质量检核重点阐述了三角形闭合差、测角中误差、方位角条件闭合差的计算原理与方法，简要阐述了极条件闭合差及其限差、基线条件闭合差及其限差的计算方法。

本单元导线网观测质量检核首先重点阐述了方位角条件闭合差及其限差的计算原理与方法，接下来介绍了测角、测边中误差的计算原理与方法，最后详细阐述了导线全长相对闭合差的计算原理与方法。

本单元水准网观测质量检核首先介绍了测段往返测高差不符值及其限值的计算方法，接着重点阐述了路线高差闭合差及其限差的计算原理与方法，最后简要介绍了 m_{Δ} 和 m_W 的计算方法。

【复习题】

1. 如何根据三角形闭合差计算测角中误差？
2. 简述导线全长相对闭合差的计算方法。
3. 导线网需要进行哪几方面的质量检核？
4. 各等导线测量规格有哪些规定？
5. 各等级水准测量技术规格有哪些规定？
6. 根据表 8-7 所列往返测高差不符值计算 m_{Δ}。

表 8-7　二等水准测量外业高差与概略高程计算

路线名称：Ⅱ北天线自　　至　　　　　　　　编算者：　　　　　　　　检查者：

测段编号	水准点编号	测段距离 R/km	距起始点距离/km	观测高差 h 标尺长度改正 δ 往测/m	 返测/m	往返测高差不符值/mm	不符值积累/mm	加 δ 后往返测高差中数 h 近似正高改正 ε 闭合差改正 v/mm	概略高程 $H=H_0+\sum h+\sum\varepsilon+\sum v$/mm
	Ⅱ北天 1 甲		0.0				0.00		692 443.2
1		5.6		+47.121 48 − 2 83	−47.120 13 + 2 83	+1.35		+47 117.98 + 5.40 + 1.05	
	Ⅱ北天 2		5.6				+1.35		739 567.6
2		6.4		−41.048 34 + 2 46	+41.049 35 − 2 46	+1.01		−41 046.38 + 4.35 + 1.20	
	Ⅱ北天 3		12.0				+2.36		698 526.8
3		7.3		−16.347 12 + 98	+16.345 08 − 98	−2.04		−16 345.12 + 5.21 + 1.37	
	Ⅱ北天 4		19.3				+0.32		682 188.3
4		6.2		+11.400 96 − 68	−11.398 01 + 68	+2.95		+11 398.80 + 6.23 + 1.16	
	Ⅱ北天 5		25.5				+3.27		693 594.4
5		5.2		+28.894 10 − 1 73	−28.896 06 + 1 73	−1.96		+28 893.35 + 3.21 + 0.97	
	Ⅱ北天 6		30.7				+1.31		722 492.0
6		4.8		−20.743 68 + 1 24	+20.744 19 − 1 24	+0.51		−20 742.70 + 3.22 + 0.90	
	Ⅱ北天 7		35.5				+1.82		701 753.4
7		7.4		+25.617 47 − 1 54	−25.619 21 + 1 54	−1.74		+25 616.80 + 5.39 + 1.39	
	Ⅱ北天 8		42.9				+0.08		727 377.0
8		5.6		+20.102 41 − 1 21	−20.103 92 + 1 21	−1.51		+20 101.96 + 3.34 + 1.05	
	Ⅱ北天 9		48.5				−1.43		747 483.4
9		6.3		+36.472 34 − 2 19	−36.473 08 + 2 19	−0.74		+36 470.52 − 1.16 + 1.18	
	Ⅱ北天 10		54.8				−2.17		783 953.9
10		5.2		+27.886 02 − 1 67	−27.884 18 + 1 67	+1.84		+27 883.43 + 4.82 + 0.97	
	Ⅱ北天 11 乙		60.0				−0.33		811 843.1

注：$\omega=\sum h+(H_{\mathrm{I}}-H_{\mathrm{II}})+\sum\varepsilon=(119348.64-119399.90+40.01)\mathrm{mm}=-11.25\mathrm{mm}$

7. 各项质量检核中限差是如何选取和规定的？

单元 9

精密导线测量

单元概述

精密导线测量是控制测量的重要方法之一，至今仍在实际工程项目中得到广泛应用。本单元主要围绕精密导线测量实际工程项目的主要工序进行展开，重点介绍了单导线误差理论、导线网精度分析、精密导线的布设、导线测量的施测及概算、平差软件介绍、控制网技术总结的相关知识。

学习目标

1. 掌握导线边方位角中误差的定义与计算方法。
2. 了解支导线终点误差的计算方法。
3. 了解方位附合导线终点位置误差的计算方法。
4. 了解方位坐标附合导线中点位置误差的计算方法。
5. 掌握等权代替法估算导线网的点位精度的方法。
6. 理解已知点或结点间的导线容许长度相关知识。
7. 掌握工区导线的布设规格和布设形式相关知识。
8. 了解支导线的有利形状。
9. 掌握导线的长度和测量精度相关知识。
10. 了解仪器的选择与检验相关知识。
11. 掌握野外选点与标石埋设相关知识。
12. 掌握水平角观测的方法和相关要求。
13. 掌握垂直角观测的方法和相关要求。
14. 掌握边长观测的方法和相关要求。
15. 掌握全站仪导线测量手簿记录与计算方法。
16. 掌握导线测量概算的方法。
17. 掌握南方平差易 2005 的界面相关知识。
18. 掌握南方平差易 2005 软件的操作。
19. 掌握控制网技术总结的撰写要求和主要内容。

9.1 单导线的误差理论

精密导线的设计原理和导线测量的技术规定，是以等边直伸形单导线的误差理论为依据的。所以这里先讲述单导线的误差理论，具体研究单导线的方位角中误差和导线点的纵横向位置中误差。

9.1.1 导线边方位角中误差

在导线测量中，各边边长是直接观测量，精度比较均匀，误差不致累积。而各边的方位角，则是根据各转折角的观测角值逐一推算的，使得误差累积越来越大，由此引起的整个导线的位移亦越来越大。

1. 支导线的方位角中误差

对于仅一端有起始数据的单一自由导线，常称为支导线。显然，支导线的方位角最弱边位于距起始方位角最远的导线终边。若 T_0 为起始方位角，β_i 为导线前进方向左侧的转折角，终边 n 的推算方位角则为

$$T_n = T_0 + \beta_1 + \beta_2 + \cdots + \beta_n + n \cdot 180°$$

按上式推算的结果每超过 360°时，应减去 360°。上式中 β_i 是独立观测的转折角值，等精度观测时令其中误差为 m_β，则由误差传播定律得

$$m_{T_n} = \pm m_\beta \sqrt{n} \tag{9-1}$$

式中 n——转折角个数。

若不考虑起始方位角误差的影响，导线边方位角中误差与$\sqrt{n}$成正比。因此，为了限制方位角中误差，应适当限制导线转折角的个数。

2. 方位附合导线方位角中误差

在支导线的终边加测控制方位角后，就形成方位附合导线，如图 9-1 所示。此时存在一个多余的起始数据，产生一个坐标方位角条件为

$$v_{\beta_1} + v_{\beta_2} + \cdots + v_{\beta_{n+1}} + W_T = 0 \tag{9-2}$$

$$W_T = T_0 + [\beta_i]_1^{n+1} + n \cdot 180° - T_{n+1}$$

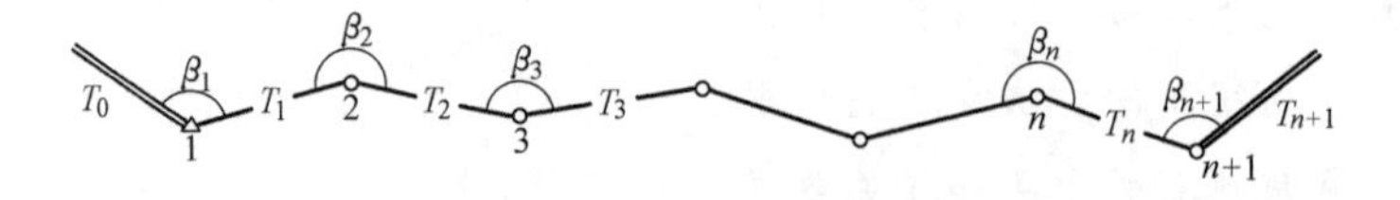

图 9-1 方位附合导线图

导线的方位角最弱边应该是距已知方位角较远的中间边，即在边数为$\frac{n}{2}$（当边数为偶数时）或$\frac{n+1}{2}$（当边数为奇数时）处。其方位角函数式为

$$T_{(n+1)/2} = T_0 + \beta_1 + \beta_2 + \cdots + \beta_{(n+1)/2} + \frac{n-1}{2} \cdot 180° \tag{9-3}$$

上式中的观测量没有涉及边长，只用到转折角 β_i。在等精度观测时，求平差值函数中误差的公式是

$$\begin{cases} m_{\mathrm{T}} = m_{\beta}\sqrt{\dfrac{1}{p_{\mathrm{T}}}} \\ \dfrac{1}{p_{\mathrm{T}}} = [ff] - \dfrac{[af]^2}{[aa]} - \dfrac{[bf \cdot 1]^2}{[bb \cdot 1]} - \dfrac{[cf \cdot 1]^2}{[cc \cdot 2]} - \cdots \end{cases} \tag{9-4}$$

由式（9-2）和式（9-3）知

$$a_1 = a_2 = \cdots = a_{n+1} = +1 \quad b_i = c_i = 0$$

$$f_1 = f_2 = \cdots = f_{(n+1)/2} = +1$$

式中　a_i、b_i、c_i…——各条件方程式系数。

代入式（9-4）得

$$\frac{1}{p_{\mathrm{T}}} = \frac{n+1}{2} - \frac{\left(\dfrac{n+1}{2}\right)^2}{n+1} = \frac{n+1}{4}$$

$$m_{\mathrm{T}} = m_{\beta}\sqrt{\frac{n+1}{4}} \tag{9-5}$$

3. 方位和坐标附合导线方位角中误差

当单导线两端均附合在已知坐标点和已知方位边上时（图 9-2），既产生方位角附合条件，又产生纵、横坐标附合条件。任意形状的附合导线讨论起来均比较复杂，这里讨论等边（$D_1 = D_2 = \cdots = D_n = D$）直伸（$\beta_1 = \beta_2 = \beta_{n+1} = 180°$）形附合导线的最弱边（$\frac{n+1}{2}$处）方位角精度估算式。

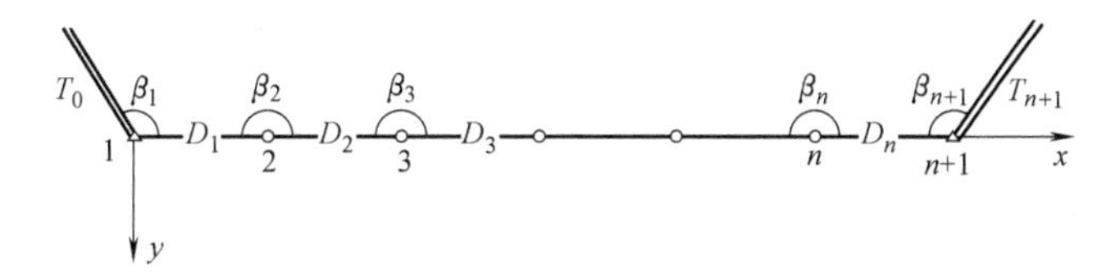

图 9-2　方位和坐标附合导线图

如图 9-2 所示，该导线中存在一个方位角条件和两个坐标条件。方位角条件式，如式（9-2），现在来列立纵、横坐标条件式。为简便起见，设导线方向与 x 坐标轴方向一致（不影响推导结果），使纵坐标条件和横坐标条件的闭合差分别由测边和测角误差所引起。

横坐标条件要求为

$$y_1 + [\Delta y_i]_1^n + [\mathrm{d}\Delta y_i]_1^n - y_{n+1} = 0$$

式中　Δy_i——由观测值计算的横坐标增量；

$\mathrm{d}\Delta y_i$——相应改正数，写成直接观测值（角度）改正数的表示式为

$$nD\frac{v_{\beta_1}}{\rho} + (n-1)D\frac{v_{\beta_2}}{\rho} + \cdots + D\frac{v_{\beta_n}}{\rho} + W_y = 0 \tag{9-6}$$

$$W_y = y_1 + [\Delta y_i]_1^n - y_{n+1}$$

同理，纵坐标条件要求为

$$x_1+[\Delta x_i]_1^n+[\mathrm{d}\Delta x_i]_1^n-x_{n+1}=0$$

写成直接观测值（边长）改正数的表示式

$$v_{D_1}+v_{D_2}+\cdots+v_{D_n}+W_x=0 \tag{9-7}$$

$$W_x=x_1+[\Delta x_i]_1^n-x_{n+1}$$

式（9-2）、式（9-6）、式（9-7）就是等边直伸形附合导线转轴以后的三个条件方程式。可见

$$a_{\beta_1}=a_{\beta_2}=\cdots=a_{\beta_{n+1}}=+1 \quad a_{D_1}=a_{D_2}=\cdots=a_{D_n}=0$$

$$b_{\beta_1}=nD \quad b_{\beta_2}=(n-1)D\cdots b_{\beta_n}=D \quad b_{\beta_{n+1}}=0 \quad b_{D_1}=b_{D_2}=\cdots=b_{D_n}=0$$

$$c_{\beta_1}=c_{\beta_2}=\cdots=c_{\beta_{n+1}}=0 \quad c_{D_1}=c_{D_2}=\cdots=c_{D_n}=+1$$

且由式（9-3）知

$$f_{\beta_1}=f_{\beta_2}=\cdots=f_{\beta_{(n+1)/2}}=+1 \quad f_{\beta_{(n+3)/2}}=\cdots=f_{\beta_{n+1}}=0 \quad f_{D_1}=f_{D_2}=\cdots=f_{D_n}=0$$

按式（9-4）求出上列有关系数的乘积之和并代入，得

$$\frac{1}{p_T}=\frac{n+1}{2}-\frac{\left(\frac{n+1}{2}\right)^2}{n+1}-\frac{3\left(\frac{n+1}{2}\right)^2\left(\frac{n}{2}\right)^2}{n(n+1)(n+2)}\approx\frac{n+1}{16}$$

$$m_T=m_\beta\sqrt{\frac{n+1}{16}} \tag{9-8}$$

上面讨论了三种单导线的最弱边方位角精度估算式。对式（9-1）、式（9-5）、式（9-8）三式进行分析比较，可得如下结论。

1）在不考虑起始数据误差情况下，导线推算边方位角中误差与$\sqrt{n}$成正比，而与导线形状关系不大。为了保证导线边方位角精度，应该限制导线转折角的数目。在导线长度一定时，适当加长导线边，以减少转折角个数。

2）在导线边数目相同时，上述三种导线最弱边方位角中误差之比是1:2:4。方位附合导线比支导线精度高，而方位坐标附合导线又比方位附合导线精度高。为了提高导线边的方位角精度，支导线过长时应在其终端加测起始方位角；低一级的加密导线应该布设成附合形式。

9.1.2 支导线终点位置误差

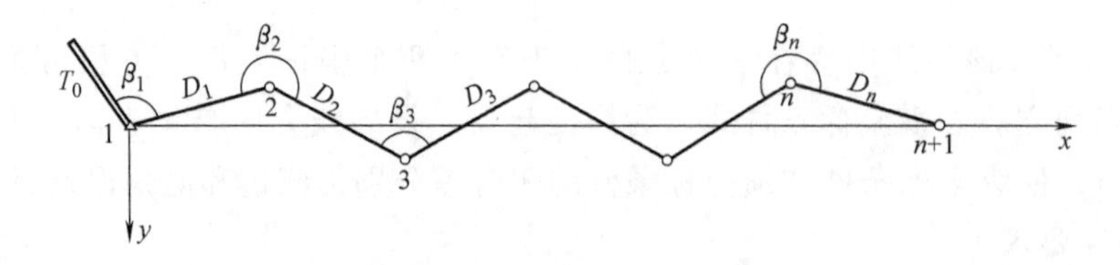

图 9-3 支导线图

如图 9-3 所示，T_0 为起始方位角，点 1 为起始点，观测角和观测边分别为 β_i 和 D_i。经过推导，得终点位置误差

$$\begin{cases} m_t=\sqrt{m_D^2\cdot n+\lambda^2L^2} \\ m_u=\sqrt{\left(\frac{m_\beta}{\rho}D\right)^2\frac{n(n+1)(2n+1)}{6}+\left(\frac{m_{T_0}}{\rho}\right)^2L^2} \end{cases} \tag{9-9}$$

式中　m_t——终点沿 x 轴方向的误差（纵向中误差）(mm)；

m_D——偶然误差 (mm)；

λ——测距中的单位长度系统误差 (mm)；

m_u——终点沿 y 轴方向的误差（横向中误差）(mm)。

由式 (9-9) 可见，在直伸形支导线中，终点的纵向误差 m_t 主要由测距误差所引起；终点的横向误差 m_u 主要由测角误差和起始方位角误差所引起。

9.1.3　方位附合导线终点位置误差

在图 9-4 中，T_0 和 T_{n+1} 均为已知方位角，使导线产生一个方位角条件。列出条件方程式后，再列出终点纵横向坐标的权函数式，按求平差值函数中误差的方法，可以求得纵横向中误差估算式。而另一种方法是以角度观测值和相应改正数代替平差值，再用方差传播规律求得纵横向中误差算式，这比求平差值函数中误差的方法简单些。

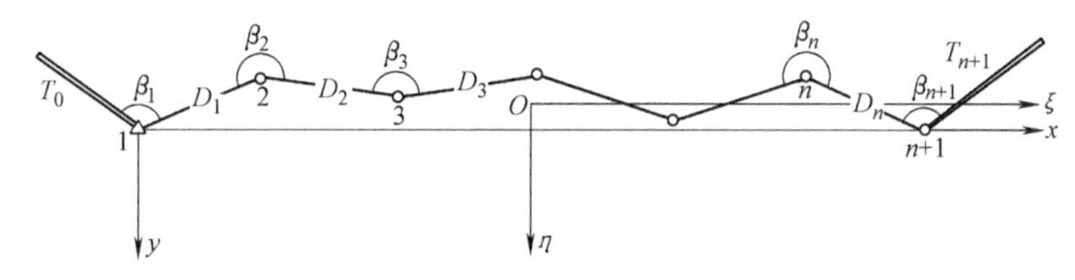

图 9-4　方位附合导线图

1. 一般情况下的导线纵横向中误差估算式

顾及测距系统误差的影响和 $m_{T_0}=m_{T_{n+1}}$，可写出一般情况下的导线终点纵向中误差估算式

$$m_t^2=[\cos^2 T_i]_1^n m_D^2+\lambda^2[D_i^2\cos^2 T_i]_1^n+[\eta_i^2]_1^{n+1}\frac{m_\beta^2}{\rho^2}+(\eta_1^2+\eta_{n+1}^2)\frac{m_{T_0}^2}{\rho^2} \tag{9-10}$$

同理，可以导出终点横向中误差估算式

$$m_u^2=[\sin^2 T_i]_1^n m_D^2+\lambda^2[D_i^2\sin^2 T_i]_1^n+[\xi_i^2]_1^{n+1}\frac{m_\beta^2}{\rho^2}+(\xi_1^2+\xi_{n+1}^2)\frac{m_{T_0}^2}{\rho^2} \tag{9-11}$$

2. 等边直伸方向附合导线的终点纵横向误差估算式

在等边直伸形导线（图 9-5）中，$T_i=0$，故 $\sin T_i=0$，$\cos T_i=1$，$D_1=D_2=\cdots=D_n=D$。由图 9-5 推导得

$$\begin{cases} m_t=\sqrt{m_D^2\cdot n+\lambda^2L^2} \\ m_u=\sqrt{\left(\dfrac{m_\beta}{\rho}D\right)^2\dfrac{n(n+1)(n+2)}{12}+\left(\dfrac{m_{T_0}}{\rho}\right)^2\dfrac{L^2}{2}} \end{cases} \tag{9-12}$$

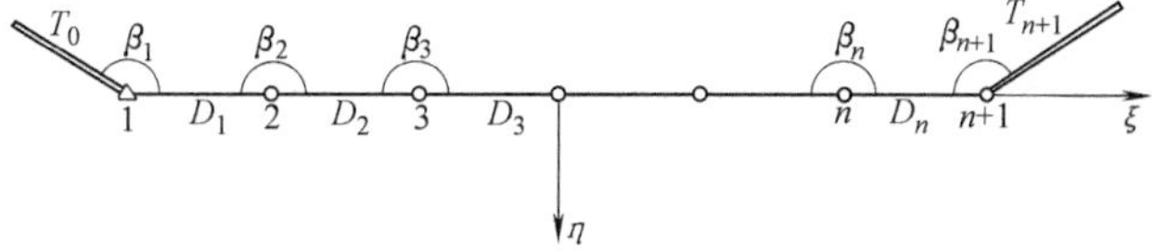

图 9-5　等边直伸方位附合导线图

上式与式（9-9）比较可见，两式的纵向误差完全一样，说明支导线终边加测起始方位角，对纵向误差不起作用，而方位附合导线的终点横向误差比支导线终点横向误差减小约一半。

9.1.4 方位坐标附合导线中点位置误差

对于两端均有方位角和坐标控制的任意形状附合导线，推导任一导线点的纵横向误差估算式比较复杂，而且最弱点的位置常因导线形状和测量精度而异，很难导出普遍适用的简单算式。

这里我们就等边直伸附合导线（图9-6），推出近似平差时任一导线点纵、横向误差的严密计算公式，进而确定近似平差时导线的最弱点位置及其估算公式。

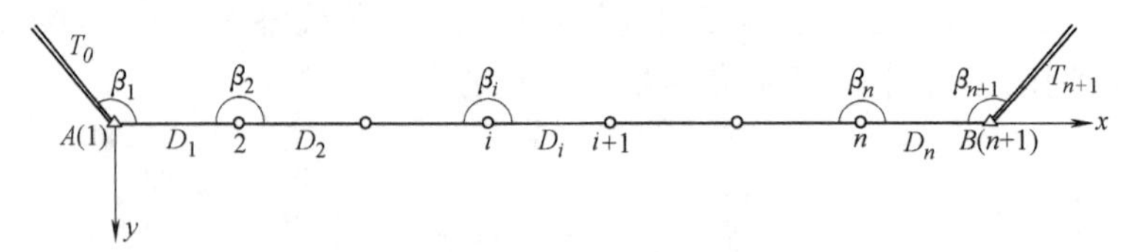

图9-6 等边直伸附合导线图

导线近似平差的一般过程为：

1）计算角度闭合差f_β，按角度平均分配闭合差后得调整后的角度$\hat{\beta}_i$

$$\hat{\beta}_i=\beta_i-\frac{1}{n+1}f_\beta$$

2）用调整后的角度推算各边方位角T_i和坐标增量Δx_i、Δy_i。

3）计算纵横坐标闭合差f_x、f_y，并按边长成比例分配之，得平差后坐标增量

$$\hat{\Delta}x_i=\Delta x_i-\frac{1}{n}f_x \quad \hat{\Delta}y_i=\Delta y_i-\frac{1}{n}f_y$$

4）计算各点的坐标平差值$\hat{x}_i$，$\hat{y}_i$。

根据这一平差过程，推导近似平差时任一点的纵横向误差。

1. 任一点的纵向误差

任一点（$i+1$）的纵向误差估算式

$$m_{x_{i+1}}^2=\frac{i(n-i)}{n}m_{\rm D}^2 \tag{9-13}$$

2. 任一点的横向误差

任一点（$i+1$）的横向误差为

$$m_{y_{i+1}}^2=\left(\frac{m_\beta D}{\rho}\right)^2\left[\frac{i^2}{6n}(n+1)(2n+1)+\frac{i^2}{3n}(i^2-1)+\frac{i}{6}(i+1)(1-4i)-\frac{i^2(n-i)^2}{4(n+1)}\right] \tag{9-14}$$

3. 导线中点的纵横向误差

对于任一点的纵横向误差估算式（9-13）和式（9-14），分别求极值可知，当$i=\frac{n}{2}$时纵横向误差为最大，说明等边直伸附合导线中，最弱点位于导线中点。

将 $i=\frac{n}{2}$ 分别代入式（9-13）和（9-14），即可求得导线中点的纵向、横向误差估算式。

$$\begin{cases} m_{\mathrm{t}}=m_{\mathrm{D}}\sqrt{\dfrac{n}{4}} \\ m_{\mathrm{u}}=\dfrac{m_{\beta}}{\rho}D\sqrt{\dfrac{n(n+2)(n^{2}+2n+4)}{192(n+1)}} \end{cases} \tag{9-15}$$

顺便指出，上列公式虽然是根据近似平差原理导出，但是却与按严密平差推导的等边直伸导线的结果完全一致。

上面我们论证了三种导线形式的最弱点纵横向误差估算式。在不考虑起始数据误差影响的情况下，若以 m_{t_1}、m_{t_2}、m_{t_3} 和 m_{u_1}、m_{u_2}、m_{u_3} 代表导线在等长时，支导线、方位附合导线、方位坐标附合导线等三种等边直伸导线最弱点的纵、横向中误差，比较式（9-9）、式（9-12）、式（9-15）则有

$$m_{\mathrm{t}_1}:m_{\mathrm{t}_2}:m_{\mathrm{t}_3}=1:1:\frac{1}{2}$$

$$m_{\mathrm{u}_1}:m_{\mathrm{u}_2}:m_{\mathrm{u}_3}=1:\frac{1}{2}:\frac{1}{8}$$

由此可见，附合条件越多，点位精度提高越显著。

从上述三式中还可以看出一个共同的问题，这就是单导线（支导线或附合导线）的端点或中点点位误差 $\sqrt{m_{\mathrm{t}}^{2}+m_{\mathrm{u}}^{2}}$，在一定的测量精度条件下，与导线的总长 L、导线的边长 D 和导线的边数 n 有关。对于某一等级的导线，平均边长一定时，导线的点位误差主要决定于导线长度，两者之间接近于正比例关系。

9.2 导线网的精度分析

导线网是由已知点或结点之间的多个单导线节组成的整体网形。为了解决导线网的精度估算问题，特别是在初步设计导线网时，常常需要迅速、简捷地对不同设计方案加以比较，对导线网的路线加以虚拟的合并或简化，以便借助单导线误差传播规律解决导线网精度估算的复杂问题，这种方法就是在水准网精度估算中讲过的等权代替法。

在本课题中先介绍用等权代替法估算导线网中的点位精度的方法，并用这种方法算出若干典型图形导线节的容许长度，供布设不同等级导线网时参考。

对于一个高精度的导线网，在具体确定各导线点位置后，还可以根据严密平差中的精度计算方法，用计算机算出各点的点位误差，作出误差椭圆，对全网各点进行精度审查。

9.2.1 用等权代替法估算导线网的点位精度

1. 确定导线点位的权

导线的点位精度主要决定于导线长度，边长一定时，点位误差与导线长度成近似的正比例关系。为了定量地验证这一结论，我们取四等导线基本精度规格（$D=1.5\mathrm{km}$，$m_{\mathrm{D}}=15\mathrm{mm}$，$m_{\beta}=2.5''$）为例，计算不同长度的导线最弱点点位中误差 $M=\sqrt{m_{\mathrm{t}}^{2}+m_{\mathrm{u}}^{2}}$，计算结果列入表9-1。

表 9-1　不同长度的导线点位中误差

L/km	$D=1.5\text{km}$　$m_D=15\text{mm}$　$m_\beta=2.5''$					
	1.5	3.0	4.5	6.0	7.5	9.0
支导线/mm	23.6	45.9	72.8	104.0	138.9	177.3
方位附合导线/mm	19.8	33.3	48.2	64.8	83.1	103.0
坐标方位附合导线/mm	8.6	12.9	17.1	21.4	25.9	30.8

根据表 9-1 计算结果，以导线长度 L 为横轴，最弱点点位误差 M 为纵轴，可以画出特征曲线，直观地表示了三种导线形式的长度与点位误差的关系，如图 9-7 所示。

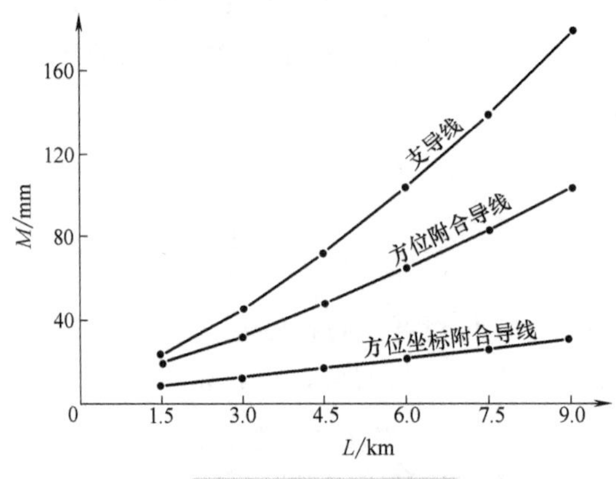

图 9-7　三条特征曲线

由图 9-7 可以看出，三条特征曲线接近于三条直线，这说明在一定的测量精度和等边直伸情况下，导线最弱点位置误差和导线长度近似成正比。设长度为 L_0 的导线点位误差 M_0 为单位权中误差，则长度为 L_i 的导线点位的权 P_i 和点位中误差 M_i 可按下列近似公式计算

$$\begin{cases} p_i=\dfrac{M_0^2}{M_i^2}=\dfrac{L_0^2}{L_i^2}=\dfrac{1}{\left(\dfrac{L_i}{L_0}\right)^2} \\ M_i=M_0\sqrt{\dfrac{1}{p_i}} \end{cases} \tag{9-16}$$

式中　$\dfrac{L_i}{L_0}$——导线以 L_0 为单位时的长度。

若以 $K_i=\dfrac{L_i}{L_0}$ 代入上式，则有

$$p_i=\frac{1}{K_i^2} \tag{9-17}$$

2. 等权代替的方法

等权代替方法的实质是将导线网设法化为一条等权的单导线，以便简化最弱点点位中误差的计算。下面以图 9-8 为例，说明将导线网简化为一条等权导线，估算结点或任一导线点点位误差的方法。

图 9-8 为一双结点导线网，先将它简化为单结点导线网。为此，用一条虚拟的等权导线

GE 代替 AE 和 BE 两条导线，等权导线 GE 的权 $p_{1,2}$ 和长度分别为

$$p_{1,2}=p_1+p_2$$

$$K_{1,2}=\sqrt{\frac{1}{p_{1,2}}}$$

而连接导线 GF 的总长度和其权相应为

$$K_{1,2+3}=K_{1,2}+K_3$$

$$p_{1,2+3}=\frac{1}{K_{1,2+3}^2}$$

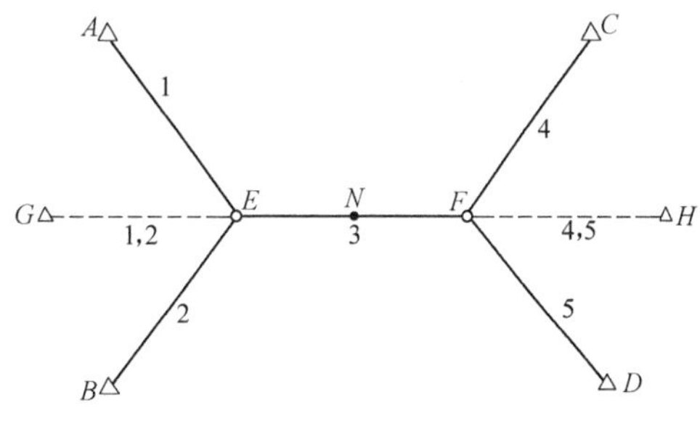

图 9-8　双结点导线网

而结点 F 的权则为

$$p_F=p_1+p_2+p_{3+4,5}$$

同理，结点 E 的权应为

$$p_E=p_1+p_2+p_{3+4,5}$$

式中

$$p_{3+4,5}=\frac{1}{K_{3+4,5}^2}$$

$$K_{3+4,5}=K_3+K_{4,5}=K_3+\sqrt{\frac{1}{p_4+p_5}}=\sqrt{\frac{1}{p_3}}+\sqrt{\frac{1}{p_4+p_5}}$$

于是，F 点或 E 点的点位中误差就可根据式（9-16）计算。

上述的计算过程，存在一个需要选择单位长度 L_0 和计算单位权中误差 M_0 的问题。在实际工作中，是这样解决的：根据导线网的平均边长 D 及各导线节的平均边数 n（n 取整数）求得 $L_0=Dn$，再按 $K_i=\frac{L_i}{L_0}$ 算出各节导线以 L_0 为单位的长度，进而计算有关权 p_i。此外，我们设想每条单导线都是经过角度调整的，所以可将导线网平均边长 D 和导线节平均边数 n，以及设计参数 m_D、λ、m_β 一并代入式（9-12）计算导线节端点点位误差，并以其结果作为单位权点位中误差，即

$$M_0=\sqrt{m_t^2+m_u^2}=\sqrt{m_D^2 n+\lambda^2L^2+\left(\frac{m_\beta}{\rho}D\right)^2\frac{n(n+1)(n+2)}{12}} \tag{9-18}$$

现在进一步探讨导线网中任一点的点位误差估算问题。为此，需要应用等权代替原理，将导线网转化为单一等权路线。仍以图 9-8 为例，若要估算 EF 导线中某一点 N 的精度，则应将有关导线节加以合并或连接，使其转化为虚拟的单一等权导线 $GEFH$。这时 GN 段的导线长度为

$$K_{GN}=K_{1,2}+K_{BN}$$

HN 段的导线长度为

$$K_{HN}=K_{4,5}+K_{FN}$$

此时导线点 N 的权和点位中误差，分别为

$$p_N=p_{GN}+p_{HN}=\frac{1}{K_{GN}^2}+\frac{1}{K_{HN}^2}$$

$$M_N=M_0\sqrt{\frac{1}{p_N}}$$

9.2.2 已知点或结点间的导线容许长度

对于若干典型图形的导线网，可以用等权代替法计算它们之间等权导线节的长度。假设附合在两个高级控制点之间的等边直伸单导线的容许长度为 1.00L，如图 9-9a 所示，并规定其他图形（如图 9-9b、c…、f）的最弱点点位误差均与图 9-9a 最弱点点位误差相等，亦即二者点位之权相等。在此条件下，按等权代替法，可以算得各图形中高级控制点间附合导线及导线节的容许长度。

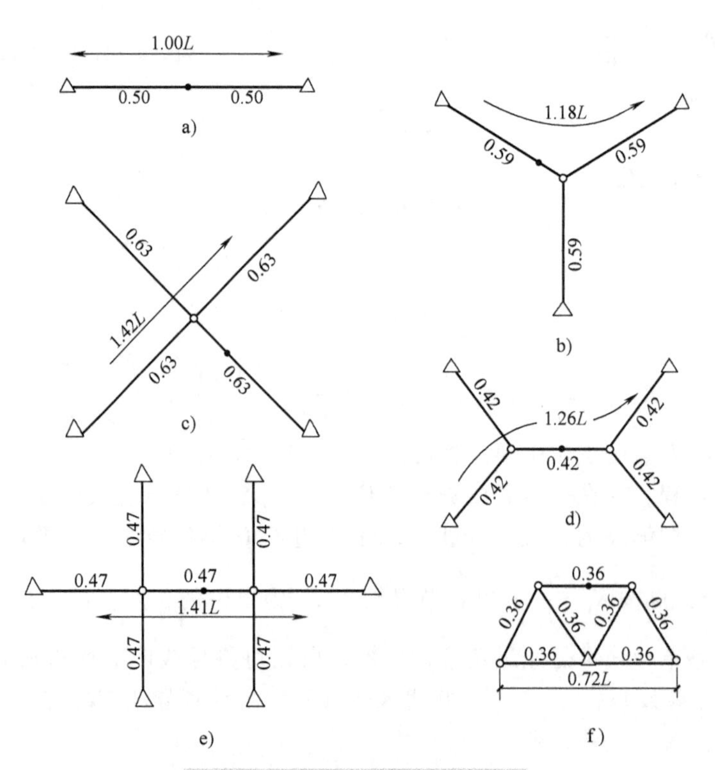

图 9-9 典型图形导线节容许长度

例如，令每千米导线为单位长度，则图 9-9a 最弱点（导线中点）的权为

$$p_a = \frac{2}{(0.5L)^2} = \frac{8}{L^2} \tag{9-19}$$

对于图 9-9b，设导线节长度为 L'，先将其中两条导线节合并为一条虚拟等权导线，其长度为

$$L'_{1,2} = \sqrt{\frac{1}{p_{1,2}}} = \sqrt{\frac{1}{\frac{1}{L'^2} + \frac{1}{L'^2}}} = \frac{L'}{\sqrt{2}}$$

再与第 3 导线节连接成单一导线

$$L'_{1,2+3} = \frac{L'}{\sqrt{2}} + L' = \frac{1+\sqrt{2}}{\sqrt{2}}L'$$

最弱点位于该单一导线中点，与已知高级点的距离为$\frac{1+\sqrt{2}}{2\sqrt{2}}L' = 0.85L'$，仿式（9-19），

可写出该最弱点权为

$$p_{b}=\frac{2}{(0.85L')^{2}}$$

欲要求 $p_{a}=p_{b}$，上式应等于式（9-19），解得

$$L'=0.59L$$

将算出的系数注记在图上。同理，可算出其余典型图形导线节长度系数，图 9-9 中黑点表示的即为各图形的最弱点位置。

图 9-9 所示的结果，可供设计导线网时参考。若某一等级的附合导线容许长度为 L，在构成导线网后，已知点间的附合导线总长和结点间的导线节长度，即为图中所注系数乘以容许长度 L。按这种长度设计导线网，其最弱点点位误差亦应满足容许值。

应该说明，等权代替法并不能解决所有结构的导线网精度估算问题。例如，图 9-10 所示的三种典型图形，由于难以将导线节加以合并转化成虚拟的单一导线，这时应用等权代替法就有困难。为了近似解决问题，可以将闭合图形作一些模拟变换，再利用变换后的导线加以等权替代。虽然图 9-10b、图 9-10c、图 9-10d 的图形与单导线（图 9-9a）从整个图形来说是等价的，但由于它们的最弱点点位误差估算方法存在一些困难，与单导线最弱点实际点位误差不能完全等价而只是近似。

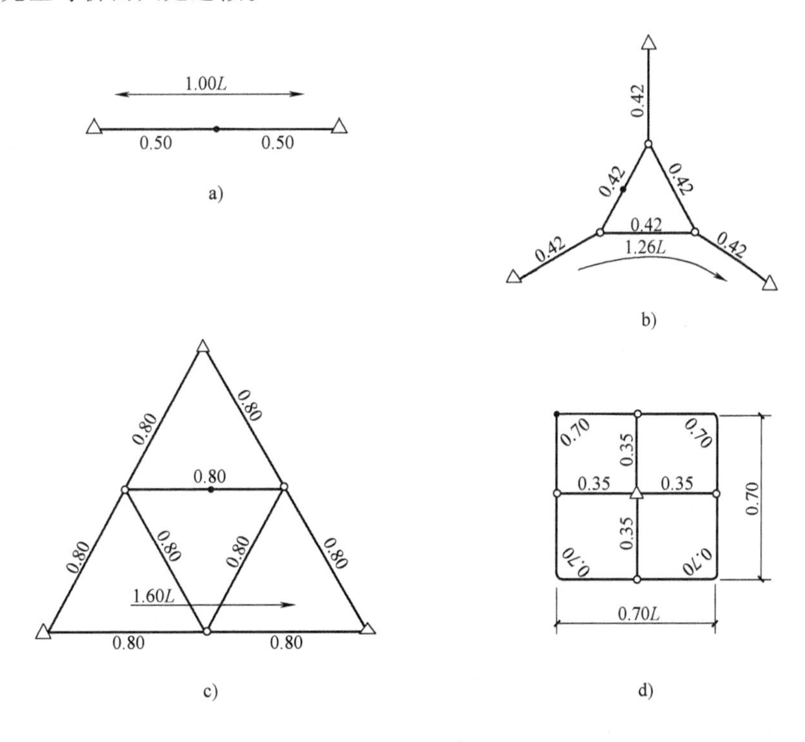

图 9-10　三种典型图形

从图 9-9 和图 9-10 各图形导线节长度系数的综合比较中可以看出，导线网中结点间或结点与高级点间的导线最大长度，约是附合导线容许长度的 0.7 倍。因此《城市测量规范》（CJJ/T 8—2011）规定，导线网中结点间或结点与高级点间的导线长度，一般应小于附合导线长度（表 9-2）的 0.7 倍。

9.3 精密导线的布设

9.3.1 工区导线的布设规格和布设形式

1. 工区导线的布设等级及其指标

工区地面精密导线的等级划分为三、四等。对于四等以下的导线网，又分为一、二、三级。实际工作中，主要是考虑工区地形不同、建筑的疏密程度不同、导线的用途不同以及根据实际情况和条件，选择使用其中某一种或某两种级别的导线。

不同等级导线测量的主要技术和精度指标，列于表9-2。

表9-2 各等级导线测量指标

等级	附合导线长度/km	平均边长/m	边长测量中误差/mm	钢尺丈量往返较差相对误差	测角中误差(″)	导线相对闭合差
三等	15	3000	18	—	1.5	1/60000
四等	10	1600	18	—	2.5	1/40000
一级	3.6	300	15	1/20000	5	1/14000
二级	2.4	200	15	1/15000	8	1/10000
三级	1.5	120	15	1/10000	12	1/5000

2. 布设形式

工区地面导线的等级选择和布设形式，主要决定于导线的用途、工区的地形和地物条件。根据不同的工区的具体情况，可以布设成下列的形式。

(1) 复测支导线　在支导线中，由于仅一端有起算数据，所以通常多采取重复观测（角度、边长）的方法建立这种导线。导线的长度不宜过长，边数不宜过多。

复测支导线主要服务于临时性的单项工程，例如测设地表移动观测站的工作基点，标定由地面向井下打钻的钻孔位置，设立井上下联系测量的近井点，为贯通工程而进行的地面控制测量等。

(2) 附合导线　在长距离的工程测量中，单一导线的两端均应有已知点和已知方位控制，形成附合导线，以减少导线点的横向和纵向误差。有时在长距离线路（如铁路）控制测量中，已知点数不足时，还需用GPS测量方法加测高等点。

(3) 单结点或多结点导线网　如图9-9b、图9-9c所示，在工区已有高级点控制下，建立局部范围（如井田范围）内的加密控制时，可布设单结点导线网。在建筑区或工业广场附近，布设这种导线网往往比布设三角网更为有利。在较大的工区范围内，高级点损失较多或精度较低时，可以有选择地利用部分高级点，布设多结点导线网，这种形式更为灵活，可以弥补高级控制点的部分缺陷。

(4) 附合导线网　如图9-11所示，在工区首级三角点A，B，…的控制下，多条附合导线彼此构成网状，形成附合导线网。这种布设形式主要用于工区首级控制网的进一步加密，以建立工区的全面控制基础。

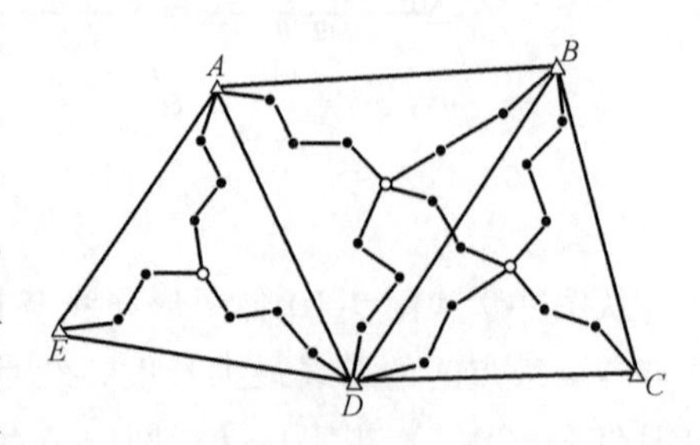

图9-11　附合导线网

9.3.2　支导线的有利形状

根据前面的分析，导线的理想形状是等边直伸形。因为直伸导线的最弱点位置中误差比闭合边（即导线起点和终点的连线）长度相等的任意形状的导线都要小。另外，直伸形导线能使两端点间测程最短，有利于减少边角数目，使工作量达到最少。

然而，有关规范对三、四等导线并没有提出直伸形状的要求。因为根据分析，任意形状的附合导线精度，与直伸附合导线精度是比较接近的。但是在工区，常常为专项工程而布设支导线。例如，贯通工程地面联结导线，其精度要求又比较高。为此，我们从两个方面来讨论支导线直伸程度的标准问题。

1. 导线点离开闭合边的距离

对于三等电磁波测距导线，导线点离开闭合边的容许垂距（图 9-12）为

$$y_{容} \leqslant \frac{L}{4.2}$$

同理，对于四等导线，有

$$y_{容} \leqslant \frac{L}{4.0}$$

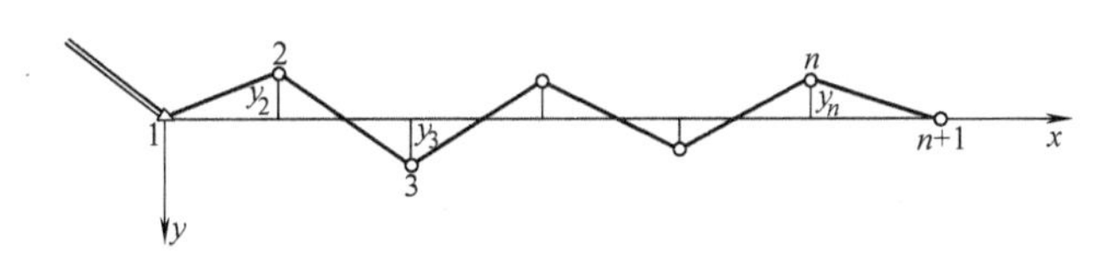

图 9-12　某导线

对一、二等导线的规定为：任一导线点至连接导线节两端点的闭合边的垂距不得大于闭合边长的$\frac{1}{5}$。

2. 导线边对闭合边方向的偏角

取导线边与闭合边方向的容许偏角 $\alpha_{容}$ 为平均偏角 α_0 的 2 倍，可得

$$\alpha_{容} = 2\alpha_0 \leqslant 2\arcsin\frac{1}{3} \tag{9-20}$$

即

$$\alpha_{容} \leqslant 39°$$

因此，对一、二等导线的规定为：任一导线边对导线闭合边的偏角不得大于 40°。

9.3.3　导线的长度和测量精度

精密导线的布设原则与三角网的布设原则相同，也就是从高级到低级，从整体到局部，逐级控制，依次加密，使导线点的坐标统一、精度一致、密度均匀。但是，在光电测距仪广泛应用以前，工区范围内很少使用导线测量建立首级控制网，大多只是依附于三角网，作为加密控制或特殊工程控制。所以，就导线网的密度和精度而言，应该尽量与三角网相匹配，使它们成为统一的工区平面控制网的组成部分。

1. 导线边和导线节的长度

为了充分发挥导线测量布设灵活、易于选点和不需建造高标等优点，精密导线的平均边长最好略短于同级三角网的边长。否则，不仅增加选点和造标的困难，而且增加观测工作的难度，损害观测质量。这对于检核条件很少的导线测量十分不利，常常出现较大的累积误差。导线边比三角网边长短些，还有利于减弱大气折光对垂直角观测的影响，使电磁波测高的精度得到保证，对倾斜距离化算工作也大有裨益。因此，将三、四等导线平均边长规定为3.0km和1.6km是比较适宜的。

当然，如果导线边长过短，使导线中的边数 n 增加，结果引起导线边的方位角误差和导线点的横向误差同时增大，这又是不利的。所以，对附合导线的长度（或导线边数）亦应作出限制。但是，考虑到便于在高等级三角点之间布设低一级的附合导线，这时的导线长度应不低于高等级三角网边长的1.5倍。

2. 导线测量精度

遵照单元7阐明的平面控制点的必需精度指标，在精密导线测量中，经过平差以后导线最弱点的点位中误差亦不应超过5cm。

在导线测量实践中，通常用限制导线的坐标闭合差来保证导线最弱点的点位精度。为了探讨坐标闭合差的合理限值，需要引用本单元9.1中论证的方位附合导线经过角度平差后的导线端点纵横向误差，与方位坐标附合导线经过角度和坐标平差后的导线中点纵横向误差的关系式。现将有关公式汇集于表9-3。表中还求出了导线端点和中点的各项误差比值。

表9-3 导线端点和中点的各项误差比值

项目	导线测量误差引起		起始误差引起		总点位误差
	纵向误差 m_t	横向误差 m_u	纵向误差 m'_t	横向误差 m'_u	
端点误差	$m_D\sqrt{n}$	$\frac{m_\beta}{\rho}D\sqrt{\frac{n(n+1)(n+2)}{12}}$	m'_t	$\frac{m_{T_0}}{\rho}\frac{L}{\sqrt{2}}$	$M_{端}$
中点误差	$m_D\frac{\sqrt{n}}{2}$	$\frac{m_\beta}{\rho}D\sqrt{\frac{n(n+2)(n^2+2n+4)}{192(n+1)}}$	$\frac{1}{2}m'_t$	$\frac{m_{T_0}}{\rho}\frac{L}{2\sqrt{2}}$	$M_{中}$
中、端点误差比值	1:2	1:4	1:2	1:2	$1:\sqrt{7}$

平差后的导线中点点位误差限制为5cm，即

$$M_{中}=\pm\sqrt{m_t^2+m_u^2+m_t'^2+m_u'^2}=\pm 50\text{mm} \tag{9-21}$$

按照式中根号内四项误差等影响的原则，并根据表9-3中中点、端点的误差比值，算得导线中点、端点由测量误差和起始误差引起的纵横向误差，分别为

对于中点 $$m_t=m_u=m'_t=m'_u=\pm\frac{50}{\sqrt{4}}\text{mm}=\pm 25\text{mm}$$

对于端点 $$m_t=m'_t=m'_u=\pm 25\text{mm}\times 2=\pm 50\text{mm}$$

总的端点点位误差为

$$M_{端}=\pm\sqrt{50^2+100^2+50^2+50^2}=\pm 133\text{mm}$$

上述133mm，具体反映了导线的全长闭合差。它除以导线规定长度，就可以算出导线的相对闭合差，进而规定出了容许的相对闭合差，见表9-4。

表 9-4　制定导线相对闭合差的计算

导线等级	总长/km	估算相对闭合差	2 倍相对闭合差	采用的容许相对闭合差
三等	15	1:113000	1:56000	1:60000
四等	10	1:75000	1:38000	1:40000
一级	3.6	1:27000	1:14000	1:14000
二级	2.4	1:18000	1:9000	1:10000
三级	1.5	1:11300	1:5600	1:6000

下面进一步讨论测边和测角的相应精度。

上面已经导出，导线端点应限制的测量纵向误差为 $m_t = \pm 50\text{mm}$，即

$$\sqrt{m_D^2 n + \lambda^2 L^2} = \pm 50\text{mm}$$

设测距仪的测距系统误差为 2×10^{-6}m，将不同等级导线长度 L（单位为 km）代入上式，可以求得各等级边长测定的偶然误差为

$$m_D = \pm \sqrt{\frac{2500 - 4L^2}{n}} \tag{9-22}$$

计算结果列于表 9-5。

表 9-5　导线的测距、测角误差之估算

导线等级	总长/km	边数	测边误差/mm		测角误差(″)	
			估算	采用	估算	采用
三等	15	5	18	18	1.6	1.5
四等	10	6	19	18	2.3	2.5
一级	3.6	12	14	15	5.1	5
二级	2.4	12	14	15	7.6	8
三级	1.5	12	14	15	12.2	12

同理，导线端点应限制的测量横向误差为 $m_u = \pm 100\text{mm}$，即

$$\frac{m_\beta}{\rho} D \sqrt{\frac{n(n+1)(n+2)}{12}} = \pm 100\text{mm}$$

由此得到导线的测角中误差应为

$$m_\beta = \frac{20.6}{L} \sqrt{\frac{12n}{(n+1)(n+2)}} \tag{9-23}$$

计算结果列入表 9-5。

9.4　导线测量的施测

导线测量作业与三角测量基本相同，包括图上设计、选点、造标、埋石、测角、测边和高程测量。

9.4.1　仪器的选择与检验

导线测量属于平面控制测量的一种布网形式，所以导线测量作业和三角测量作业在程序和方法上有许多相似之处。但是导线测量有其本身特点，在作业内容和要求上又不同于三角测量。

导线测量施测时可以采用全站仪进行角度和距离的测量，也可以选择经纬仪配合钢尺量距或者测距仪测距。在施测之前需进行仪器的检验与校正，经纬仪、全站仪的检验校正在本教材前述内容中已详细阐述，在此不再赘述。

9.4.2 野外选点与标石埋设

导线测量工作开始前，也应根据任务的要求，收集分析有关的测绘资料，进行必要的现场踏勘，制定经济合理的技术方案，编写设计说明书。

在选点时，应注意下列几点。

1）导线应尽量选设等边直伸形状，相邻边长之比不宜超过1:3。

2）导线点的位置应符合对三角点的点位要求。

3）选定点位时，应充分考虑电磁波测距作业时对测距边的要求。

上列各项要求的具体内容，以及选点、造标和埋石的具体方法，在本书前述课题中已经分别作了介绍，这里不再重述。

9.4.3 水平角观测

各等级导线测量水平角观测技术要求见表9-6。

表9-6 水平角观测技术要求

等级	测角中误差（″）	测回数			方位角闭合差（″）
		J_1	J_2	J_6	
三等	1.5	8	12	—	$3\sqrt{n}$
四等	2.5	4	6	—	$5\sqrt{n}$
一级	5	—	2	4	$10\sqrt{n}$
二级	8	—	1	3	$16\sqrt{n}$
三级	12	—	1	2	$24\sqrt{n}$

全站仪观测水平角的方法与经纬仪相同。在三、四等导线点上，很多测站只有两个方向时，应按左、右角观测（多于两个方向时，仍按方向法观测）。在总测回数中，应以奇数测回和偶数测回各半，分别观测导线前进方向的左角和右角。观测右角时，仍以左角起始方向为准变换度盘位置，见表9-7。

表9-7 水平角观测度盘位置

等级	三等		四等	
仪器	J_1	J_2	J_1	J_2
测回数	8（° ′ 格）	12（° ′ ″）	4（° ′ 格）	6（° ′ ″）
1	0 00 04	0 00 25	0 00 08	0 00 50
2	22 34 11	15 11 15	45 04 22	30 12 30
3	45 08 19	30 22 05	90 08 38	60 24 10
4	67 42 26	45 32 55	135 12 52	90 35 50
5	90 16 34	60 43 45		120 47 30
6	112 50 41	75 54 35		150 59 10
7	135 24 49	90 05 25		
8	157 68 56	105 16 15		

（续）

等级	三等		四等	
仪器	J_1	J_2	J_1	J_2
测回数	8 （° ′ 格）	12 （° ′ ″）	4 （° ′ 格）	6 （° ′ ″）
9		120 27 05		
10		135 37 55		
11		150 48 45		
12		165 59 35		

左角和右角分别取中数后应有

$$[左角]_{中}+[右角]_{中}-360°=\Delta \tag{9-24}$$

上式取方差应有

$$m_{左}^2+m_{右}^2=m_{\Delta}^2 \tag{9-25}$$

式中 $m_{左}$、$m_{右}$——$[左角]_{中}$、$[右角]_{中}$ 的中误差。

设一测站上经测站平差后的角度中误差为 $m_{站}$，它主要反映测站上各测回间的内部符合精度。取测角中误差

$$m_{\beta}=2m_{站}$$

左角、右角分别观测半数测回，它们的测角中误差应为

$$m_{左}=m_{右}=\sqrt{2}m_{站}=\frac{\sqrt{2}}{2}m_{\beta}$$

代入式（9-25），得

$$m_{\Delta}=m_{\beta}$$

按两倍中误差规定限差，则有

$$\Delta_{限}=2m_{\beta} \tag{9-26}$$

因此左角和右角分别取中数后，按式（9-24）计算的 Δ 的限值，三等不应超过 3.0″，四等不应超过 5.0″。

方向观测法的各项限差规定见表 9-8。

表 9-8 方向观测法的各项限差规定 （单位：″）

限差项目	J_1	J_2	J_6	备 注
两次重合读数差	1	3	—	当照准点的垂直角超过 3°时，该方向的 2C 值应与同一观测时间段内的相邻测回同方向比较，并在手簿中注明
半测回归零差	6	8	18	
一测回 2C 互差	9	13	—	
测回较差	6	9	24	

每一测站的观测工作前（或后），还应进行归心元素的测定工作。

9.4.4 垂直角观测

垂直角的观测方法前面已作介绍，见 2.7。

使用全站仪观测垂直角时需要进行仪器高和棱镜高的丈量，丈量时分别从导线点丈量至仪器和棱镜的中心位置。

9.4.5 边长观测

在使用全站仪施测导线时边长已随同角度同时进行了测量。在采用经纬仪测角的情况下，三、四等导线的边长，均使用电磁波测距仪测定；一、二、三级导线可采用电磁波测距、钢尺量距或横基尺视差法测距。

目前，测距仪类型较多，自动化程度和测距精度差别也较大。实际作业中，应该根据导线边的精度要求和所用测距仪的实际精度，制定具体的作业方案。

一般情况下，在每一个三、四等导线点上，均应进行前视（往）、后视（返）边长测量。每一个单程观测的测回数不应少于2，往返测的测回数不少于4个。

四等以下导线边长的测定，可根据仪器的精度和稳定性情况，采取往返观测或单程观测。测回数不少于2。一测回内读数的次数，可根据读数离散程度和大气透明度作适当增减。

每照准一次读 n 次（一般为2~4次）数，称为一测回。一测回的读数较差，主要取决于仪器的内部符合精度 $m_{内}$。根据对94台国内外红外测距仪137次测试成果的综合分析，求得不同测距长度仪器内部符合精度与外部符合精度的近似关系，见表9-9。

表9-9　不同测距长度仪器内部符合精度与外部符合精度的近似关系

测距长度	内部符合精度与外部符合精度的近似关系	测距长度	内部符合精度与外部符合精度的近似关系
300m以内	$6m_{内} \approx m_D$	900~1200m	$2.5m_{内} \approx m_D$
300~600m	$4m_{内} \approx m_D$	1200~1500m	$2.2m_{内} \approx m_D$
600~900m	$3m_{内} \approx m_D$	1500~2000m	$2m_{内} \approx m_D$

取300~2000m的平均值 $m_{内} \approx \dfrac{m_D}{2\sqrt{2}}$（$m_D$ 为仪器的外部符合精度）等于仪器的标称精度。

于是，一测回各次读数较差应为

$$\Delta_{读数} = 2\sqrt{2}m_{内} = m_D \tag{9-27}$$

测回之间的较差，除反映仪器内部符合精度外，还反映照准误差、大气瞬时变化的影响，所以应以仪器外部符合精度来考虑限差。若取一测回读数次数 $n=4$，则

$$\Delta_{测回} = 2\sqrt{2}\frac{m_D}{\sqrt{n}} = 2\sqrt{2}\frac{m_D}{\sqrt{4}} = \sqrt{2}m_D \tag{9-28}$$

在往、返测量较差中，起主导作用的已不是 $m_{内}$，主要是气象条件变化的影响 m_D、对中误差 $m_{中}$、倾斜改正误差 m_K，特别对于三、四等导线的边长，比例误差影响将更为显著，此时采用一测回测距中误差（$A+B\cdot D$）更为合理。于是，有

$$\Delta_{往返} = 2\sqrt{2}\frac{A+B\cdot D}{\sqrt{2}} = 2(A+B\cdot D) \tag{9-29}$$

式中　A——仪器标称精度中的固定误差（mm）；

B——标称精度中的比例误差系数（mm/km）。

在与上式作往、返较差比较时，必须将斜距化算为同一高程面的平距后才能进行比较。

测量斜边长度、测量垂直角、测量棱镜高这三项工作应以棱镜的同一部位为准。

一、二、三级导线采用钢尺量距时，事先应在比尺场地按作业时的方法对钢尺作长度检定。用120m长度检定时，应往返丈量各三次，用240m长度检定时，应往返丈量各两次。检定钢尺丈量的相对中误差，不应大于$1/10^5$。

9.5 导线测量概算

导线测量概算和三角测量概算相似，属于外业观测结束后的检查、化算和验算。其目的是将正确的外业观测角度和边长，化算为以标石中心为准的高斯投影平面上的角度和边长，并且依导线的附合条件检查野外观测质量。

野外观测工作结束后，应及时整理和检查外业观测手簿，检查其中所有计算是否正确，观测成果是否满足各项限差的要求。确认观测成果全部符合相关规范规定后，便可进行有关的化算和验算工作。

9.5.1 角度归心改正和高差计算

角度归心的改正方法，已如2.4归心改正及归心元素的测定所述。关于化算至高斯投影平面的方向改正问题，由于导线边长比同级三角网边长短，对三、四等导线无需加入方向改正。也就是说，归心改正后的角度值可以直接作为高斯投影平面上的角度值。

电磁波测距时，高差可用下式计算

$$h_{12}=d\sin\alpha_{12}+Cd^2\cos^2\alpha_{12}\left(1-\frac{H_2}{R}\right)^2+i_1-v_2 \tag{9-30}$$

式中 d——观测斜距（km）；

α_{12}——观测垂直角（°）；

C——球气差系数；

H_2——镜站高程（km）；

R——测区平均曲率半径（km）。

由上式求得的往返高差取中数后，逐点推算导线点高程。

9.5.2 平面化算和各类差值检验

1. 边长的斜距改平距、归心改正和化算至高斯投影平面的改正

首先由式

$$s=d\cos\alpha-\frac{C}{2}d^2\sin2\alpha \tag{9-31}$$

将往返观测倾斜边长d化算为同一水平面上的水平边长s。当往、返测水平边长符合限差要求时，取其平均值。遇有测距仪或反射器偏心整置的特殊情况，尚需在水平边长中加入归心改正，才能得到导线点之间的水平距离。

导线点间的水平距离应按下式化算至高斯投影平面

$$D=D'-\frac{H_m}{R_A}D'+\frac{D'^3}{24R_A^2}+\frac{y_m^2}{2R^2}D' \tag{9-32}$$

2. 计算导线方位角条件和环形条件闭合差

参见8.2导线网观测质量检核。

3. 计算导线测角中误差

参见8.2导线网观测质量检核。

4. 计算导线测边中误差

根据每一条导线边的往、返测量结果不符值，可以计算导线的测边中误差。设 d_i 为往、返测水平距离的不符值，则根据双次观测列求中误差的公式有

$$m_D = \pm\sqrt{\frac{[dd]}{2n}} \tag{9-33}$$

由于不符值 d 中包含了多种因素对测距的影响，所以上式比较客观地反映了实际测距精度中的偶然误差部分。但是，对于与边长成比例的系统误差部分，却因为在不符值 d 中得到抵偿，而不能正确地反映出来。

5. 计算导线相对闭合差

参见8.2导线网观测质量检核。

9.6 平差软件介绍与导线网算例

南方平差易2005（Power Adjust 2005，简称PA 2005）是南方测绘仪器公司开发的控制测量数据处理软件，功能较强，操作简便。

9.6.1 南方平差易PA2005的界面

1. 主界面

南方平差易PA2005的主界面如图9-13所示。

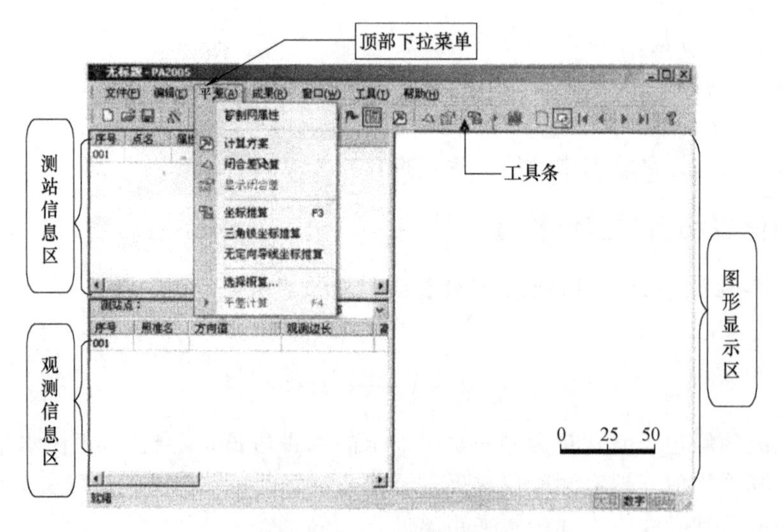

图9-13 PA2005主界面

2. 菜单

菜单主要包括以下几个。

1）文件。包括新建、打开、保存、导入控制精灵、平差向导和打印等。其中平差向导为初学者学习此软件提供了方便，导入控制精灵是将全站仪与控制精灵结合所记录的野外数

据导入南方平差易。

2）平差。包括控制网属性、计算方案、坐标推算、选择概算和平差计算等。

3）成果。包括精度统计、网形分析、CASS 输出、WORD 输出和闭合差输出等。

4）窗口。包括平差报告、网图显示、报表设置、网图设置等。

5）工具。包括坐标换算、解析交会、大地正反算、坐标正反算等。

图 9-14　导线实例图

9.6.2　导线网平差算例

现结合实例说明南方平差易的使用方法。

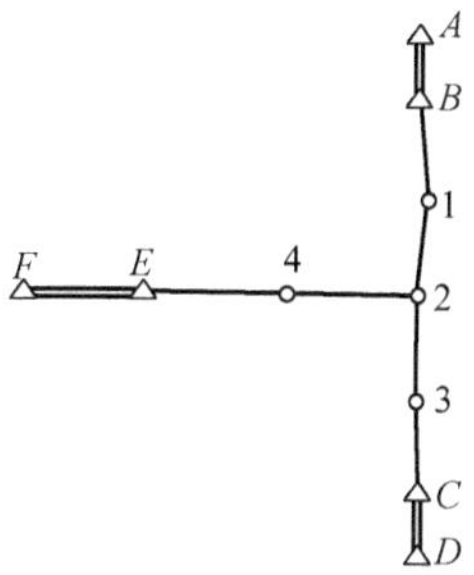

某城市一级导线网如图 9-14 所示，其已知起算数据和观测数据分别列于表 9-10 和表 9-11 中，观测值不需改化计算，其平差计算的步骤如下。

表 9-10　起算数据

点　　名	X/m	Y/m	H/m
A	1900.000	1000.000	300.000
B	1800.000	1000.000	300.000
C	600.000	1000.000	302.000
D	500.000	1000.000	302.000
E	1200.000	400.000	302.000
F	1200.000	300.000	302.000

表 9-11　观测数据

测站点	照准点	方向值(°′″)	距离/m	高差/m
B	A	0.0000		
	1	180.0002	300.0030	0.5020
1	B	0.0000		
	2	180.0004	300.0020	0.5030
2	1	0.0000		
	3	180.0001	300.0010	0.5010
	4	270.0005	300.0020	0.5030
3	2	0.0000		
	C	180.0004	300.0040	0.5010
C	3	0.0000		
	D	180.0002		
4	2	0.0000		
	E	180.0003	300.002	0.501
E	4	0.0000		
	F	180.0005		

1. 打开南方平差易软件，设置控制网属性

双击桌面上的南方平差易图标打开南方平差易软件，单击平差菜单的控制网属性菜单项，打开控制网属性设置对话框，如图 9-15 所示。在对话框的各栏中输入相应的信息，然后单击“确定”按钮。

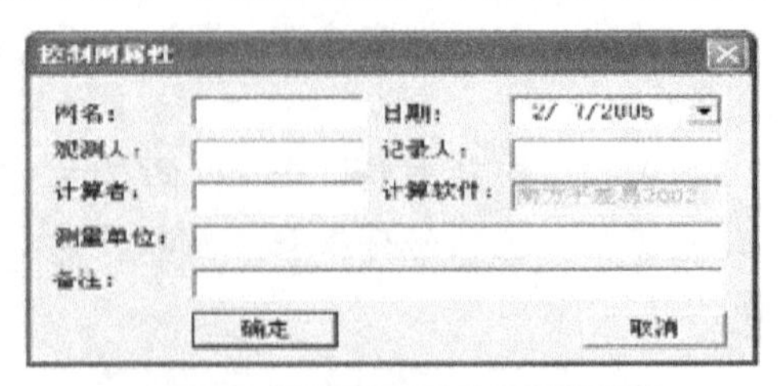

图 9-15　控制网属性设置对话框

2. 设置计算方案

单击平差菜单中的计算方案菜单项，打开设置计算方案对话框，如图 9-16 所示。该对话框分中误差及仪器参数、平差方法、高程平差、限差、等级及其他等四部分，其中验前单位权中误差是指根据控制网的精度等级依照规范规定所确定的单位权中误差（一般为测角中误差），平差方法中的单次平差是指用观测值计算的未知数近似值代入误差方程，经一次平差求得的结果作为未知数的最后解算结果，而迭代平差则是将前一次平差结果作为下一次平差时未知数的近似值。

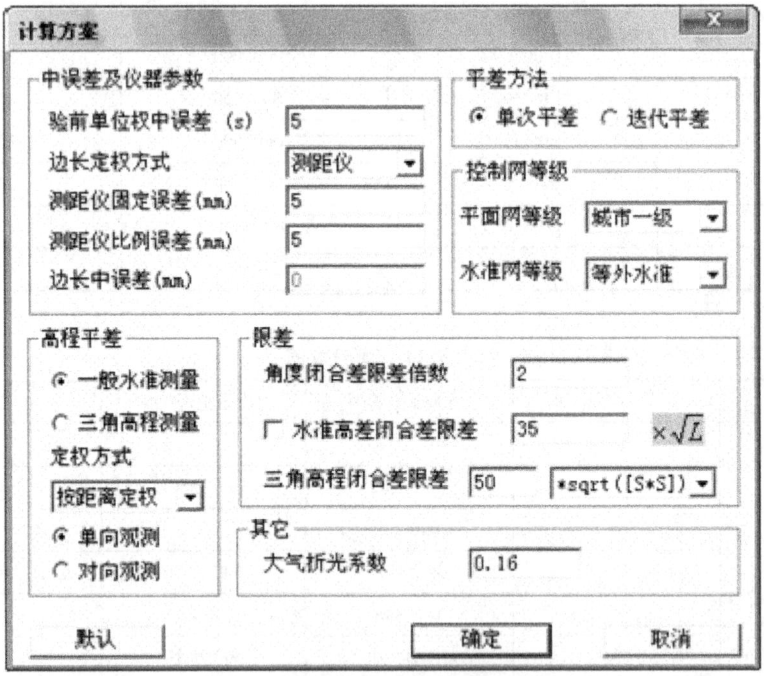

图 9-16　计算方案

填入各项参数后，单击“确定”按钮即可。

3. 录入控制网数据

在测站信息区中输入测站点信息。其中，测站点序号由软件自动给出，属性有四个可选值，00 表示平面和高程均未知，01 表示平面坐标未知而高程已知，10 表示平面坐标已知而高程未知，11 表示平面和高程均已知。

然后在观测信息区中输入观测数据，输入观测数据前在测站信息区中选择测站点（呈突出显示），则在观测信息区中的测站点栏中出现相应的点名和点号，依次单击其后的照准名、方向值、观测高差等输入框，输入相应数据即可。

4. 近似坐标计算

单击平差菜单中的坐标推算菜单项，计算各点的近似坐标及高程。

5. 概算

单击平差菜单中的选择概算菜单项，打开选择概算对话框，如图 9-17 所示，在该对话框中选择概算项目并填入相应参数，单击开始概算按钮即可。

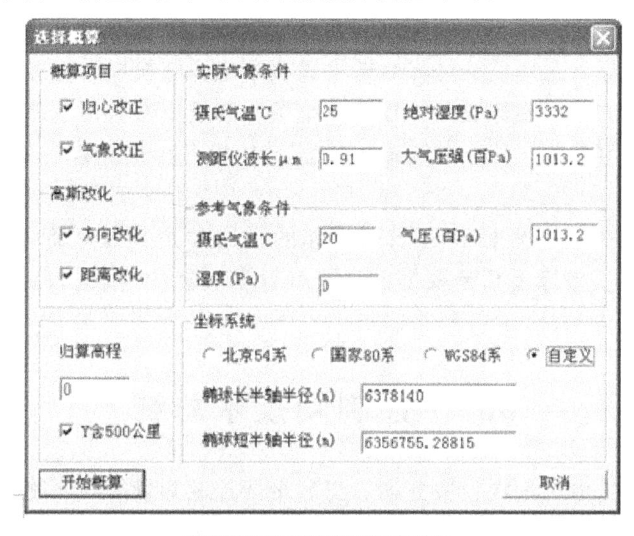

图 9-17 选择概算对话框

6. 闭合差计算与检核

单击平差菜单中的闭合差计算，软件便开始计算各种闭合差并在左侧窗口中显示出来，如有超限则应重测，如符合相关规范要求则可进行平差计算。

7. 平差计算

单击平差菜单中的平差计算即开始平差计算。

9.6.3 平差报告的生成与输出

1. 精度统计

单击成果菜单中的精度统计菜单项，可查看精度统计情况。

2. 网形分析

单击成果/网形分析可查看网形信息。

3. 平差报告

平差报告包括控制网属性、控制网概况、闭合差统计表、方向观测成果表、距离观测成果表、高差观测成果表、平面点位误差表、点间误差表、控制点成果表等，也可根据自己的需要选择显示或打印其中某一项。输出平差报告前应设置报告属性，方法是单击“窗口/报表设置”，设置内容有：成果输出、打印页面设置等。报告属性设置完毕后单击“平差/平差报告”即可输出平差报告。

9.6.4 工具

1. 坐标变换

1）已知转换参数进行两坐标系中点的坐标转换。

2）无转换参数，已知两个以上点在两坐标系中的坐标求转换参数。

2. 解析交会

解析交会包括角度前方交会、边长后方交会、边角后方交会、侧方交会、单三角形、后方交会等计算工具。

3. 大地正反算

大地正反算包括大地正算、大地反算和换带计算等，大地正算是将某点的大地经纬度转换成高斯平面直角坐标，大地反算是将高斯平面直角坐标转换成大地经纬度。换带计算是将某点在某一投影带中的坐标换算成另一投影带坐标，两投影带坐标的差别是由该点的经度与中央子午线经度之差引起的，故应正确输入投影带中央子午线经度。

4. 坐标正反算

坐标正算是根据一点的坐标和与该点相邻的一边的边长及坐标方位角计算坐标增量（软件中为反算坐标），坐标反算是根据两点坐标计算其连线的边长和坐标方位角（软件中为反算方位角）。

9.7 控制网技术总结

工区控制网是直接为工程建设服务的。工区平面控制测量必须严格遵守有关技术规定进行，以确保成果的质量。此外，还应在作业结束时认真进行技术总结。

编写技术总结的目的在于。

1）进一步整理已完成的作业，使其更加完备、准确和系统化。

2）对观测和各项资料给以鉴定和说明，便于各有关部门可靠地利用。

3）为工程建设提供有关数据和资料。

4）通过实践总结经验，进一步提高作业的技术和理论水平。

技术总结必须在广泛收集资料的基础上，从技术方案、技术规定、作业方法、完成质量以及理论与实践相结合等方面，认真加以分析研究，衡量各项作业完成的情况，以得出经验和教训，更好地指导生产。因此，它不能与一般的工作总结互相混淆或彼此代替。

编写技术总结时，内容应准确、完整和系统，文字要工整，图表必须简练清晰、美观。

技术总结根据作业的性质和阶段，分为外业和内业两种。外业技术总结是外业工作完成之后，根据野外测量中所获得的成果资料和有关经验系统地进行整理，使其清楚、完备和准确可靠。因此，其内容应该事实充分，叙述简明，结论明确。内业技术总结，是在野外测绘资料的基础上根据内业计算工作的方法和成果进行的系统整理。现将控制测量技术总结的项目和提纲分述如下：

9.7.1 概况

1）任务来源。

2）测区自然地理条件和气象特点，及其对作业的影响。

3）测区的行政隶属和图幅一览表。

4）投入的人员及仪器设备。

5）作业单位、年度和工作组织。

6）作业内容及其用途，完成作业的数量。

9.7.2 作业的技术依据

1）甲乙双方签订的合同。

2）采用的测量规范。

9.7.3 已有测绘资料的利用

1）平面控制点资料。

2）高程控制点资料。

3）地图资料。

9.7.4 坐标系统的采用

1）平面坐标系统。

2）高程系统。

9.7.5 控制网的布设、观测、数据处理

1）控制网的布设，包括控制网等级、网图等。

2）选点、造标和埋石，包括点的数量和密度，觇标类型、高度和数量，中心标石类型和数量，觇标和标石的质量情况，已建觇标和已埋标石统计表，重合点上旧中心标石的利用情况，重新埋石的资料。

3）点号的取用。

4）控制网点的野外数据采集及数据处理，包括仪器的选用、数据采集和数据处理的方法。

5）对各项成果质量的鉴定和所得结果的精度估计。

6）成果中存在的重大缺点，超出限差的情形、原因和处理情况，及其对成果质量的影响。

7）根据测区面积大小，选择适当的比例尺，绘制控制网图。

【单元小结】

本单元单导线的误差理论首先重点阐述了导线边方位角中误差的定义与计算方法，接着介绍了支导线终点误差、方位附合导线终点位置误差、方位坐标附合导线中点位置误差的计算。

导线网的精度分析首先重点阐述了等权代替法估算导线网的点位精度的方法，接着简要介绍了已知点或结点间的导线容许长度相关知识。

精密导线的布设首先重点阐述了工区导线的布设规格和布设形式相关知识，接着简单介绍了支导线的有利形状，最后详细阐述了导线的长度和测量精度相关知识。

导线测量的施测首先简单介绍仪器的选择与检验相关知识，接着重点阐述野外选点与标石埋设、水平角观测、垂直角观测、全站仪导线测量手簿记录与计算方法相关知识及作业要求。内容大多为实践操作类项目，鉴于授课对象大多为职业院校学生，更应特别加强其动手实践能力的培养。

导线测量概算重点阐述了导线测量概算的相关计算流程和方法步骤，学生应熟练掌握该部分知识，具备导线测量概算的能力。

平差软件介绍与导线网算例首先阐述了南方平差易2005的界面相关知识，接着通过一个实际工程算例，阐述了南方平差易2005的使用方法，学生应借助一些实际工程算例，掌握该软件的使用方法。

控制网技术总结重点阐述控制网技术总结的撰写要求和主要内容。

【复习题】

1. 什么是纵向误差和横向误差？
2. 支导线终点位置误差与导线长度有何关系？
3. 如何根据附合导线的容许长度计算导线网中某一导线节的容许长度？
4. 如何确定导线点位的权？
5. 支导线的有利形状应符合哪些要求？
6. 导线点点位应符合哪些要求？
7. 导线测量中水平角观测和边长测量应符合哪些要求？
8. 导线测量概算有哪些内容？
9. 《城市测量规范》（CJJ/T 8—2011）规定的导线主要技术要求有哪些？
10. 某附合导线如图9-18所示，其起算数据及观测数据如表9-12和表9-13所列，其测角中误差为±4″，测边中误差按$3\text{mm}+10^{-6}D$计算，试用平差软件进行平差计算。

提示：B、C两点旁的另两个已知点A、D的坐标未给出，需作为未知点计算，已知边的边长可任意给定；未给出坐标的已知点需作为测站点，照准方向为给出坐标的已知点A、B、C，其观测值可不输入或输入0。

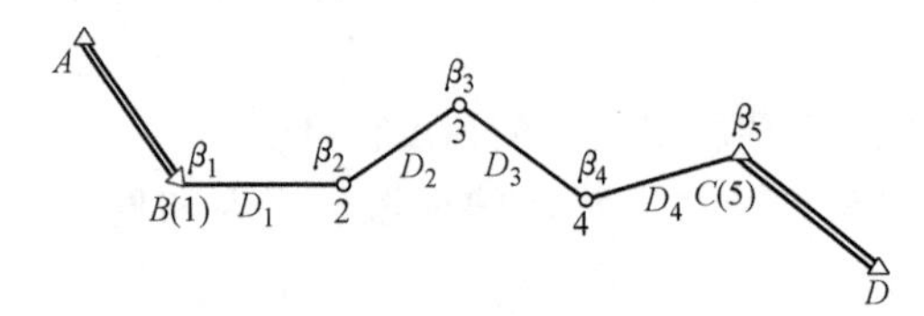

图9-18 导线图

表9-12 起算数据

点号	x/m	y/m	方位角 (° ′ ″)	方向
B	3358992.328	68225.416	168 51 06.3	AB
C	3351256.016	80090.289	184 09 55.6	CD

表9-13 观测值表

点号	角度观测值	边号	边长观测值	Δx	Δy
1	167 43 17.5	D_1	2555.539		
2	130 47 41.7	D_2	4409.385		
3	197 18 17.5	D_3	3038.541		
4	174 51 42.9	D_4	4760.178		
5	244 37 49.1				

控制网技术设计

单元概述

依据控制网技术设计书的编写步骤，首先应进行资料的收集和外业踏勘，初步拟定布网的形式和精度、密度；然后在图上设计，在图上设计完成后，按一定的计算公式对某些元素的精度进行估计，估算结果后如果低于国家规范或工程提出的精度指标，应改变布网方案，使所选方案既能满足精度要求，又在经济上合理，技术上可行；最后编制控制网的技术设计书。

学习目标

1. 对于平面控制网的精度估算，主要掌握三角网中边长的精度估算、方位角的精度估算和点位的精度估算。

2. 水准测量是高程控制网的主要形式，掌握单一水准路线的精度估算、多条闭合水准路线的精度估算和结点网的精度估算。

10.1 控制网的精度估算

在三角网的技术设计阶段，对拟布设的三角网所能达到的精度，必须预先进行估算，以便对设计方案的可行性和合理性进行评价。精度估算的对象是三角网的推算元素，在三角网中，由于互相制约的条件较多，推算元素的精度不仅与三角网的规模大小直接相关，而且还与起始数据布设的位置、数量、推算元素和起始数据之间的距离及相互位置都有关系，对于简单图形的最弱边边长估算、方位角估算、点位估算做了详细的阐述，水准测量的精度估算同样重要，用具体的实例说明了单一水准路线、多条闭合水准路线以及结点网的精度估算的过程。

10.1.1 精度估算的意义

在三角网的技术设计阶段，对拟布设的三角网所能达到的精度，必须预先进行估算，以便对设计方案的可行性和合理性进行评价。

在三角网中，观测角度及观测边长（观测元素）的精度在设计时可根据仪器精度、观测方法和测回数来确定。而最弱边边长（推算元素）的精度，不仅与仪器、观测方法和测回数有关，而且还与三角网的图形有关，在平差计算完成以后才能确切知道。但此时如果超限，将造成控制测量的全盘返工。为了避免这种情形发生，在三角网观测之前，就应当根据设计图形概略计算三角网推算元素的精度。所以，精度估算的对象就是三角网的推算元素。

推算元素是根据观测元素的平差值计算出来的。所以，测量平差课程中的求平差值函数中误差的方法，就成为精度估算的理论基础。

如果推算元素用 F 表示，它作为观测元素平差值$\hat{L}_i$的函数，一般形式为

$$F = f(\hat{L}_1, \hat{L}_2, \cdots \hat{L}_n)$$

为了求上式对平差值的偏导数值f_i，可以对函数式求全微分，从而写出权函数式。若以L_i表示观测值，v_i表示其相应的改正数，则权函数式为

$$\begin{aligned} V_F &= f^T V \\ &= \left(\frac{\partial f}{\partial \hat{L}_1}\right)_{\hat{L}=L} v_1 + \left(\frac{\partial f}{\partial \hat{L}_2}\right)_{\hat{L}=L} v_2 + \cdots + \left(\frac{\partial f}{\partial \hat{L}_n}\right)_{\hat{L}=L}^{vn} \\ &= f_1 v_1 + f_2 v_2 + \cdots + f_n v_n \end{aligned}$$

然后按式

$$\frac{1}{p_F} = [ff] - \frac{[af]^2}{[aa]} - \frac{[bf \cdot 1]^2}{[bb \cdot 1]} - \cdots - \frac{[rf \cdot (r-1)]^2}{[rr \cdot (r-1)]} \tag{10-1}$$

求平差值函数的权倒数$\frac{1}{p_F}$，并按下式计算平差值函数的中误差 M_F

$$M_F = \mu \sqrt{\frac{1}{p_F}} \tag{10-2}$$

式中 μ——单位权中误差。

一般是在平差计算过程中同时求出推算元素的 p_F和 M_F的。但是，在精度估算中，为了避免组成法方程系数和解算法方程的繁杂计算，而是应用求平差值函数中误差的原理，作出适当的近似假定，把上式具体化，得到一个计算 M_F的数学公式，这就是要研究的精度估算问题的实质。

式（10-2）中的单位权中误差主要与观测元素的精度有关。不过，精度估算是在实际观测之前进行的，这时还没有实测数据可用来计算单位权中误差，为此常常套用相关规范中的有关数据作为单位权中误差。例如三、四等网的测角中误差常常取用 ±1.8″、±2.5″。

至于平差值函数的权倒数，一方面与推算元素在三角网中的位置有关，这反映在系数f_i中，另一方面与三角网中多余观测个数和由于多余观测所产生的条件形式有关，也就是说平差值函数的权倒数与三角网的图形结构有关，这比较明显地反映在条件方程式系数中。精度估算的重点在于计算权倒数。通过对最弱处的推算元素权倒数的分析，可以知道三角网的图形结构是否符合预定的要求。如不符合要求，就有必要改变图形结构，以便进一步提高推算元素的精度。

除了观测元素的精度和三角网图形结构以外，推算元素的精度还受到起算数据精度的影响。对于自由网，观测元素只需根据它们之间必须满足的几何条件进行平差，此时起算数据的误差和观测数据的误差均可视为独立的误差，因而按联合影响进行处理。在非自由网中，则要求观测数据的平差值满足起算数据的要求，此时起算数据的误差和观测数据的误差对推算元素误差的影响，严格说来就不能分开。但是，确定非自由网中起算数据误差对推算元素

影响的公式比较复杂，需要的计算量也较大。为简化计算，对非自由网，也将起算数据的误差和观测数据的误差视为独立的误差，并按联合影响进行处理。

精度估算时所需要的三角网结构形状的参数，是从设计图上图解量取或由草测的概值算出，所以精度估算所用的参数自然不如平差计算所得之参数准确。不过，精度估算作为技术设计中的一种近似计算，一般认为准确到二位有效数字就够了。

10.1.2　三角网精度估算

在三角网中，由于互相制约的条件较多，推算元素的精度不仅与三角网的规模大小直接相关，而且还与起始数据布设的位置、数量、推算元素和起始数据之间的距离及相互位置都有关系。因此，要用一个简单且普遍适用的数学公式来表达各推算元素的精度是十分困难的。

比较严密的精度估算方法是针对具体设计图形，列出条件方程式并组成推算元素的权函数式，得到权函数式的系数 f_i，组成法方程式，同时附加计算各推算元素的 $[af]$、$[bf]$ …，随同法方程式逐次约化，以求得该推算元素的$\frac{1}{p_F}$。

不过对于工矿区三角网，其布设范围有限，规模不大，结构较为简单。对此可以从一定的理论出发，建立某种近似的估算表达式。

对于矿区近井网推算元素精度要求较高的通常是井巷贯通工程，所以近井网的估算精度应该满足贯通测量的需要。而且近井网的精度估算常常又是贯通测量设计或误差预计的组成部分。此时所要估算的推算元素可能是：两近井点通视时其联结边的边长相对中误差；两近井点不能直接通视时其相对点位中误差和两后视边坐标方位角的中误差。因为这两项误差将对贯通相遇点的偏差产生有害影响。

1. 最弱边边长精度估算

(1) 中点多边形网的边长精度估算　在中点多边形中，自起始边开始到某一条推算边，可以有两条单三角形推算路线（图 10-1）。在该两条推算路线中，诸三角形都是相互独立的。为了估算由已知 B 边推算至 s 边的精度，可以先用单三角锁公式分别按两条推算路线计算 s 边的权倒数：

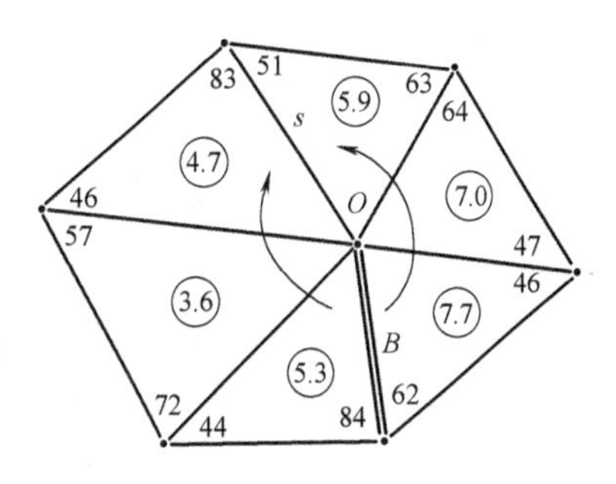

图 10-1　两条单三角形推算路线

$$\frac{1}{p_1}=\frac{2}{3}\sum R_i \qquad \frac{1}{p_2}=\frac{2}{3}\sum R_j$$

然后求两条路线所得权之和为

$$p_{\text{lgs}}=p_1+p_2$$

而 s 边图形权倒数则为

$$\frac{1}{p_{\text{lgs}}}=\frac{1}{p_1+p_2}=\frac{\frac{1}{p_1}\cdot\frac{1}{p_2}}{\frac{1}{p_1}+\frac{1}{p_2}} \tag{10-3}$$

顾及起算边误差影响时，s 边的边长对数中误差为

$$m_{\lg s}^2 = m_{\lg B}^2 + m_\beta^2 \frac{1}{p_{\lg s}} \tag{10-4}$$

式中　m_β——设计的测角中误差。

当上述两条推算路线中出现重复的三角形（图 10-2）时，其中必有一些三角形互不独立。在此情况下，如果仍按上述方法估算，重复使用的三角形就会用到两次，这就无形地加大了它们观测角的权。为了保证估算结果的准确性，可以在计算$\frac{1}{p}$值时，把重复三角形内的 R 乘以系数$\sqrt{2}$，则

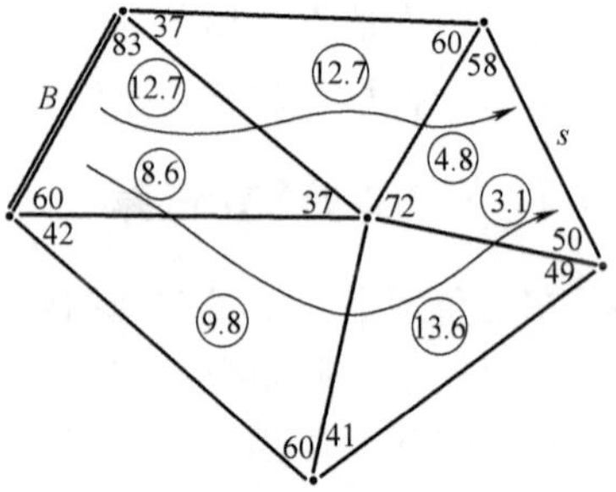

$$\begin{aligned}\frac{1}{p_i} &= \frac{2}{3}\sum R_{重}\sqrt{2} + \frac{2}{3}\sum R_{未重} \\ &\approx \sum R_{重} + \frac{2}{3}\sum R_{未重}\end{aligned} \tag{10-5}$$

图 10-2　出现重复三角形的推算路线

按上式分别求出两条路线的$\frac{1}{p}$后，再计算推算 s 边的图形权倒数。

例如图 10-2 中，有

$$\frac{1}{p_1} = (12.7 + 4.8) + \frac{2}{3}(12.7) = 26.0$$

$$\frac{1}{p_2} = (8.6 + 3.1) + \frac{2}{3}(9.8 + 13.6) = 27.3$$

$$\frac{1}{p_{\lg s}} = \frac{26.0 \times 27.3}{26.0 + 27.3} = 13.3$$

此例平差所得准确值也为 13.3。

在由连续的中点多边形构成的三角网中，某一推算边的精度估算，也可以从起算边出发，选择一些基本上互相独立的三角形组成三角锁推算路线，先分别算出各个推算路线的权，再取其和。

如图 10-3 所示，起算边为 B，欲估算 s 边之精度。首先根据图中画出的两条基本独立路线，分别计算它们的权倒数

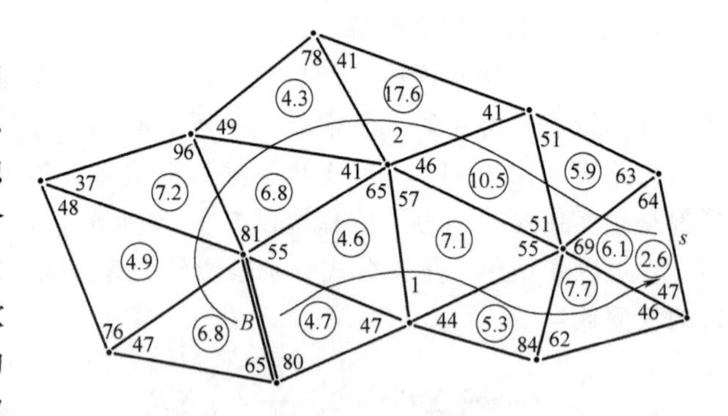

图 10-3　估算 s 边的精度

$$\frac{1}{p_1} = 2.6 + \frac{2}{3}(4.7 + 4.6 + 7.1 + 5.3 + 7.7) = 22.2$$

$$\frac{1}{p_2} = 6.1 + \frac{2}{3}(6.8 + 4.9 + 7.2 + 6.8 + 4.4 + 17.6 + 10.5 + 5.9) = 48.8$$

再按加权原理，计算 s 边的权倒数

$$\frac{1}{p_{\lg s}} = \frac{22.2 \times 48.8}{22.2 + 48.8} = 15.1$$

此例按严密平差计算结果为 12.4。

推算边的权倒数确定以后，可以用设计测角中误差 m_β 计算边长对数中误差和边长相对中误差

$$m_{\lg s} = m_\beta \sqrt{\frac{1}{p_{\lg s}}}$$

$$\frac{m_s}{s} = \frac{m_{\lg s}}{\mu \cdot 10^6}$$

顺便说明，当网中的起算边在两条以上时，理应考虑每一条起算边对推算边的控制作用，即每一条起算边对提高任一函数的精度都有作用。但事实上某一推算边仅与一两条起算边邻近，而与其他起算边相隔较多三角形，其他起算边的控制作用就很小了。所以，在作精度估算时，可以仅考虑邻近的一两条已知边对推算边精度的控制作用，略去其他已知边的影响。

（2）混合锁的边长精度估算　在狭长地区布设三角网时，常常布设由三角形、大地四边形、中点多边形混合组成的三角锁。为了判定所选图形能否达到需要精度，常常根据图上的设计，估算某一边的边长相对中误差。因此，总是选择网中精度最低，也就是图形权倒数最大的一条边，即所谓最弱边，作为精度估算边。

如图 10-4 所示，s_0 为起算边，s_n 为最弱边。为了估算最弱边的图形权倒数，可先计算每个单独图形的图形权倒数

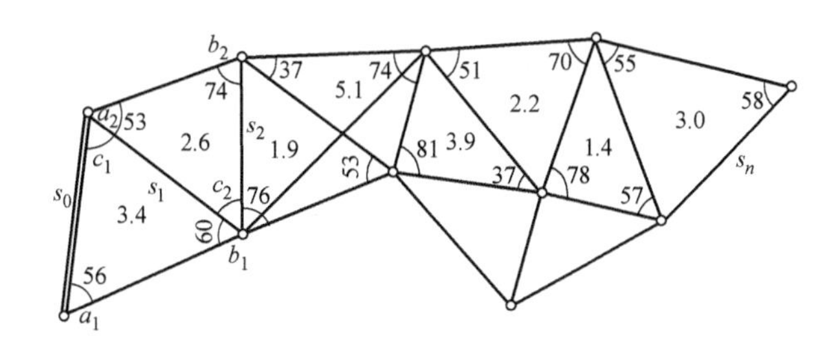

图 10-4　估算混合锁最弱边图形权倒数

三角形　$\frac{1}{p} = \frac{2}{3}\sum R$

大地四边形　$\frac{1}{p} = \frac{1}{2}\sum R$

中点多边形　$\frac{1}{p} = \frac{1}{2}\sum R$

其中后两式 $\sum R$ 的计算应选择最佳推算路线。为此可暂先舍去大地四边形中的长对角线，舍去中点多边形中的个别旁点，按各三角形的传距角，查取 R 并求和，再根据三角形所在的不同图形乘以不同的系数。最后取各图形的权倒数之和，作为最弱边 s_n 的边长对数权倒数。

$$\frac{1}{p_{\lg s_n}} = \sum \frac{1}{p}$$

当混合锁具有两条起算边时，为了方便地获得接近于严格方法的估算结果，可以设想把全锁分成互相独立、大体相等的两个分段，这时的分界边一般就是最弱边（如图 10-5 中的 EF 边）。在估算最弱边的精度时，分别由两端起算边 B_1 和 B_2 计算其边长对数权倒数以及

边长对数中误差

$$\begin{cases} m^2_{\lg s_1} = m^2_{\lg B_1} + m^2 \sum\limits_1^i \dfrac{1}{p} \\ m^2_{\lg s_2} = m^2_{\lg B_2} + m^2 \sum\limits_{i+1}^n \dfrac{1}{p} \end{cases} \tag{10-6}$$

式中，$\sum \frac{1}{p}$的计算方法相同于上述一端有起算边的混合锁。

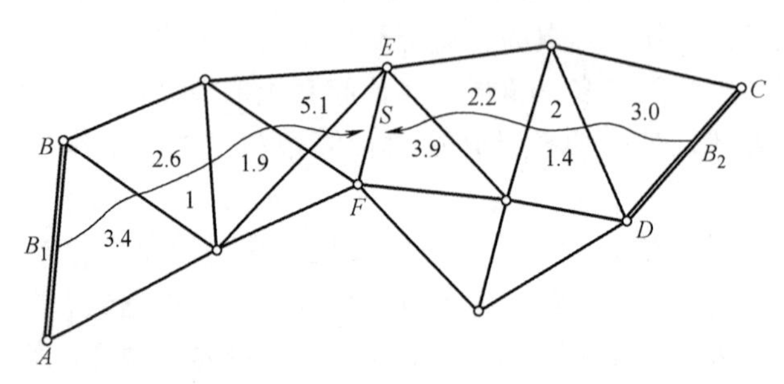

图 10-5

顾及到中误差的平方与权成反比可以写出

$$m^2_{\lg s} = \frac{m^2_{\lg s_1} \cdot m^2_{\lg s_2}}{m^2_{\lg s_1} + m^2_{\lg s_2}} \tag{10-7}$$

对于图 10-5，若已知$\frac{m_{B_1}}{B_1} = \frac{m_{B_2}}{B_2} = \frac{1}{80000}$，$m = 2.5''$，可以算得

$$m_{\lg B_1} = m_{\lg B_2} = \mu \cdot 10^6 \frac{m_B}{B} = 5.43$$

$$\sum_1^i \frac{1}{p} = 13.0$$

$$\sum_{i+1}^n \frac{1}{p} = 10.5$$

代入式（10-6）后，再按式（10-7）求出边长对数中误差

$$m_{\lg s} = \sqrt{\frac{10.52^2 \times 9.75^2}{10.52^2 + 9.75^2}} = 7.15$$

以及边长相对中误差

$$\frac{m_s}{s} = \frac{7.15}{0.4343 \times 10^6} = \frac{1}{61000}$$

2. 方位角精度估算

设在图 10-6 所示的三角锁中，α_0为起算边的已知方位角，c_i为间隔角，当按角度平差时，由α_0推算任一传距边方位角α_i的函数式为

$$\alpha_i = \alpha_0 + c_1 - 180° - c_2 + 180° + \cdots + c_i$$

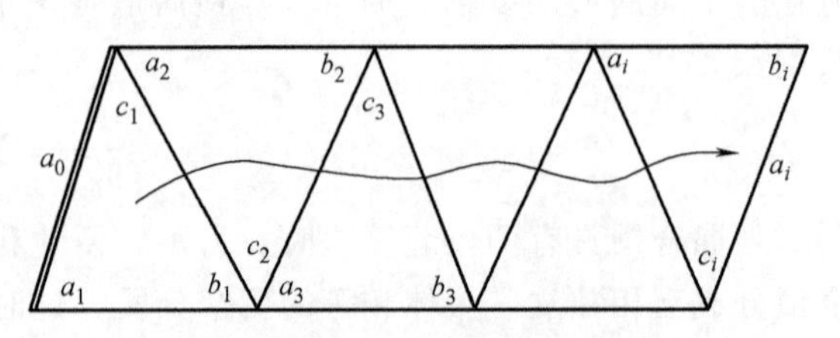

图 10-6　三角锁方位角精度估算

上式对各观测角的偏导数为

$$f_{c_1}=+1, f_{c_2}=-1, \cdots, f_{c_i}=+1$$

$$f_{a_1}=f_{b_1}=f_{a_2}=f_{b_2}=\cdots=f_{a_i}=f_{b_i}=0$$

由于各图形条件都是独立的，各角度在图形条件式中的系数都是 +1，故法方程的系数为

$$[aa]=[bb]=[cc]=\cdots=3$$

$$[ab]=[ac]=[bc]=\cdots=0$$

$$[af]=+1,[bf]=-1,[cf]=+1,[df]=-1,\cdots[ff]=i$$

代入式（10-1）得坐标方位角权倒数为

$$\frac{1}{p_\alpha}=i-\frac{1}{3}-\frac{1}{3}-\cdots-\frac{1}{3}=i-\frac{1}{3}i=\frac{2}{3}i \tag{10-8}$$

而推算方位角的中误差为

$$m_\alpha=\pm m_\beta\sqrt{\frac{2}{3}i} \tag{10-9}$$

式中　i——推算路线上的三角形个数。

式（10-9）表明，坐标方位角的精度和推算路线上的三角形个数有关，和图形形状无关。

式（10-9）为推算边 i 相对于起算边的坐标方位角中误差。在贯通工程控制网中，通常需要预计两近井边的坐标方位角相对中误差。为此，可在两近井边之间选择一条简捷的三角锁推算路线，近似地按式（10-9）计算某一近井边相对于另一近井边的坐标方位角中误差，这时式中的 i 即为两近井边相隔的三角形个数。

3. 点位精度估算

相邻点的相对点位中误差或待定点相对于高级点的点位中误差的估算，一般是在求得两相邻点间或高级点与待定点间的边长中误差和方位角中误差之后进行的。如图 10-7 所示，BE 边的边长中误差和坐标方位角中误差分别为 m_s 和 m_α，由 m_α所引起的 E 点横向中误差为

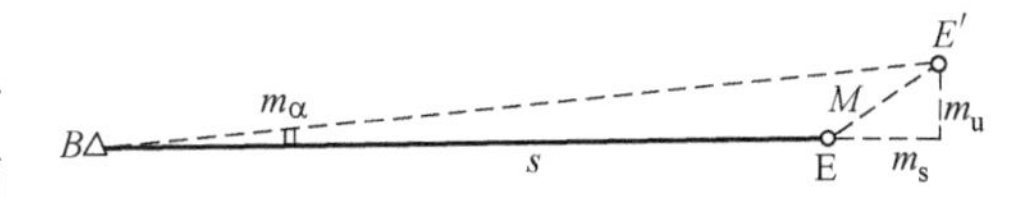

图 10-7　点位精度估算图

$$m_u=s\frac{m_\alpha}{\rho}$$

则 E 点相对于 B 点的点位中误差为

$$M=\pm\sqrt{m_s^2+\left(s\frac{m_\alpha}{\rho}\right)^2} \tag{10-10}$$

由边长中误差和边长对数中误差的关系知

$$m_s=\frac{m_{\lg s}}{\mu\cdot 10^6}\cdot s=m\sqrt{\frac{1}{p_{\lg s}}}\cdot\frac{s}{\mu\cdot 10^6}$$

再顾及 $m_\alpha=m\sqrt{\dfrac{1}{p_\alpha}}$可得

$$M=m\cdot s\cdot 10^{-6}\sqrt{5.3\frac{1}{p_{\lg s}}+23.5\frac{1}{p_\alpha}} \tag{10-11}$$

这就是根据测角中误差 m_β、边长 s 以及边长对数的权倒数和方位角权倒数计算相对点位中误差的公式。

10.1.3 水准网精度估算

在工矿区水准网的技术设计中，也应对其最弱点的高程中误差进行估算。

水准网中任一点的高程是采用几何水准测量方法由已知高程点传递得来的。所以该点的高程是该点至已知点之间观测高差的函数。根据一般求函数中误差的公式，点的高程中误差为

$$m_H = \pm M_W \sqrt{\frac{1}{p_h}} \tag{10-12}$$

式中 $\frac{1}{p_h}$——沿水准路线观测高差的权倒数；

M_W——每千米高差中数的全中误差。

1. 单一水准路线的精度估算

（1）水准支线的精度估算　如图 10-8 所示，由已知点 A 至未知点 B 之间进行水准测量，水准路线长度为 L_{AB}。欲估算 B 点的高程中误差，必须先确定水准路线的权倒数。

水准路线的权一般取路线长度的倒数，即

$$p_B = \frac{1}{L_{AB}} \tag{10-13}$$

于是 B 点高程中误差为

$$M_B = \pm M_W \sqrt{\frac{1}{p_B}} = \pm M_W \sqrt{L_{AB}} \tag{10-14}$$

式中，L_{AB}以 km 为单位；M_W可根据等级按《国家三、四等水准测量规范》（GB/T 12898—2009）之规定选取，例如：三等 $M_W = \pm 6.0\text{mm}$，四等 $M_W = \pm 10.0\text{mm}$。

（2）单一附合水准路线的精度估算　图 10-9 所示为一条附合水准路线，A、B 为已知水准点，R 即为最弱点。设 L_1、L_2 分别为由 A 点至 R 点和 B 点至 R 点的水准路线长度，现求最弱点 R 的高程中误差。

由式（10-14）显然有

$$M_{R_1} = \pm M_W \sqrt{L_1}$$

$$M_{R_2} = \pm M_W \sqrt{L_2}$$

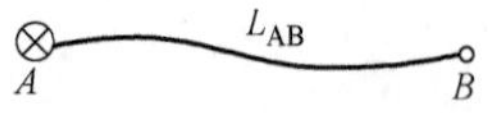

图 10-8　A 到 B 的水准测量

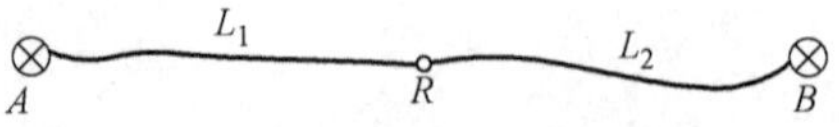

图 10-9　某附合水准路线

所以 R 点的高程中误差为

$$M_R = \frac{M_{R_1} \cdot M_{R_2}}{\sqrt{M_{R_1}^2 + M_{R_2}^2}} \tag{10-15}$$

（3）单一闭合水准路线的精度估算　图 10-10 所示为一闭合水准路线。A 点为已知水准点，设 L_1、L_2 分别为由 A 点至 R 点的两条水准路线的长度。最弱点 R 的高程中误差仍可按

式（10-15）进行计算。

2. 多条闭合水准路线的精度估算

如图 10-11 所示，由已知点 A 沿几条水准路线至未知点 R 进行水准测量。设相应的水准路线长度分别为 L_1、L_2、$\cdots L_n$，则其相应的权为

$$p_1=\frac{1}{L_1},p_2=\frac{1}{L_2},\cdots,p_n=\frac{1}{L_n}$$

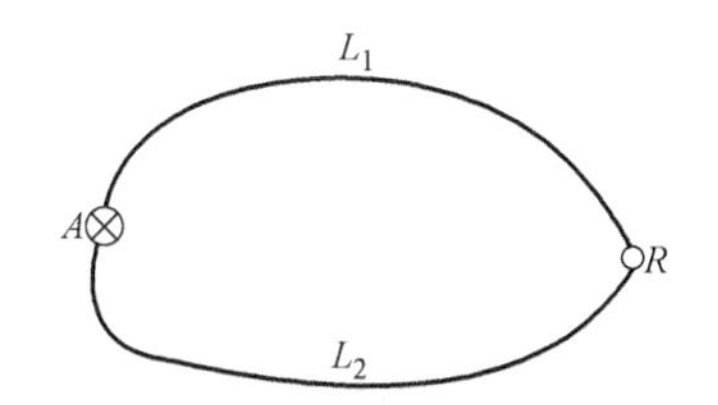

图 10-10 某闭合水准路线

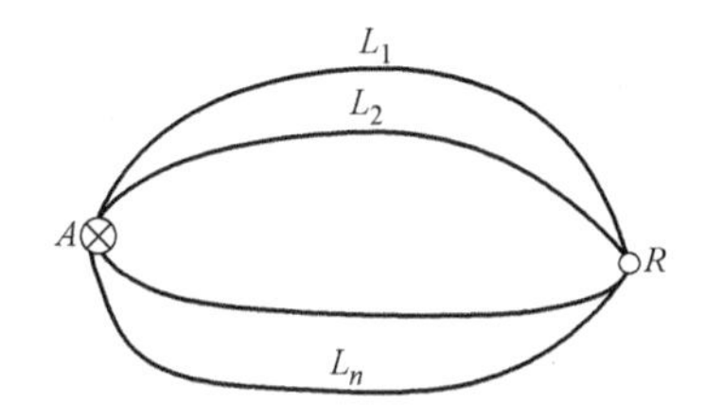

图 10-11 A 到 R 的水准测量

于是由几条水准路线确定 R 点高程之权为

$$p_{\mathrm{R}}=p_1+p_2+\cdots+p_n$$

其高程中误差则为

$$M_{\mathrm{R}}=\pm M_{\mathrm{W}}\sqrt{\frac{1}{p_{\mathrm{R}}}} \tag{10-16}$$

3. 结点网的精度估算

设有一水准网（图 10-12），A、B、C、D 为四个高级水准点，J 为结点。首先确定距高级点最远的点——最弱点的位置。在图 10-12 水准网中，最弱点应在较长的水准路线 DJ 上。假设它就是离结点 J 的水准路线长度为 L_4 的 R 点。

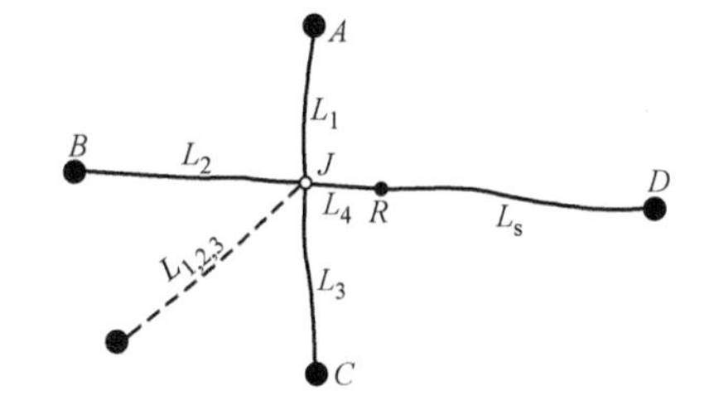

图 10-12 某水准网

为了用等权代替法作精度估算，先对 1、2、3 三条水准路线，用求带权平均值的方法，计算结点 J 的高程，记为 $H_{1,2,3}$。显然 $H_{1,2,3}$的权为

$$p_{1,2,3}=p_1+p_2+p_3$$

与此权相应的一条水准路线（虚线表示的），称为虚拟的等权路线。因为各路线观测高差的权与距离的公里数成反比，所以等权路线的长度可以写为

$$L_{1,2,3}=\frac{1}{p_{1,2,3}}=\frac{1}{\frac{1}{L_1}+\frac{1}{L_2}+\frac{1}{L_3}} \tag{10-17}$$

通过这样的等权代替，可以将单结点水准网简化为单一的水准路线，其总长度为

$$L=L_{1,2,3}+L_4+L_5$$

因此，R 点的权为

$$p_{\mathrm{R}}=p_{1,2,3+4}+p_5=\frac{1}{\frac{1}{p_{1,2,3}}+\frac{1}{p_4}}+p_5 \tag{10-18}$$

由此得 R 点的高程中误差为

$$M_R = \pm M_W \sqrt{\frac{1}{p_R}} \tag{10-19}$$

再设三等水准网（图 10-13），求最弱点 R 的位置，并估算其精度。仅就精度估算来说，图 10-13 中的两个水准网在精度上是等价的。因为当不考虑起算点的误差影响时，从一个起始水准点出发的几条水准路线与从几个起始水准点出发的几条水准路线其作用是一样的。

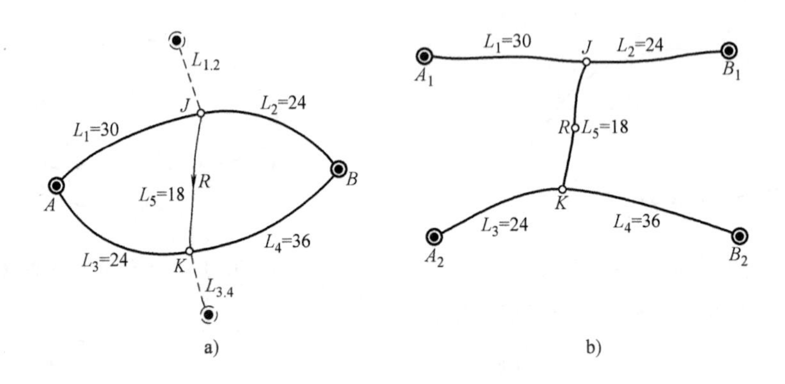

图 10-13　某三等水准网

距离起算点最远的水准点是最弱点，所以 R 点应在 JK 路线上。

首先，将 L_1 和 L_2 两条路线用一条等权路线 $L_{1,2}$ 代替

$$L_{1,2} = \frac{1}{p_{1,2}} = \frac{1}{p_1 + p_2} = \frac{1}{\frac{1}{L_1} + \frac{1}{L_2}} = 13.3\text{km}$$

再将 L_3 和 L_4 两路线用等权路线 $L_{3,4}$ 代替

$$L_{3,4} = \frac{1}{p_{3,4}} = \frac{1}{p_3 + p_4} = \frac{1}{\frac{1}{L_3} + \frac{1}{L_4}} = 14.4\text{km}$$

这样就把两个结点的水准网简化成单一水准路线，其总长 L 为

$$L = L_{1,2} + L_5 + L_{3,4} = 45.7\text{km}$$

最弱点位于单一路线的中点，所以最弱点离虚拟的起始水准点距离为

$$\frac{L}{2} = 22.85\text{km}$$

而且最弱点 R 距离结点 J 的距离为

$$\frac{L}{2} - L_{1,2} = 22.85 - 13.3 = 9.55\text{km}$$

于是得最弱点的高程中误差为

$$M_R = \pm M_W \sqrt{\frac{1}{p_R}} = \pm 6\sqrt{\frac{22.85}{2}} \approx \pm 20\text{mm}$$

最后说明，等权代替法是一种图示、解析相结合的估算方法，它的优点是形象直观，估算结果也是严密的。但是，对于较复杂的水准网，替代次数增多，又显得繁复而容易出错。所以，对于工矿区个别的、较为复杂的水准网，最好还是按间接平差原理，通过法方程式系

数来计算最弱点的权。

10.2 控制网的布设形式

对于工矿区平面控制网，通常先布设精度要求最高的首级控制网，随后根据测图需要，测区面积的大小再加密若干级较低精度的控制网。用于工程建筑物放样的专用控制网，往往分二级布设。第一级作总体控制，第二级直接为建筑物放样而布设。平面控制网的形式主要有三角网、导线网和 GPS 网等。高程控制网的主要布设形式是水准网。

10.2.1 三角网的布设形式

1. 首级网

如果工矿区内没有高级控制网或原有控制网的精度不能满足要求，此时首级控制就需要布设独立的三角网。

（1）首级网的等级与工矿区面积配置关系

作为工矿区首级控制的三角网，应从实际需要出发，根据工矿区面积大小、测图比例尺和发展远景，因地制宜地选用其等级。

图 10-14 为一均匀且等距的三角网，设其平均边长为 D，在 $\triangle OAB$ 范围内，O 点所控制的面积为

$$S_{OA'O'B'} = \frac{1}{3}S_{\triangle OAB} = \frac{\sqrt{3}}{12}D^2$$

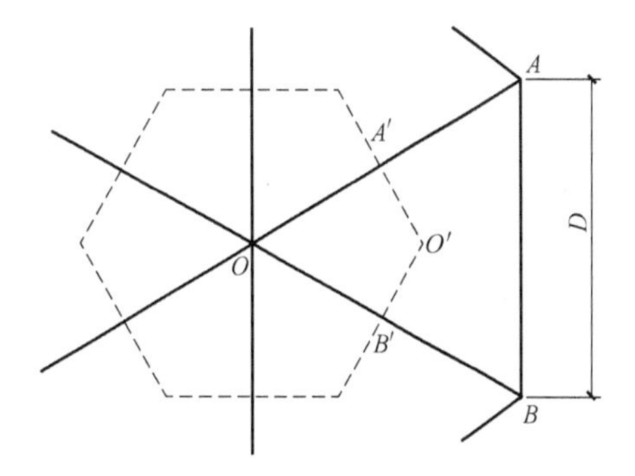

图 10-14 均匀等距的三角网

对于 O 点四周，其控制面积应为 $p = 6S_{OA'O'B'}$，由此得

$$p = \frac{\sqrt{3}}{2}D^2 = 0.87D^2 \tag{10-20}$$

我们通常用上式估算一个三角点的控制面积，并以 "km²/点" 表示。

当三角网的点数为 n 时，所控制的面积为

$$p = 0.87D^2 \cdot n \tag{10-21}$$

例如对于四等三角网，当取平均边长 D 为 2km，点数 n 为 4 ~ 30 时，按式（10-21）算出其控制面积约为 15 ~ 100km²。仿此，可以计算出如表 10-1 所列的首级网等级与工矿区面积配置关系。自然，这种配置关系只能是概略的。实际布网时，还应考虑工矿区内的工程分布、工矿区的形状、自然条件、地形地物特征、作业单位的技术力量和装备条件等。

表 10-1 首级网等级与工矿区面积配置关系

三角网等级	平均边长 /km	点数	控制面积 /km²
二等	9	7 个以上	500 以上
三等	5	4 ~ 24	100 ~ 500
四等	2	4 ~ 30	15 ~ 100
一级小三角	1	16 以下	15 以下

(2) 首级三角网布设形式　工矿区首级三角网的布设形式，主要按起始数据的来源和起始数据的多少来区分。

当工矿区内没有国家高一级控制网点可以利用，或虽有国家高一级控制网点，但受其位置或精度限制，不宜用作起算数据时，就必须独立测设工矿区三角网的起算数据（点的坐标、边长和方位角），这时所建立的工矿区三角网一般称为独立网。反之，当起算数据来源于国家高一级的控制网点，即在国家大地网控制之下布设的工矿区三角网，称为非独立网。

我们知道，建立工矿区三角网的最终结果是要确定三角点的坐标。为此，三角网中至少要有四个起算数据，其中至少应知道一个点的纵、横坐标，其余两个起算数据可以是另一个点的坐标，也可以是某一边的边长和某一边的坐标方位角。上述四个起算数据称为必要的起算数据，如再有其他的起算数据，则称为多余的起算数据。

在一个三角网中，仅有必要的起算数据（*A*、*B* 两点纵横坐标）而没有多余的起算数据，这种三角网称为自由网，如图 10-15 所示。

在图 10-16 所示的三角网中，如果已知 *A*、*B*、*C*、*D*、*E* 五点的坐标，网中共有 10 个起算数据。这种多于四个必要起算数据的三角网，称为非自由网。

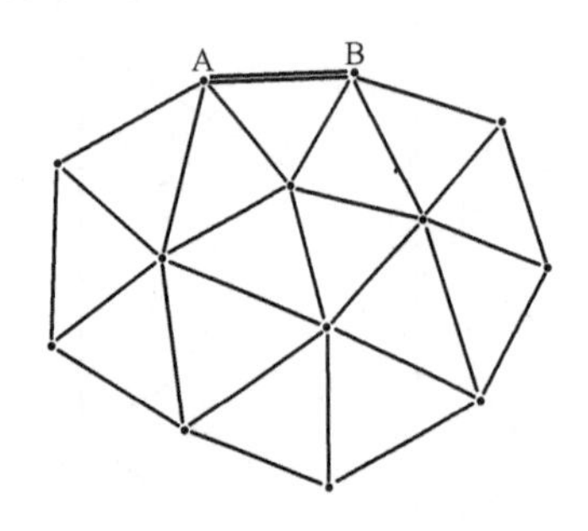

图 10-15　自由网

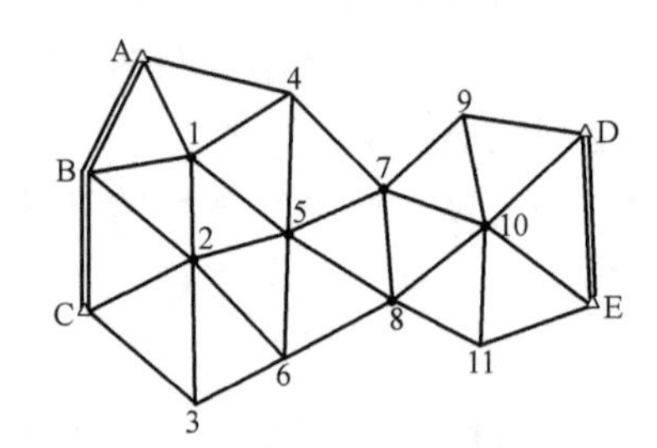

图 10-16　非自由网

工矿区的首级三角网，多数采用非自由网的布设形式。因为多余的起算数据，能使三角网平差产生强制附合条件，从而，有效地控制三角网推算元素的误差传播，提高三角网的精度。当然，如果起算数据精度较低，平差时又把它作为不设改正数的固定数据处理，这就可能损害三角网观测数据的精度，致使三角网产生有害变形。所以，在布设三角网时，必须对起算数据的精度进行可靠的分析，以便合理地确定其可以利用的程度。

2. 加密网

为满足工程测量和大比例尺地形测图的需要，必须在首级三角网控制下，加密适当数量的三角点。加密三角网时，根据加密控制的面积、加密点的数量、加密点的用途等，可选用下述的布设方案。《工程测量规范》（GB 50026—2007）中指出：由于工程测量单位在对三角形网加密时，现已很少采用插网、线性网式插点等形式，所以规范修订时取消了它们的具体技术要求，并不提倡这三种加密方式，可采用其他更容易、更方便、更灵活、更经济的方式加密，如 GPS 方法和导线测量方法。

10.2.2　导线网的布设形式

工矿区地面导线的等级划分为三、四等。对于四等以下的导线网，又分为一、二、三级。实际工作中，主要是考虑工矿区地形不同、建筑的疏密程度不同、导线的用途不同以及根据实际情况和条件，选择使用其中某一种或某两种级别的导线。

导线测量的主要技术要求，见表 10-2。

表 10-2 导线测量的主要技术要求

等级	导线长度 /km	平均边长 /km	测距中误差 /mm	测距相对中误差	测角中误差 (″)	导线全长相对闭合差
三等	14	3	20	1/150000	1.8	1/60000
四等	9	1.5	18	1/80000	2.5	1/40000
一级	4	0.5	15	1/30000	5	1/14000
二级	2.4	0.25	15	1/14000	8	1/10000
三级	1.2	0.1	15	1/7000	12	1/5000

工矿区地面导线的等级选择和布设形式，主要决定于导线的用途和工矿区的地形、地物条件。根据不同的工矿区的具体情况，可以布设成下列的形式。

(1) 复测支导线　在支导线中，由于仅一端有起算数据，所以通常多采取重复观测（角度、边长）的方法建立这种导线。导线的长度不宜过长，边数不宜过多。

复测支导线主要服务于临时性的单项工程，例如测设地表移动观测站的工作基点，标定由地面向井下打钻的钻孔位置，设立井上下联系测量的近井点，为贯通工程而进行的地面控制测量等。

(2) 附合导线　在长距离的工程测量中，单一导线的两端均应有已知点和已知方位控制，形成附合导线，以减少导线点的横向和纵向误差。有时在长距离线路（如铁路）控制测量中，已知点数不足时，还需用 GPS 测量方法加测高等点。

(3) 单结点或多结点导线网　在工矿区已有高级点控制下，建立局部范围（如井田范围）内的加密控制时，可布设单结点导线网。在建筑区或工业广场附近，布设这种导线网往往比布设三角网更为有利。在较大的工矿区范围内，高级点损失较多或精度较低时，可以有选择地利用部分高级点，布设多结点导线网。这种形式更为灵活，可以弥补高级控制点的部分缺陷。

(4) 附合导线网　如图 10-17 所示，在工矿区首级三角点 A，B…的控制下，多条附合导线彼此构成网状，形成附合导线网。这种布设形式，主要用于工矿区首级控制网的进一步加密，以建立工矿区的全面控制基础。

10.2.3 水准网的布设形式

从工矿区建设对水准网的需求来说，具有决定性意义的是水准点间相对高程的精度，也就是工矿区水准网的内部符合精度，所以工矿区首级水准网一般应布设成自由网。在大矿区，为了避免地面沉降的影响，应尽可能建立基岩水准标石作为矿区首级网的水准原点，并且为了与国家高程系统取得一致，矿区水准原点应与国家水准点联测。一般工矿区，可选择一个较为稳固并便于长期保存的国家水准点作为水准原点。

为了保证首级网的内部符合精度，较好地发挥它对整个工矿区的控制作用，首级网应布设成闭合环线（图 10-18a、b、c），而加密网可布设成附合路线、结点网（图 10-18d、e）和闭合环。

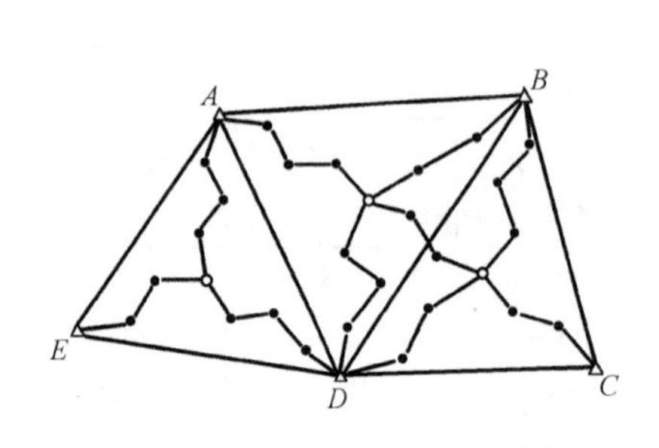

图 10-17　附合导线网布设形式

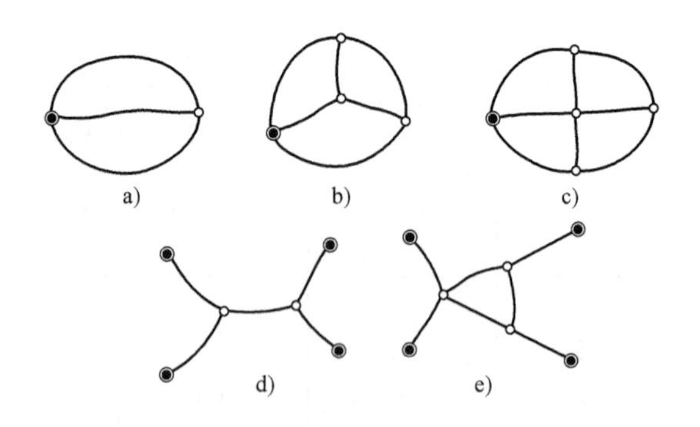

图 10-18　闭合环线和结点网
a)、b)、c) 闭合环线　d)、e) 结点网

10.3　控制网的精度和密度

以工矿区控制网为例，一般要求最低一级控制网（四等网）的点位中误差能满足大比例尺 1∶500 的测图要求。按图上 0.1mm 的绘制精度计算，这相当于地面上的点位精度为 0.1×500＝50mm。对于国家控制网而言，尽管观测精度很高，但由于边长比工矿区控制网长得多，待定点与起始点相距较远，因而点位中误差远大于工矿区控制网。为了满足设计的要求，整个控制网要求在测区内有足够多的控制点。

10.3.1　导线网

精密导线的布设原则与三角网的布设原则相同，也就是从高级到低级，从整体到局部，逐级控制，依次加密，使导线点的坐标统一、精度一致、密度均匀。但是，在光电测距仪广泛应用以前，工矿区范围内很少使用导线测量建立首级控制网，大多只是依附于三角网，作为加密控制或特殊工程控制。所以，就导线网的密度和精度而言，应该尽量与三角网相匹配，使它们成为统一的工矿区平面控制网的组成部分。

1. 导线边和导线节的长度

为了充分发挥导线测量布设灵活、易于选点、不需建造高标等优点，精密导线的平均边长最好略短于同级三角网的边长。否则，不仅增加选点和造标的困难，而且增加观测工作的难度，损害观测质量。这对于检核条件很少的导线测量十分不利，常常出现较大的累积误差。导线边比三角网边长短些，还有利于减弱大气折光对垂直角观测的影响，使电磁波测高的精度得到保证，对倾斜距离化算工作也大有裨益。因此，《城市测量规范》（CJJ/T 8—2011）将三、四等导线平均边长规定为 3.0km 和 1.6km，是比较适宜的。

当然，如果导线边长过短，使导线中的边数 n 增加，结果引起导线边的方位角误差和导线点的横向误差同时增大，这又是不利的。所以，对附合导线的长度（或导线边数）也应作出限制。但是，考虑到便于在高等级三角点之间布设低一级的附合导线，这时的导线长度应不低于高等级三角网边长的 1.5 倍。

2. 导线测量精度

遵照单元 7 阐明的平面控制点的必需精度指标，在精密导线测量中，经过平差以后导线

最弱点的点位中误差也不应超过 5cm。导线端点和中点的各项误差比值见表 10-3

表 10-3　导线端点和中点的各项误差比值

项目	导线测量误差引起		起始误差引起		总点位误差
	纵向误差 m_t	横向误差 m_u	纵向误差 m'_t	横向误差 m'_u	
端点误差	$m_S/\sqrt{n}$	$\frac{m_\beta}{\rho}S\sqrt{\frac{n(n+1)(n+2)}{12}}$	$m_{S_{AB}}$	$\frac{m_\alpha}{\rho}S\frac{n}{\sqrt{2}}$	$M_{端}$
中点误差	$m_S\frac{\sqrt{n}}{2}$	$\frac{m_\beta}{\rho}S\sqrt{\frac{n(n+2)(n^2+2n+4)}{192(n+1)}}$	$\frac{1}{2}m_{S_{AB}}$	$\frac{m_\alpha}{\rho}S\frac{n}{2\sqrt{2}}$	$M_{中}$
中、端点误差比值	1:2	1:4	1:2	1:2	1:2.65

注：m_S 为边长误差；S 为边长。

平差后的导线中点点位误差限制为 5cm，即

$$M_{中} = \pm\sqrt{m_t^2 + m_u^2 + m'^2_t + m'^2_u} = \pm 50\text{mm} \tag{10-22}$$

按照式中根号内四项误差等影响的原则，并根据表 10-3 中、端点的误差比值，算得导线中点、端点由测量误差和起始误差引起的纵横向误差，分别为

对于中点　$$m_t = m_u = m'_t = m'_u = \pm\frac{50}{\sqrt{4}}\text{mm} = \pm 25\text{mm}$$

对于端点　$$m_t = m'_t = m'_u = \pm 25\text{mm} \times 2 = \pm 50\text{mm}$$

总的端点点位误差为

$$M_{端} = \pm\sqrt{50^2 + 100^2 + 50^2 + 50^2} = \pm 133\text{mm}$$

上述 133mm，具体反映了导线的全长闭合差。它除以导线规定长度，就可以算出导线的相对闭合差，进而规定出了容许相对闭合差，见表 10-4。

表 10-4　各等级光电测距导线的容许相对闭合差

导线等级	总长/km	估算相对闭合差	2 倍相对闭合差	采用的容许相对闭合差
三等	15	1:112782	1:56391	1:60000
四等	10	1:75188	1:37594	1:40000
一级	3.6	1:27067	1:13534	1:14000
二级	2.4	1:18045	1:9023	1:10000
三级	1.5	1:11278	1:5639	1:6000

下面进一步讨论测边和测角的相应精度。

上面已经导出，导线端点应限制的测量纵向误差为 $m_t = \pm 50\text{mm}$，即

$$\sqrt{m_S^2 n + \lambda^2 L^2} = \pm 50\text{mm}$$

设测距仪的测距系统误差为 2ppm，将不同等级导线长度 L 代入上式，可以求得各等级边长测定的偶然误差为

$$m_S = \pm\sqrt{\frac{2500 - 4L^2}{n}} \tag{10-23}$$

计算结果列于表 10-5。

同理，导线端点应限制的测量横向误差为 $m_u = \pm 100\text{mm}$，即

$$m_u = \frac{m_\beta}{\rho} D \sqrt{\frac{n(n+1)(n+2)}{12}} = \pm 100\text{mm}$$

由此得到导线的测角中误差应为

$$m_\beta = \frac{20.6}{L} \sqrt{\frac{12n}{(n+1)(n+2)}} \tag{10-24}$$

计算结果见表 10-5。

表 10-5　导线的测距、测角误差之估算

导线等级	总长 /km	边数	测边误差/mm		测角误差(″)	
			估算	采用	估算	采用
三等	15	5	18	18	1.6	1.5
四等	10	6	19	18	2.3	2.5
一级	3.6	12	14	15	5.1	5
二级	2.4	12	14	15	7.6	8
三级	1.5	12	14	15	12.2	12

10.3.2 三角网

1. 工矿区三角网的基本精度规格

工矿区三角网的基本精度规格，应满足工矿区最大比例尺测图、解析法细部坐标测量以及贯通工程测量的需要。

工矿区最大比例尺测图，一般为 1:500 或 1:1000。就地形测图对平面控制网的精度要求而言，应使四等三角以下各级三角网中最弱点的点位中误差不大于地形图上的 0.1mm。

因此，四等以下的三角网中最弱点（相对于起算点）的点位中误差，按不同的测图比例尺应该是：1:500 比例尺测图不得超过 5cm；小于 1:500 比例尺测图不得超过 10cm。

上述低级工矿区控制网的精度规格对于工矿区建筑工程的施工放样也是能满足要求的。因为一般施工放样要求新建筑物和邻近已有建筑物与平面控制点的相对位置误差为 10 ~ 20cm，所以作为平面位置施工放样的控制点本身具有 5 ~ 10cm 以下的误差也是必要的。

至于平均边长为 2km 的四等三角网，最弱边相邻点的点位误差一律不应该大于 5cm。因为四等三角网一般并不直接用于测图或施工放样，而往往只是作为以下等级平面控制的骨干，具有较长的使用年限。特别是在矿山的井田区，常用四等三角网建立基本控制，被称为“近井网”。近井网中任一点均可用作“近井点”，成为井上下联系测量的工作基点。因此，不论所进行的最大测图比例尺为 1:500 还是 1:1000，均应满足 5cm 的精度要求。

四等网相邻点的点位中误差不得超过 5cm 这一精度规定，对于矿山井巷贯通测量也是必要的。对此，下面加以说明。

如图 10-19 所示，1 号井与 2 号井相向掘进的巷道，按设计将在 K 点贯通。此时，在 K 点水平面内可能产生贯通偏差的因素有：两近井点 A 和 B（四等点）的相对位置误差；通过 1 号井和 2 号井的定向测量误差；分别由 1 号井和 2 号井至 K 点的导线测量误差。通常规定，上述各项误差共同影响 K 点在水平面内巷道贯通方向上的允许偏差为 Δ =

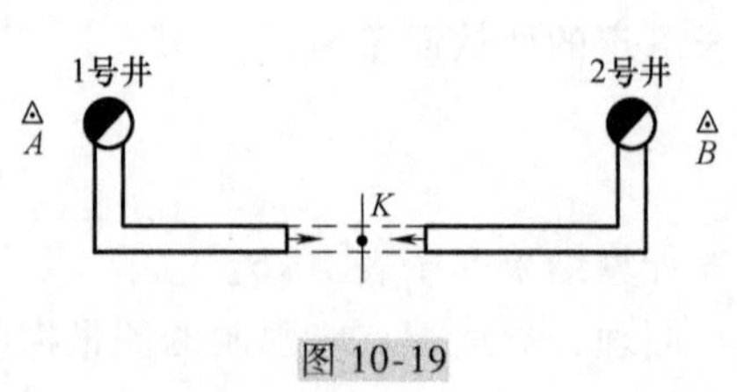

图 10-19

±0.5m。若允许偏差为中误差之二倍，则贯通测量的中误差不应超过

$$\sigma \leq \frac{\Delta}{2} = 0.25\text{m}$$

将两近井点间相对位置误差视为起始误差 $\sigma_{起}$，其余误差的联合影响视为测量误差 $\sigma_{测}$，若采用起始误差占总误差的 1/3 的原则，则两近井点相对点位误差不应超过

$$\sigma_{起} = \frac{1}{3} \times \frac{\Delta}{2} = \frac{1}{3} \times 0.25\text{m} = 8\text{cm}$$

使用三角网作地面联结的贯通距离通常为 3km 左右。所以，对于边长为 2km 的四等网，规定相邻点点位误差不超过 5cm，从满足贯通工程需要来说，也是充分必要的。

2. 各等级三角网的平均边长

三角点的密度是由三角网的边长决定的。四等三角网是一个关键性的等级。面积在 100km^2 以内的中、小工矿区，多数将四等网作为首级平面控制网，在大、中工矿区，四等网是一个承上启下的等级。根据我国工矿区控制测量的实践经验，特别是近井网的实践经验，四等三角网采用 2km 的平均边长是适当的。

至于二等三角网的平均边长，考虑到我国城建二等网边长约为 7～10km 的现状（超过 10km，一般观测就较困难），规范规定为 9km。其余各等级的边长，按上、下相邻级平均边长之比约为 2:1 这个原则来确定。这样，三等三角网平均边长约为 5km；一、二级小三角平均边长分别为 1km 和 0.5km。对于满足边长（或点位）中误差为 10cm 的一、二级小三角，其平均边长分别定为 2km 和 1km。

10.4　技术设计书的编写

像任何工程设计一样，控制测量的技术设计是关系全局的重要环节，技术设计书是使控制网的布设既满足质量要求又做到经济合理的重要保障，是指导生产的重要技术文件。技术设计的任务是根据控制网的布设宗旨结合测区的具体情况拟定网的布设方案，必要时应拟定几种可行方案。经过分析，对比确定一种从整体来说为最佳的方案，作为布网的基本依据。根据技术设计书编写的一般要求，对控制网的技术设计拟定了设计提纲，以一个具体的工程实例说明了技术设计的过程。

10.4.1　设计的意义

工矿区控制测量是保证工程建设顺利进行的一项基础技术工作。不论是工矿区基本控制网还是工矿区专用工程控制网，都必须事先进行技术设计，并且一定要在上级批准的技术设计书的指导下进行施测，不得盲目工作，擅自作业。因此，做好技术设计工作，是至关重要的。

所谓技术设计，就是遵照上级下达的任务，根据工程建设的特点和要求，结合测区的自然地理条件和本单位的仪器设备、技术力量及资金等具体情况，灵活应用控制测量的有关理论，对多种设计方案采用比较法选出最佳设计方案，并将其编写成技术设计说明书，呈报上

级领导机关审批。技术设计方案经批准后，即可进行控制网的布设和施测。所以技术设计是建立工矿区控制网全过程的技术依据。

由此可见，技术设计直接关系到工矿区控制网的建立和工程的建设，是一项非常重要的工作，必须精心设计，认真对待。

10.4.2 设计的方法和内容

工矿区控制测量技术设计是一项细致复杂、政策性很强的工作，其主要内容和方法是：

1. 学习领会任务通知书

接到上级下达的任务书后，首先要对任务通知书进行认真的研究，对上级的指示精神、任务内容和具体要求做到理解准确、心中有数。

2. 收集和分析资料

为了能提出符合实际的设计方案，必须事先充分收集测区内及其附近原有的测量资料，如各种比例尺地形图，各等级三角测量和水准测量资料（依据的规范、三角网及水准网略图、点之记、观测记录、平差计算、成果表、技术总结等），并进行资料的综合分析，初步确定对原有资料的利用方案。

3. 图上规划与实地踏勘

在收集到的中小比例尺地形图（一般为1:5万或1:2.5万）上初步确定几个设计方案，布置三角网及水准网，并进行比较，然后到实地进行踏勘。踏勘的主要内容已在单元1中讲过，在此不再重复。

4. 图上设计与精度估算

以上三项工作完成之后，就可进行图上设计。将已知三角点、导线点、水准点展绘在地形图上，划出测区边界。根据已知点的分布和其可靠程度以及地形、地物和工程要求等因素，遵循布网原则，在图上布设控制网，包括起始数据的配置、首级网等级，加密层次、待定点的选位、网形结构、水准路线等，然后按一定的计算公式对某些元素的精度进行估计。比如，若为工矿区基本控制网，应估算最弱边边长或最弱边方位角的精度，若为近井网，应估算近井点点位中误差，若为水准网，应估算高程最弱点中误差。估算结果后如果低于国家规范或工程提出的精度指标，应改变布网方案，使所选方案既能满足精度要求，又在经济上合理，技术上可行。

5. 技术设计

（1）三角网的技术设计

1）说明本次作业的网名，起算数据（边长、方位角、坐标）的启用情况，投影带、投影面的选择方法及中央子午线具体数值。设计三角网点的名称、数量、密度、边长和角度情况。重合点数及名称、埋设标石类型、造标的方法、规格及具体数量等。

2）明确三角网水平角观测所用仪器的检验要求、观测方法及测回数、各项限差要求、归心投影方法、观测最有利月份等。

3）明确三角网外业概算及内业平差计算的具体方法和要求。

4）当使用光电测距仪测定起算边时，要说明起算边的名称、长度、视线通过的周围环境、气象等情况，光电测距仪之名称、型号、最大测程、测回数及各项限差要求等。

（2）水准测量

1）说明路线、环线、网形的名称，具体位置，线路长度，水准点的密度，已知点及交叉点的名称。根据作业区地理特征及工程需要，确定埋石点数量、具体位置及埋设规格。

2）说明水准起算点的高程系统、等级、精度情况和高程数值。

3）明确水准测量观测使用的仪器及型号、水准仪和水准尺检验要求、观测方法、各项限差。若水准路线穿过河流，还应说明过河水准具体位置、河面宽度、测量方法、限差要求等。

4）明确水准测量外业概算及内业平差方法。

6. 编制施测计划

根据技术设计编制施测计划，内容包括：人员组织、设备、材料、工作进程等。

7. 编制经费预算

布设工矿区控制网是工矿区基本建设之一，其费用应列入工矿区开发建设经费计划之内。预算项目一般应包括：材料费、增购仪器设备费、仪器折旧费、差旅费、工资等。

10.4.3 设计提纲

1）工程内容及对控制网的要求。

2）测区概况。

3）对已有资料的分析与利用。

4）坐标系统的选择及处理。

5）水平控制网布设方案及对比论证。

① 首级网等级、网形、加密层次及布设形式。

② 图上设计。

③ 精度估算。

④ 布网方案及其对比论证。

6）高程控制网布设方案及对比论证。

① 方案内容。

② 图上设计。

③ 精度估算。

④ 方案对比论证。

7）技术依据及作业方法。

① 技术依据。

② 觇标、中心标石、水准标石的类型及规格。

③ 仪器选择及检验要求。

④ 观测方法及限差。

⑤ 概算内容与平差方法。

8）工作量及工作进度。工作量及工作进度，按表 10-6 和表 10-7 进行统计。

表 10-6　工作量统计表

工作项目		等级	单位	困难类别	工作量	
					数量	工天
水平控制网	选点					
	造埋					
	观测					
高程控制网	选点					
	埋石					
	观测					
概算与平差	水平网					
	高程网					
成果整理						

表 10-7　作业组织及工作进度表

序号	工作项目	时间(月份)												作业组编号及人员组成
		1	2	3	4	5	6	7	8	9	10	11	12	
	选点 造标埋石 施测水平网 施测高程网 概算与平差 成果整理													

9）经费预算。仪器、设备、材料及其他各项经费的预算，见表 10-8。

表 10-8　经费预算统计表

项目	单价	数量	预算经费
觇标制作：			
中心标石			
水准标石			
仪器折旧			
新购仪器及其他器材：			
J_2 经纬仪			
S_3 水准仪			
油漆			
铅丝，钉子等			
电算上机费			
工资：			
工程师			
技术员			
测工等			
总计			

10）上交资料清单。

10.4.4　设计示例

阳春矿区控制测量技术设计说明书

1. 作业任务及测区概况

（1）作业目的及任务范围　阳春矿区位于××省××煤田东北角，煤藏量为××亿吨。要求于20××年12月之前，完成建网任务和提交阳春一矿的1:2000地形图。整个矿区面积约为400km²，阳春一矿的测图面积为40km²。第一开采水平为+1000m。

（2）测区概况　测区内东部为高山，树木稀少，视野开阔，西部为丘陵，地形破碎，冲沟多，村庄少。地面高程为+1300～+1500m。测区中心大地坐标为东经111°30′，北纬39°40′。

最大居民点为阳春县，居民多为汉族，少数为回族。测量所需人力、物资可就地解决。

测区内有两条公路，村与村之间可通大车，交通不够便利。

气候干燥，年降雨量很少。雨季在7～8月间，连阴情况较少。春夏季风沙较多，冬季较寒冷，最低温度为-20℃。土壤冻结深度为1.1m。5～11月份较为适合野外观测，平均每月工天为20天左右。

2. 已有测绘资料及分析

（1）平面控制部分　测区内有增子坊北、西泉山、莺鸽寨东等三个国家二等点，其觇标、标石均保存完好，精度符合国家现行规范要求，可作为起算点。坐标系统为1954年北京坐标系。测区内还有其他单位布设的三、四等点，但均被破坏。

（2）高程控制部分　测区内有两个国家Ⅱ等水准点：周大庄，东古旗。标石保存完好，资料齐全。经分析，质量符合要求，可作为起算高程点。高程系统为1956年黄海高程系统。

3. 坐标系统的确定

因为该矿区位于3°带第三十七带内，其中央子午线为111°，矿区中心处的横坐标值为

$$y_m = \frac{N}{\rho}\cos B \cdot l'' = \left[\frac{66386960}{206265}\cos 39°40' \times (111°30' - 111°) \times 60\right]\text{km} = 43\text{km}$$

以 $y_m = 43\text{km}$，地面平均高程值为 $H_m = +1400\text{m}$ 及开采水平的高程值 $H_{开采水平} = +1000\text{m}$，分别算出在地面和开采水平上的长度投影变形比为

$$\begin{aligned}\frac{\delta}{S_{地面}} &= |(0.00123y_m^2 - 15.7H) \times 10^{-5}| \\ &= |(0.00123 \times 43^2 - 15.7 \times 1.4) \times 10^{-5}| \\ &= 1:5000\end{aligned}$$

$$\begin{aligned}\frac{\delta}{S_{开采水平}} &= |(0.00123y_m^2 - 15.7\text{H}) \times 10^{-5}| \\ &= |(0.00123 \times 43^2 - 15.7 \times 1.0) \times 10^{-5}| \\ &= 1:7000\end{aligned}$$

可见，在国家统一坐标系中，在地面和开采水平上的长度投影变形比均超过容许变形比，故考虑采用矿区独立坐标系。

因为长度变形值主要是由于工作表面距投影面的高程差过大而引起，因而选用以“抵

偿面”为投影面，以国家统一坐标系中第三十七带的中央子午线 111°为投影带中央子午线的方案来建立矿区独立坐标系。“抵偿面”的高程值计算如下

因为 $$h=\frac{y_m}{2\times R}=\frac{43^2}{2\times 6371}\text{km}=0.145\text{km}$$

若以地面为工作表面，则“抵偿面”的高程值为

$$H=(1400-145)\text{m}=+1255\text{m}$$

若以开采水平为工作表面，“抵偿面”的高程值为

$$H=(1000-145)\text{m}=+855\text{m}$$

为了使在地面和开采水平上的长度投影变形比同时小于容许变形比，并兼顾开采水平的继续延深，决定以高程值为 +1000m 的“抵偿面”为投影面。此时，在地面和开采水平上的长度变形比分别为

$$\begin{aligned}\frac{\delta}{S_{地面}}&=|(0.00123y_m^2-15.7H)\times 10^{-5}|\\&=|(0.00123\times 43^2-15.7\times 0.4)\times 10^{-5}|\\&=1:25000\end{aligned}$$

$$\begin{aligned}\frac{\delta}{S_{开采水平}}&=|(0.00123y_m^2-15.7H)\times 10^{-5}|\\&=|(0.00123\times 43^2-15.7\times 0.0)\times 10^{-5}|\\&=1:44000\end{aligned}$$

可见，“抵偿面”选择合理。所以，阳春矿区独立坐标系统的具体方案是：以 111°子午线为投影带中央子午线，以 +1000m 的高程面为投影面。

同时以测区内的国家二等点西泉山的坐标值作为矿区独立坐标系中的坐标起算值，并且将另外两个二等点增子坊北、莺鸽寨东的坐标值化算成独立坐标系中的坐标值，然后一并作为布设控制网时的已知数据。

4. 平面控制网布设方案及论证

根据矿区控制网布设原理及原则，拟设以下两个方案：

（1）方案Ⅰ　以西泉山、增子坊北、莺鸽寨东三个国家二等点为起算点，首先在全矿区内布设平均边长为 6.1km 的三等全面插网，然后在急需施测 1:2000 地形图的地区，在二、三等点控制下，布设平均边长为 3.2km 的四等全面插网，并再以 5″小三角网进行加密，以满足测图及日常工测测量对控制点的需要。该方案的布网略图见图 10-20，精度统计见表 10-9。

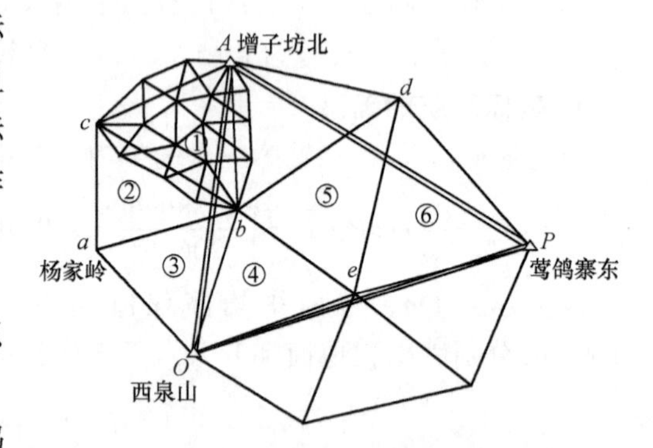

图 10-20　方案Ⅰ的布网略图

（2）方案Ⅱ

以国家二等点西泉山、增子坊北、莺鸽寨东为起算点，布设平均边长为 3.3km 的四等全面插网，如图 10-21 所示，精度统计见表 10-10。

（3）方案对比

方案Ⅰ首级网精度高，点位分布均匀，利于分区分期进行加密，加密网的密度和精度能依工程要求灵活确定，先期工作量不大，一次性投资较少。方案Ⅱ虽可一次获得布满全测区的控制点，分布比较均匀，但工作量大，一次性投资多，首级网精度偏低。综合对比，决定选取方案Ⅰ。

表 10-9　方案Ⅰ精度统计

网名	等级	点数		三角形边长/km			三角形角度(°)		图形			最弱边相对中误差
		已知	未知	最长	最短	平均	最大	最小	单三角形	大地四边形	中心形	
阳春矿区	Ⅲ	3	7	7.6	4.4	6.1	73	44	10	0	2	1/90000
	Ⅳ	3	9	4.0	2.1	3.2	88	29	13	0	3	1/50000

表 10-10　方案Ⅱ精度统计

网名	等级	点数		三角形边长/km			三角形角度(°)		图形			最弱边相对中误差
		已知	未知	最长	最短	平均	最大	最小	单三角形	大地四边形	中心形	
阳春矿区	Ⅳ	3	17	4.6	1.6	3.3	94	35	25	0	10	1/45000

5. 高程控制网布设方案

以国家二等水准点周大庄、东古旗为起始点，布设两条三等水准附合路线，作为矿区高程首级控制网。一条自周大庄点起，经增子坊，沿村镇大路附合到东古旗，长 38km。另一条从周大庄出发，沿九龙河附合到东古旗，长 10km。然后在急需测图地区，以四等水准进行加密，并以四等水准支线将高程引测到四个三角点上，作为三角高程网的起算点，整个布设方案如图 10-22 所示。

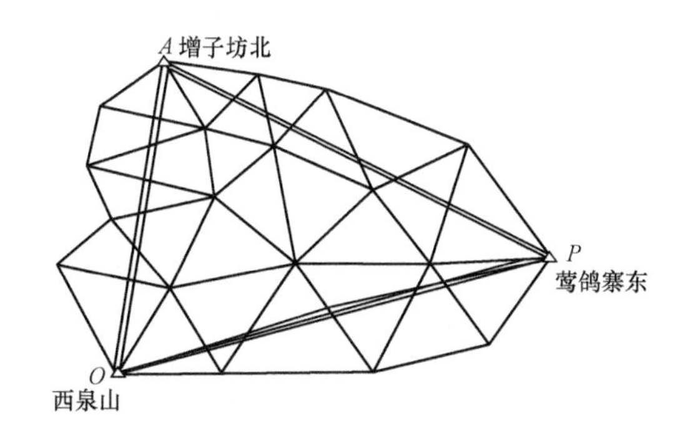

图 10-21　方案Ⅱ的布网略图

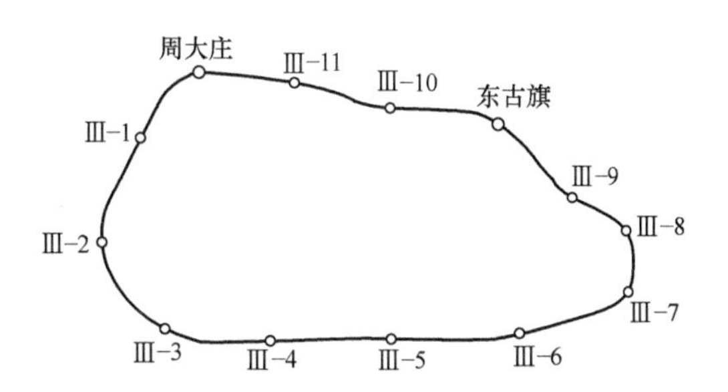

图 10-22　布设方案

三等水准路线中高程最弱点为Ⅲ-5，其精度按下式估算

$$P_1=\frac{1}{L_1}=\frac{1}{20}=0.050$$

$$P_2=\frac{1}{L_2}=\frac{1}{18}=0.056$$

$$[P]=P_1+P_2=0.106$$

$$M_{Ⅲ\text{-}5}=m_{\Delta}\sqrt{\frac{1}{[P]}}=\pm 3.0\sqrt{\frac{1}{0.106}}=\pm 9\text{mm}$$

6. 技术依据及作业方法

(1) 技术依据　考虑到本矿区的发展前景，控制网的布设依据为《城市测量规范》(CJJ/T 8—2011) 和《国家三角测量规范》(GB/T 17942—2000)、《国家一、二等水准测量规范》(GB/T 12897—2006)、《国家三、四等水准测量规范》(GB/T 12898—2009)。

(2) 觇标、中心标石、水准标石的类型和规格　根据本测区地形及地质情况，三、四等三角点均选用角钢制作的4.5m钢寻常标，具体规格见《城市测量规范》(CJJ/T 8—2011)。

三、四等三角点中心标石用混凝土灌注，具体规格及埋石要求见《城市测量规范》(CJJ/T 8—2011)。

三、四等水准标石采用混凝土普通水准标石，规格及埋石要求见《城市测量规范》(CJJ/T 8—2011)。

(3) 仪器选择及检验要求　三、四等三角测量选用J_1型经纬仪一台，J_2型经纬仪一台；三、四等水准测量选用S_1型水准仪一台及因瓦水准尺一对，S_3型水准仪一台及木质区格式水准尺一对。

各类仪器的检验项目按相关规范要求进行。

(4) 观测方法及限差　三、四等三角测量采用方向观测法。三等水准采用光学测微法，进行单程双转点观测。四等水准采用中丝读数法，单程观测（支线为往返观测）。

操作要求及限差按相关规范规定进行。

(5) 概算内容及平差方法　将地面观测值经过归心改正、方向改正，化算至高斯平面上，并作几何条件闭合差检查。按方向坐标平差法在微机上进行平差计算，独立进行两次。

7. 作业组织及工作进程计划

全部控制测量任务由阳春矿务局测量队负责进行，作业组织及工作进程计划见表10-11。

表10-11　作业组织及工作进程表

<table>
<tr><th rowspan="2">序号</th><th rowspan="2">工作项目</th><th colspan="12">时间(月份)</th><th rowspan="2">作业组编写及人员组成</th></tr>
<tr><th>1</th><th>2</th><th>3</th><th>4</th><th>5</th><th>6</th><th>7</th><th>8</th><th>9</th><th>10</th><th>11</th><th>12</th></tr>
<tr><td></td><td>选点</td><td></td><td></td><td></td><td>(1)/(2)</td><td></td><td></td><td></td><td></td><td></td><td></td><td></td><td></td><td rowspan="6">(1)第一组:工程师1人,技术员2人,测工3人
(2)第二组:技术员2人,测工4人
(3)第三组:工程师1人,技术员2人(由一、二组人员组成)</td></tr>
<tr><td></td><td>造标埋石</td><td></td><td></td><td></td><td></td><td>(1)/(2)</td><td></td><td></td><td></td><td></td><td></td><td></td><td></td></tr>
<tr><td></td><td>施测水平网</td><td></td><td></td><td></td><td></td><td></td><td></td><td>(1)</td><td></td><td></td><td></td><td></td><td></td></tr>
<tr><td></td><td>施测高程网</td><td></td><td></td><td></td><td></td><td></td><td></td><td></td><td>(2)</td><td></td><td></td><td></td><td></td></tr>
<tr><td></td><td>概算与平差</td><td></td><td></td><td></td><td></td><td></td><td></td><td></td><td></td><td>(3)</td><td></td><td></td><td></td></tr>
<tr><td></td><td>成果整理</td><td></td><td></td><td></td><td></td><td></td><td></td><td></td><td></td><td></td><td>(3)</td><td></td><td></td></tr>
</table>

8. 工作量统计及经费预算

工作量统计见表 10-12，经费预算见表 10-13。

表 10-12 工作量统计

工作项目		等级	单位	困难类别	工作量		备注
					数量	工天	
水平控制网	选点	Ⅲ Ⅳ	个 个	Ⅲ Ⅳ	10 9	10 5	（1）每月有效工天为 20 天计 （2）表中所列工天指有效工天
	造埋	寻常标 中心标石	座 座		16 16	16	
	观测	Ⅲ Ⅳ	点 点		10 12	30	
高程控制网	选点	Ⅲ Ⅳ	公里 公里	Ⅲ Ⅳ	38 20	10	
	埋石	普通标石	座		30	10	
	观测	Ⅲ Ⅳ	公里 公里		38 20	20	
概算平差	水平网	电算	小时		4	15	
	高程网	电算	小时		4	5	
成果整理						15	

表 10-13 经费预算统计

项目	单价	数量	预算费/元
觇标制作	500 元/座	16	8000
中心标石	50 元/座	16	800
普通水准标石	30 元/座	30	900
仪器折旧	100 元/台	2	200
新购仪器及其他器材： J_2 经纬仪 S_3 水准仪	 3000 元/台 1000 元/台	 1 1	 3000 1000
油漆	2 元/公斤	4	20
铅丝、钉子等			
电算上机费			
工资	50 元/小时	8	400
工程师	2000 元/月	1×6	12000
技术员	1500 元/月	4×2.5+2×1.5	19500
测工	1100 元/月	7×2.5	8250
差旅费等	500 元/人	10	5000
总计			59070

9. 上交资料清单

1）技术设计说明书及设计图。

2）仪器检验资料。

3）外业观测手簿、记簿及点之记。

4）电算资料。

5）最后成果表。

6）工作总结。

【单元小结】

本单元主要介绍了平面控制网的精度估算、布设形式和技术设计书的编写。应重点掌握技术设计书的编写；理解平面控制网的精度估算和布设形式，这也是技术设计书编写的重要前提。

【复习题】

1. 控制网的精度估算有哪些意义？

2. 控制网技术设计的意义、内容和方法是什么？

3. 平面控制网和高程控制网应达到什么样的精度和密度？

4. 什么叫首级网？如何确定首级网的精度等级？

5. 技术设计的技术依据有哪些？

6. 技术设计应遵循哪些原则？

7. 计算图 10-23 的三等水准网的最弱点高程中误差。

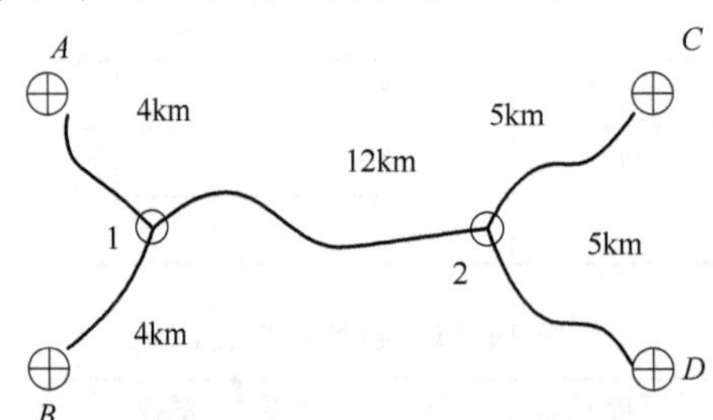

图 10-23　某三等水准网图

附　录

附录A　点　之　记

<table>
<tr><td>所在图幅</td><td></td></tr>
<tr><td>点号</td><td></td></tr>
</table>

<table>
<tr><td>点名</td><td colspan="3"></td><td colspan="2">网名</td><td colspan="3"></td></tr>
<tr><td>类级</td><td colspan="3"></td><td rowspan="3">概略坐标（1954北京坐标系）</td><td>X</td><td colspan="3"></td></tr>
<tr><td>所在地</td><td colspan="3"></td><td>Y</td><td colspan="3"></td></tr>
<tr><td colspan="2">最近住所及距离</td><td colspan="2"></td><td>H</td><td colspan="3"></td></tr>
<tr><td>地类</td><td></td><td>土质</td><td></td><td colspan="2">冻土深度</td><td></td><td>解冻深度</td><td></td></tr>
<tr><td colspan="2">最近邮电设施</td><td colspan="2"></td><td colspan="2">供电情况</td><td colspan="3"></td></tr>
<tr><td colspan="2">最近水源及距离</td><td colspan="2"></td><td colspan="2">石子来源</td><td></td><td>沙子来源</td><td></td></tr>
<tr><td>本点交通情况（至本点通路与最近车站、码头名称及距离）</td><td colspan="3"></td><td>交通路线图</td><td colspan="4"></td></tr>
<tr><td colspan="4">选点情况</td><td colspan="5">点位略图</td></tr>
<tr><td>单位</td><td colspan="3"></td><td colspan="5" rowspan="6"></td></tr>
<tr><td>选点员</td><td colspan="3"></td></tr>
<tr><td>日期</td><td colspan="3">年　月　日</td></tr>
<tr><td colspan="3">是否需联测坐标与高程</td><td></td></tr>
<tr><td colspan="3">建议联测等级与方法</td><td></td></tr>
<tr><td colspan="3">起始水准点及距离</td><td></td></tr>
</table>

（续）

<table>
<tr><td colspan="4">实埋墩标剖面图</td><td>标石类型</td><td colspan="2"></td></tr>
<tr><td colspan="4" rowspan="2"></td><td colspan="3"></td></tr>
<tr><td colspan="3"></td></tr>
<tr><td colspan="7">点环视图

绘制者：
绘制日期：</td></tr>
<tr><td colspan="2">有关点位
环视图的
必要说明</td><td colspan="5"></td></tr>
<tr><td rowspan="4">埋石情况</td><td>单位</td><td></td><td rowspan="4">委托保管情况</td><td>保管人</td><td colspan="2"></td></tr>
<tr><td>埋石员</td><td></td><td>保管人
单位</td><td colspan="2"></td></tr>
<tr><td>日期</td><td></td><td rowspan="2">保管人
住址</td><td rowspan="2" colspan="2"></td></tr>
<tr><td>利用旧点情况</td><td></td></tr>
<tr><td colspan="2">备　　注</td><td colspan="5"></td></tr>
</table>

附录B　标石埋设

1. 各等级平面控制点标石的埋设

各等平面控制点混凝土标石，在其顶面中央嵌一平面控制点标志。如为不锈钢标志，应用字模在标石顶面压印“三角点”和测量单位名称。各等平面控制点标石造埋规格应符合图B-1的规定；冻土地区标石的类型尺寸和埋设深度和自行设计。

岩石地区各等平面控制点标石埋设规格应符合图B-2的规定。

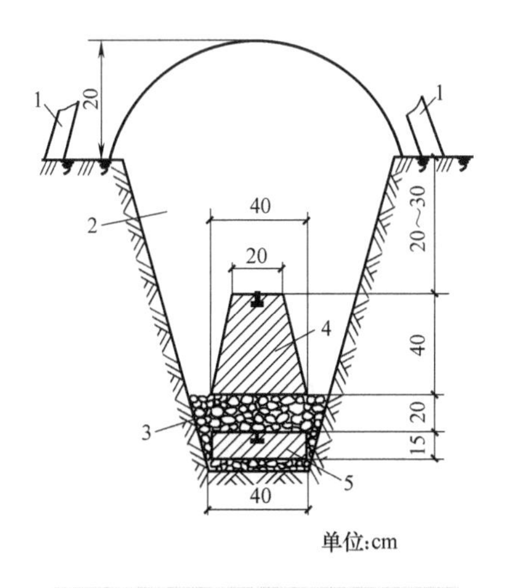

图 B-1　各等平面控制点标石埋设

1—槽柱　2—新土　3—捣固的土石层

4—柱石　5—盘石

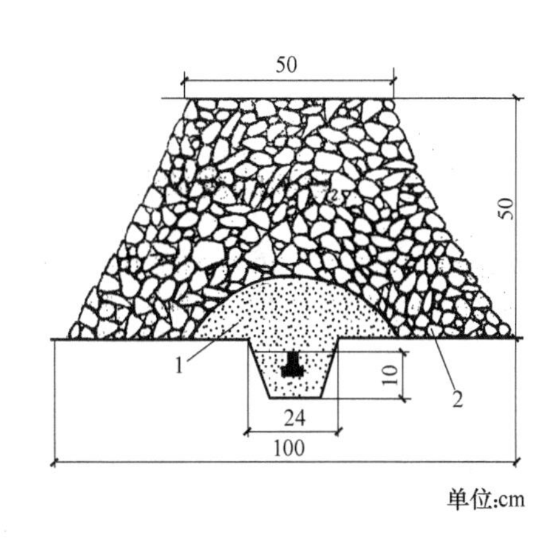

图 B-2　岩石地区各等平面控制点标石埋设

1—新土　2—石块

建筑物顶上设置标石，标石应和建筑物顶面牢固连接。建筑物上各等平面控制点标石设置规格应符合图 B-3 的规定。

一、二级小三角点标石的造埋规格应符合图 B-4 的规定；其他各级平面控制点（导线点等）标石的造埋规格，可按照一、二级小三角点的执行或自行设计；在山地与冻土地区，各级平面控制点标石的尺寸和埋设深度，可自行设计。

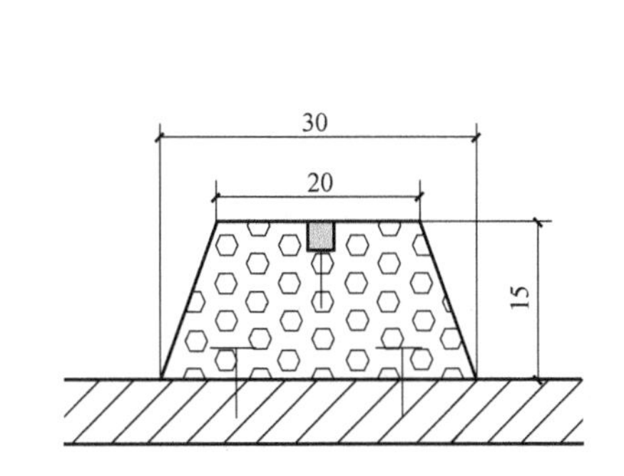

图 B-3　建筑物上各等平面控制点标石设置

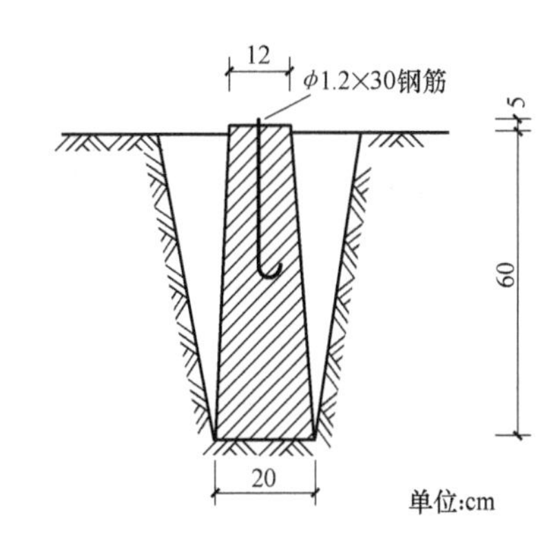

图 B-4　一、二级小三角点标石埋设

2. 各等水准点标石的埋设

混凝土普通水准标石的造埋规格应符合图 B-5 的规定。

墙脚水准标志的造埋规格应符合图 B-6 的规定。

冻土地区可采用钢筋混凝土柱普通水准标石或用钢管代替钢筋混凝土柱，其造埋规格应符合图 B-7 的规定。

标石埋设深度依据地下水位的高低应符合表 B-1 的规定。

岩层水准标石分基本和普通两种。基本水准标石的主标志和暗标志应在水平相距 0.5m、高差大于 0.1m 的两处凿孔安置，其造埋规格应符合图 B-8 的规定。岩层普通水准标石按图 B-8 中主标志部分的造埋规格即可。

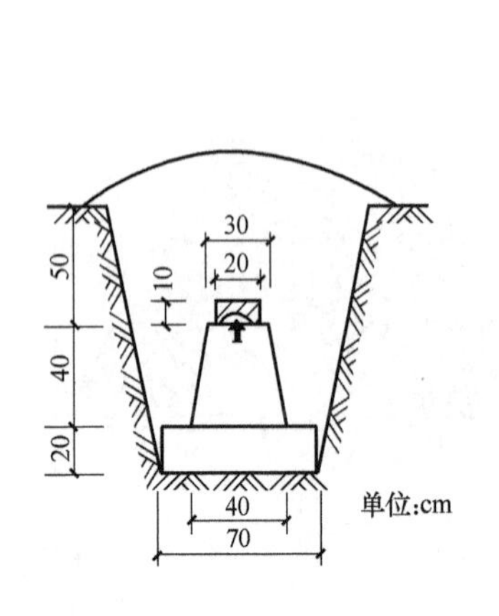

图 B-5 混凝土普通水准标石埋设

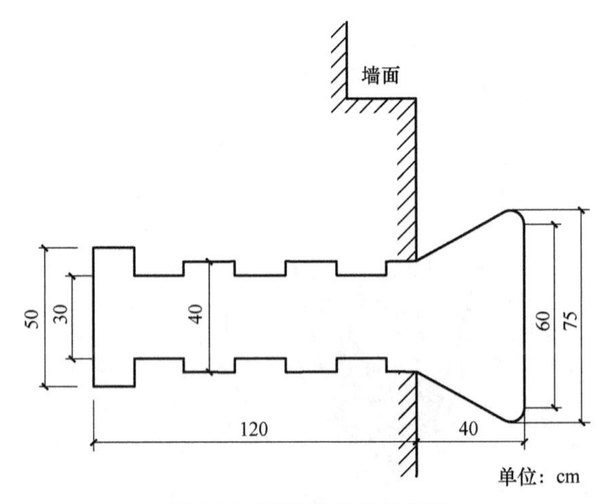

图 B-6 墙脚水准标志埋设

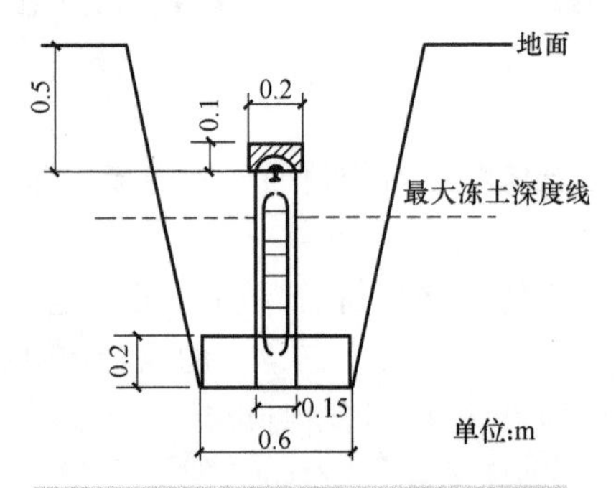

图 B-7 混凝土柱普通水准标石埋设

表 B-1 冻土地区标石埋设深度表 （单位：m）

地下水位距地面高	标石底盘部位于最大冻土深度线下	标志距地面距离
≤6	>0.5	0.3～0.5
6～10	>0.2	0.3～0.5
>10	按一般地区埋设混凝土普通水准标石	

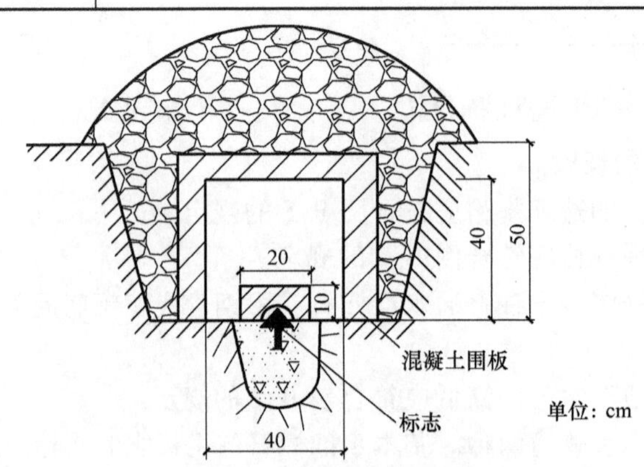

图 B-8 岩层普通水准标石埋设

参考文献

[1] 孔祥元，梅是义. 控制测量学 [M]. 武汉：武汉大学出版社，2004.
[2] 刘绍堂. 控制测量 [M]. 郑州：黄河水利出版社，2007.
[3] 李玉宝. 控制测量 [M]. 北京：中国建筑工业出版社，2003.